热工测量及热工基础实验

王云峰 罗 熙 李国良 徐永锋 编著

中国科学技术大学出版社

内 容 简 介

本书从实用角度出发,对目前在热工过程中较为流行的热工仪表进行了全面系统的介绍,包括仪表及传感器的基本原理和基本结构,安装、使用、校验方法等。此外还包含 9 个专题实验和 1 个综合实验,使学生能根据课堂所学对热工基础理论进行验证,既能使学生掌握热工仪表的使用方法,又能使他们加深对热工理论的理解。同时加入了太阳能和建筑节能方面的综合实验设计,注重实用性和科学性的统一。

本书可作为新能源专业本科生及高职高专热能动力等专业"热工测量"和"热工基础实验"同类课程的教材,也可供其他相关专业学生和工程技术人员参考。

图书在版编目(CIP)数据

热工测量及热工基础实验/王云峰,罗熙,李国良,徐永锋编著. —合肥:中国科学技术大学出版社,2018.10

ISBN 978-7-312-04501-1

Ⅰ.热… Ⅱ.①王… ②罗… ③李… ④徐… Ⅲ.①热工测量—教材 ②热工学—实验—教材 Ⅳ.①TK3②TK122-33

中国版本图书馆 CIP 数据核字(2018)第 178010 号

出版 中国科学技术大学出版社
安徽省合肥市金寨路 96 号,230026
http://press.ustc.edu.cn
https://zgkxjsdxcbs.tmall.com
印刷 安徽国文彩印有限公司
发行 中国科学技术大学出版社
经销 全国新华书店
开本 710 mm×1000 mm 1/16
印张 18.25
字数 358 千
版次 2018 年 10 月第 1 版
印次 2018 年 10 月第 1 次印刷
定价 45.00 元

前　言

本书详细介绍了温度、压力、流量和液位等热工参数的测量原理和方法,测量仪表的组成结构及安装注意事项,并与热工基础实验内容相结合,充分将热工仪器仪表的使用方法与实际测量相结合。通过本书的学习,读者能够掌握典型热工测试仪器仪表的工作原理和应用等方面的知识,利用相关热工设备进行传热学基础理论方面的验证性实验并对数据进行处理,能够根据实际测试需要选择合适类型、精度和量程的测试设备,作出测试系统原理图,正确安装调试实验系统,达到相关标准的要求。

本书可作为高等院校机械、热能、冶金、化工和新能源等相关专业的教学用书,也可供技工院校热工专业技术人员参考。本书将"热工测量"和"热工基础实验"两门课程相互融合,结构脉络非常合理、实用;同时,本书的内容也力求反映近年来热工测量领域新知识、新技能的发展。本书所选择的资源均来源于实际教学和科研工作,力求做到通俗易懂、理论与实践相结合。

全书共分 3 篇:第 1 篇"测量系统及测量数据处理方法",第 2 篇"主要热工参数测量原理和方法",第 3 篇"热工基础实验"。

本书的第 1~4 章由云南师范大学王云峰编写,第 5~7 章由云南师范大学李国良编写,第 8~10 章及第 3 篇的实验 1~9 由云南师范大学罗熙编写,第 11 章及第 3 篇的实验 10 由国家中低温太阳能光热利用产品质量检测中心(浙江)徐永锋编写。李明教授在本书结构及内容设置方面给予了指导和帮助,余琼粉、马逊在本书撰写、整理及校对方面提供了极大的帮助,在此一并表示感谢。全书由王云峰统稿。

本书的出版受到了云南师范大学能源与环境科学学院(太阳能研究所)的大力支持及资助,书稿曾作为新能源科学与工程专业、农业建筑环境与能源工程专业及再生资源科学与技术专业的讲义使用。

由于时间仓促,加之编者水平有限,书中难免有疏漏及不足之处,恳请广大读者不吝斧正。

作者

2017 年 12 月

目 录

第2篇　主要热工参数测量原理和方法

第3篇 热工基础实验

第1篇

测量系统及测量数据处理方法

第1章　热工测量的基本概念

1.1　热工测量的意义和方法

1.1.1　热工测量的意义

测量是人类对自然界中客观事物取得数量观念的一种认识过程。在这一过程中，人们借助于专门工具，通过实验和对实验数据进行分析、计算，获得对客观事物的定量概念和内在规律的认识。即将被测量的值 X_0 以测量单位 U 的倍数 μ 显示出来的过程：

$$X_0 = \mu U \tag{1.1}$$

式中，μ 为被测量的真实数值，简称真值。式(1.1)称为测量的基本方程式。然而，实际测量中可能存在测量方法不够完善、测量工具不够精确、受观测者的主观性和周围环境的影响以及所取数值位数有限等因素，这些都会引起测量误差，所以其测量值 x 只能近似等于被测量的真值 μ，因此式(1.1)变为

$$X_0 \approx xU \tag{1.2}$$

测量中总是存在误差，测量的任务之一就是要尽量减小误差，并用国家法定或国际公认的单位表示。因此可以说，测量就是为取得未知参数值而做的全部工作，包括测量的误差分析和数据处理等计算工作在内。

人类的知识许多是依靠测量得到的。在科学技术领域内，许多新的发现、新的发明往往是以测量技术的发展为基础的，测量技术的发展推动着科学技术的前进。在生产活动中，新的工艺、新的设备的产生，也依赖于测量技术的发展水平，而且，可靠的测量技术对于生产过程自动化、设备的安全以及经济运行都是不可缺少的条件。只有通过可靠的测量，然后正确地判断测量结果的意义，才有可能进一步解决自然科学和工程技术上提出的问题。测量这门学科研究的主要是测量原理、测

量方法、测量工具和测量数据处理。根据被测对象的差异,测量技术可分为若干分支,如力学测量、电学测量、光学测量、热工测量等。热工测量是指针对压力、温度等热力学状态参数的测量,通常还包括一些与热力产生过程密切相关参数的测量,如测量流量、液位、振动、位移、转速和烟气成分等。

1.1.2 热工测量的方法

所谓测量,就是用实验的方法,把被测量与同性质的标准量(相当于真值 μ)进行比较,确定两者的比值,从而得到被测量的值。即被测量的值可表达为式(1.1)的形式。欲使测量结果有意义,测量必须满足以下要求:

(1) 用来进行比较的标准量应该是国际或国家所公认的,且性能稳定。

(2) 进行比较所用的方法和仪器必须经过验证。

测量方法就是把被测量的物理量与同性质的标准量进行比较,确定二者的比值,从而得到被测量的值。

1. 按测量结果产生的方式分类

按测量结果产生的方式来分类,测量方法可分为直接测量法、间接测量法和组合测量法。

(1) 直接测量法。将被测量与选用的标准量进行比较,或者用预先标定好的测量仪表进行测量,从而直接求得被测量的数值,这种测量方法称为直接测量法。例如,用水银温度计测量介质温度,用直尺测量物体长度,用压力表测量介质压力等。

(2) 间接测量法。先直接测量与被测量有某种确定函数关系(可以是公式、曲线、表格)的其他各个变量,然后将所测得的数值代入函数关系进行计算(或查表、查图),从而求得被测量的数值,这种测量方法称为间接测量法。例如,曹冲称象;先直接测量过热蒸汽的温度、压力和标准节流装置输出的差压信号,然后通过计算得到过热蒸汽的质量流量。

(3) 组合测量法。以直接测量或间接测量的方式并使各个未知量以不同的组合形式出现(或改变测量条件以获得这些不同的组合)进行测量,根据测量所获得的数据,通过解联立方程组求得未知量的数值,这种测量方法称为组合测量法。例如,用铂电阻温度计测量介质温度时,其电阻值 R 与温度 t 的关系是

$$R_t = R_0(1 + at + bt^2)$$

为了确定常系数 a, b,首先需要测得铂电阻在不同温度下的电阻值 R_t,然后再建立方程组解得 a, b 的数值。

组合测量法在实验室和其他一些特殊场合的测量中使用较多。例如,建立测压管的方向特性、总压特性和速度特性曲线的经验关系式等。

2. 按测量中的其他因素分类

(1) 按不同的测量条件,可分为等精度测量与非等精度测量。在完全相同的条件下所进行的一系列重复测量称为等精度测量。反之,在测量条件不尽相同的情况下进行的多次测量称为非等精度测量。

(2) 按被测量在测量过程中的状态,可分为静态测量和动态测量。在测量过程中,被测量不随时间而变化,称为静态测量。若被测量随时间而具有明显的变化,则称为动态测量。实际上,绝对不随时间而变化的量是不存在的,通常把那些变化速度相对于测量速度十分缓慢的量的测量,按静态测量来处理。相对于静态测量,动态测量更为困难。这不仅在于参数本身的变化可能是很复杂的,而且测量系统的动态特性对测量的影响也是很复杂的,因而测量数据的处理有着与静态测量不同的原理与方法。

1.2　热工测量系统

在测量技术中,为了测得某一被测物理量的值,常要使用若干个测量设备,并把它们按一定的方式组合起来。例如,测量水的流量,常用标准孔板获得与流量有关的差压信号,然后将差压信号输入差压流量变送器,经过转换、运算,变成电信号,再通过连接导线将点信号传送到显示仪表,显示出被测流量值。为实现一定的测量目的而将多个测量设备组合在一起,形成的系统称为测量系统。测量系统由测量设备和被测对象组成。测量系统中的测量设备一般由传感器、转换器(变送器)、传输通道和显示装置组成,如图 1.1 所示。

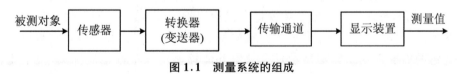

图 1.1　测量系统的组成

传感器是与被测对象直接产生联系的部分,又称一次仪表。它将被测量(物理量、化学量、生物量等)按一定规律转换成便于处理和传输的另一物理量(一般多为电量)。

传感器是否能够精确、快速地产生与被测量相应的信号,对测量系统的测量质

量有着决定性的影响。因此,一个理想的传感器应满足如下几方面的要求:

(1) 传感器输入与输出之间应该有稳定的单值函数关系。

(2) 传感器应该只对被测量的变化敏感,而对其他一切可能的输入信号(包括噪声信号)不敏感。

(3) 在测量过程中,传感器应该不干扰或尽量少干扰被测介质的状态。

实际上,一个完善的、理想的传感器是十分难得的。首先,要找到一个选择性很好的传感器并非易事,采取的措施仅仅是限制无用信号在全部信号中的成分,并用实验的方法或理论计算的方法把它消除。其次,传感器总要从被测介质中取得能量,因此在绝大多数情况下,被测介质总是会被测量作用干扰。一个良好的传感器也只能尽量减少这种效应,但这种效应总会某种程度地存在着。

转换器将传感器输出的信号变换成显示装置易于接收的信号,这种信号变换可能是物理性质的变换,也可能是将同性质的物理量加以放大。

传感器输出的信号一般是某种物理变量,如位移、压差、电阻、电压等。在大多数情况下,它们在性质、强弱上总是与显示元件所能接收的信号有所差异。测量系统为了实现某种预定的功能,必须通过转换器对传感器输出的信号进行变换,包括信号物理性质的变换和信号数值的变换。对于传感器,不仅要求它的性能稳定、精确度高,而且应使信息损失最小。

显示装置是与观测者直接产生联系的部分,又称为二次仪表。它将被测量信号变成能为人们感官识别的形式。显示装置可以对被测量进行指示、记录,有时还带有调节功能,以控制输出过程。

显示装置主要有3种基本形式:

(1) 模拟式显示装置。最常见的结构是以指示器与标尺的相对位置来连续指示被测参数的值。其结构简单、价格低廉,但容易产生视差。记录时,以曲线形式给出数据。

(2) 数字式显示装置。直接以数字形式给出被测量的值,不会产生视差,但直观形象性差,且有量化误差。记录时,可以打印输出数据。

(3) 屏幕显示装置。既可按模拟方式给出指示器与标尺的相对位置、参数的变化曲线,也可直接以数字形式给出被测量的值,或者二者同时显示,它是目前最为先进的显示方式。屏幕显示具有形象并能够显示大量数据的优点,便于比较判断。

如果测量系统各环节是分离的,那么就需要把信号从一个环节送到另一个环节。实现这种功能的元件称为传输通道,其作用是建立各测量环节输入、输出信号之间的联系。

传输通道一般比较简单,但有时也可能相当复杂。导线、导管、光导纤维、无线电通信,都可以作为传输通道的一种形式。

正因为传输通道一般较为简单,所以容易被忽视。实际上,传输通道选择不当或安排不周,往往会造成信息能量损失、信号波形失真、引入干扰等,致使测量精度下降。例如导压管过细过长,容易使信号传递受阻,产生延迟,影响动态压力测量精度;导线的阻抗失配,将导致电压、电流信号的畸变。

应当指出,上述测量系统组成及各组成部分的功能描述并不是唯一的,尤其是传感器、转换器的名称及定义目前还没有完全统一的标准。即使是同一装置,在不同场合下也可能使用不同的名称。因此,关键在于弄清它们在测量系统中的作用,而不必拘泥于名称本身。

 思考题与习题

(1) 测量的定义是什么?

(2) 测量系统的组成部件有哪些?

(3) 测量方法的分类有哪些?

第2章 测量误差分析与处理

由于测量过程中所用仪表准确度的限制,环境条件的变化,测量方法的不够完善,以及测量人员自身的原因,测量结果与被测真值之间不可避免地存在差异,这种差异称为测量误差。因此,只有在得到测量结果的同时,指出测量误差的范围,所得的测量结果才是有意义的。测量误差分析的目的,就是根据测量误差的规律性,找出消除或减少误差的方法,科学地表达测量结果,合理地设计测量系统。由于误差的存在,测量结果往往带有不确定度,不确定度越小,测量结果的精度就越高;反之,其精度就越低。测量数据的不确定度是评价测量结果质量高低的一个重要指标。

2.1 测 量 误 差

2.1.1 测量误差的概念

对某一物理量进行测量,通过测量手段所获得的测量结果相对于其客观存在的真值而言,都是一种近似。因此不论测量系统的精度有多高,设计多么完善,相对于真值而言,其测量值总是存在一定的误差。

在测量技术中,测定值与被测量的值之间的差异量称为测量的绝对误差,或简称测量误差,记为 δ,它可以是正值也可以是负值。若用数学式表达上述概念,则有

$$\delta = x - X_0 \tag{2.1}$$

式中,δ 为测量误差;x 为测量值;X_0 为被测量的真值。若已知测量值和测量误差,则可由式(2.1)求得被测量的真值。

定义测量误差与约定值之百分比为相对误差,记为 ρ,即

$$\rho = \frac{\delta}{m} \times 100\% \tag{2.2}$$

式中,m 为约定值。一般情况下,约定值 m 有如下几种取法:

(1) 若 m 取测量仪表的指示值,则 ρ 称为标称相对误差。

(2) 若 m 取测量的实际值(或称约定真值),则 ρ 称为实际相对误差。

(3) 若 m 取仪表的满刻度值,则 ρ 称为引用相对误差。

相对误差为无量纲数,常以百分数(%)表示。对于相同的被测量,用绝对误差可以评定其测量精度的高低。但对于不同的被测量,则应采用相对误差来评定。

测量过程中测量误差是不可避免的,任何测定值都只能近似地反映被测量的真值。这是因为测量过程中无数随机因素的影响,使得即使在同一条件下对同一对象进行重复测量也不会得到完全相同的测定值。被测量总是要对传感器施加能量才能使测量系统给出测定值,这就意味着测定值并不能完全准确地反映被测参数的真值。因此,无论所采用的测量方法多么完善,测量仪表多么精确,测量者多么认真,测量误差还是必然会存在。在科学研究中,只有当测量结果的误差已经知道,或者测量误差的可能范围已经指出时,科学实验所提供的资料才是有意义的。

2.1.2　测量误差的分类

在测量时,用同一仪器设备,按照同一方法,由同一观测者在同一环境条件下所进行的测量称为等精度测量。在等精度测量过程中,根据误差的来源不同,可以将误差分为系统误差、随机误差和粗大误差。

1. 系统误差

对同一被测量进行多次测量,误差的大小和符号或者保持恒定,或者按一定的规律变化,这类误差称为系统误差。前者称为恒值系统误差,后者称为变值系统误差。在变值系统误差中,又可按误差变化规律的不同分为累进系统误差、周期性系统误差和按复杂规律变化的系统误差。例如,仪表指针零点偏移将产生恒值系统误差;电子电位差计滑线电阻的磨损将导致累进系统误差;而测量现场电磁场的干扰,往往会引入周期性的系统误差。

引起系统误差的因素主要有:

(1) 测量仪器方面的因素。包括仪器机构设计原理的缺陷、仪器零件制造偏差或安装不正确、电路的原理误差和电子元器件性能不稳定等。例如,把运算放大器作为理想运放时忽略输入阻抗、输出阻抗等引起的误差。

(2) 环境方面的因素。测量时的实际环境条件(温度、湿度、大气压、电磁场)相对于标准环境条件的偏差,以及测量过程中温度、湿度等按一定规律变化引起的误差。

（3）测量方法的因素。采用近似的测量方法或近似的计算公式等引起的误差。

（4）测量人员方面的因素。例如，由于测量人员的个人特点，估读用刻度表示的数时，习惯偏于某一方向；动态测量时，记录的快速变化的信号有滞后的倾向。

2. 粗大误差

明显地歪曲了测量结果，使该次测量失效的误差称为粗大误差。含有粗大误差的测量值称为坏值。出现坏值的原因有测量者的过失，如读错、记错测量值；操作错误；测量系统突发故障等。在测量时一旦发现坏值，应重新测量。若已离开测量现场，则应根据统计检验方法来判别是否存在粗大误差，以决定是否剔除坏值，但不应无根据轻率地剔除测量值。

3. 随机误差

在同一条件下（同一观测者、同一台测量器具、相同的环境条件等）多次测量同一被测量时，绝对值和符号不可预知地变化着的误差称为随机误差。这类误差对于单个测量值来说，误差的大小和正负都是不确定的，但对于一系列重复测量值来说，误差的分布服从统计规律。因此，随机误差只有在不改变测量条件的情况下，对同一被测量进行多次测量才能计算出来。

随机误差大多是由测量过程中大量彼此独立的微小因素对测量影响的综合结果造成的。这些因素通常是测量者所不知道的，或者是因其变化过分微小而无法加以严格控制的因素，如气温和电源电压的微小波动、气流的微小改变等。

随机误差与系统误差既有区别又有联系，二者之间并无绝对的界限，在一定的条件下可以相互转化。对于某一具体误差，在某一条件下为系统误差，而在另一条件下可为随机误差，反之亦然。过去被视为的随机误差，随着人们对误差认识水平的提高，有可能被分离出来作为系统误差；而有一些变化规律复杂、难以消除或没有必要花费很大代价消除的系统误差，也常当作随机误差处理。

2.1.3 测量的精密度、准确度和精确度

以上三类误差都会使测量结果偏离真值，对测量结果造成歪曲。常用精密度、准确度和精确度来衡量测量结果与真值的接近程度。

1. 精密度

对同一被测量进行多次测量所得的测定值重复一致的程度，或者说测定值分

布的密集程度,称为测量的精密度。精密度的高低反映了随机误差的大小,随机误差越小,精密度越高。

2. 准确度

对同一被测量进行多次测量,测定值偏离被测量真值的程度称为测量的准确度。准确度的高低反映了系统误差的大小,系统误差越小,准确度越高。

3. 精确度

精密度与准确度的综合指标称为精确度,或称为精度。它反映了测量结果中系统误差和随机误差的综合数值,即测量结果与真值的一致程度。

对于具体的测量,精密度高的准确度不一定高,准确度高的精密度也不一定高,但精确度高,则精密度和准确度都高。可用图 2.1 中的子弹射击事件来加深理解。图 2.1(a)说明子弹射击中靶准确度高,但是精密度低;图 2.1(b)说明子弹中靶准确度低,但是精密度高;图 2.1(c)说明子弹中靶准确度高,精密度也高,综合起来则为精确度高。

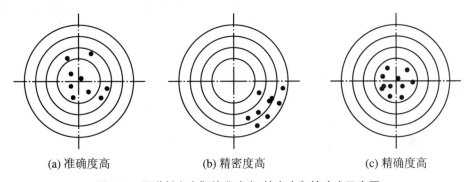

(a) 准确度高   (b) 精密度高   (c) 精确度高

图 2.1 子弹射击中靶的准确度、精密度和精确度示意图

一般的仪器设备都要标出它的精确度等级,普通热工仪表将精确度分为 0.1,0.2,0.5,1.0,1.5,2.5,5.0 共七级。

显然,精确度等级越低,档次越高。精确度大小反映了该仪器允许的误差大小。例如,精确度等级为 1.0 的仪表,表示该仪器的允许误差值不超过满量程的 $\pm 1\%$。在精确度相同的条件下,选择仪器的量程不宜过大。因为量程越大,其绝对误差也越大。估计最大测量值在满量程的三分之二左右较为合适。例如,精确度都是 1% 的两个电压表,量程分别为 100 V 和 200 V,则根据定义,其最大绝对误差分别为 1 V 和 2 V。

2.2 随机误差的分布规律

本节讨论随机误差,并假定在对粗大误差和系统误差进行讨论之前,所涉及的测量值都只含有随机误差。

2.2.1 随机误差的正态分布规律

对于任何一次测量,随机误差都是不可避免的。这一事实可以由下述现象反映出来:对同一静态物理量进行等精度重复测量,每一次测量所获得的测定值各不相同,尤其是在各个测定值的尾数上,总是存在着差异,表现出不定的波动状态。测定值的随机性表明了测量误差的随机性质。

就单次测量来说随机误差是无规律的,但是总体上遵循一定的统计规律。在对大量的随机误差进行统计分析后,人们认识并总结出了随机误差分布的如下几点性质:

(1) 有界性。在一定的测量条件下,测量的随机误差总是在一定的、相当窄的范围内变动,绝对值很大的误差出现的概率接近于零。也就是说,随机误差的绝对值实际上不会超过一定的界限。

(2) 单峰性。随机误差具有分布上的单峰性。绝对值小的误差出现的概率大,绝对值大的误差出现的概率小,零误差出现的概率比任何其他数值的误差出现的概率都大。

(3) 对称性。大小相等、方向相反的随机误差出现的概率相同,其分布呈对称性。

(4) 抵偿性。在等精度测量条件下,当测量次数趋于无穷时,全部随机误差的算术平均值趋于零,即

$$\lim_{n \to \infty} \frac{1}{n} \sum_{i=1}^{n} \delta_i = \lim_{n \to \infty} \frac{1}{n} \sum_{i=1}^{n} (x_i - \mu) = 0 \tag{2.3}$$

也就是说,此时测量的平均值接近于被测量的真值 μ。

上述 4 点性质是从大量的观察统计中得到的,为人们所公认。因此,有时也称这些性质是随机误差分布的 4 条公理。

随机误差是由大量彼此独立的微小因素对测量产生影响的综合结果。根据概率论的中心极限定理可知,这种情况下只要重复测量次数足够多,测定值的随机误差概率密度分布就服从正态分布。分布密度函数可用下式表示:

$$f(\delta) = \frac{1}{\sigma\sqrt{2\pi}}\exp\left(-\frac{\delta^2}{2\sigma^2}\right) \qquad (2.4)$$

如果用测定值 x 本身来表示,则

$$f(\delta) = \frac{1}{\sigma\sqrt{2\pi}}\exp\left[-\frac{(x-\mu)^2}{2\sigma^2}\right] \qquad (2.5)$$

式中,δ 是随机误差;μ 和 σ 是决定正态分布的两个特征参数,μ 是真值,即概率论中的数学期望,σ 是标准误差或均方根误差,它是概率论中方差的平方根,表征测量值在真值周围的离散程度。

在误差理论中,μ 代表被测参数的真值,完全由被测参数本身决定,但常常是未知的。当测量次数趋于无穷大时,有

$$\mu = \lim_{n\to\infty}\frac{1}{n}\sum_{i=1}^{n}x_i \qquad (2.6)$$

σ 表示测定值在真值周围的散布程度,由测量条件决定,其定义式为

$$\sigma = \lim_{n\to\infty}\sqrt{\frac{1}{n}\sum_{i=1}^{n}\delta^2} = \lim_{n\to\infty}\sqrt{\frac{1}{n}\sum_{i=1}^{n}(x-\mu)^2} \qquad (2.7)$$

μ 和 σ 确定之后,正态分布就完全确定了。正态分布密度函数 $f(x)$ 的曲线如图 2.2 所示。由该曲线可以清楚地看出,正态分布很好地反映了随机误差的分布规律,与前述 4 条公理相互印证。同时由随机误差分布的 4 条公理也可以推导出随机误差服从正态分布。

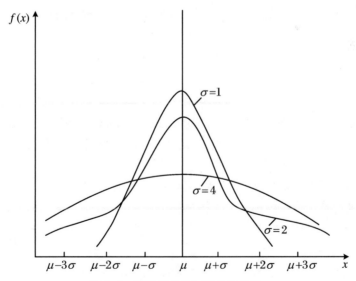

图 2.2 随机误差的正态分布曲线

应该指出,在测量技术中并非所有的随机误差都服从正态分布,还存在着其他一些非正态分布(如均匀分布、反正弦分布等)的随机误差。由于大多数测量误差服从正态分布,或者可以由正态分布来代替,而且以正态分布为基础可使得随机误差的分析处理大为简化,所以我们着重讨论以正态分布为基础的测量误差的分析与处理,这样做并不失测量误差理论的一般性。

2.2.2　正态分布的概率运算

由式(2.5)可以看出,正态分布密度函数是一个曲线族,其参变量是特征参数 μ 和 σ。在静态测量条件下,被测量真值 μ 是一定的。σ 的大小表征诸测定值在真值周围的散布程度,不同 σ 值的 3 条正态分布密度曲线如图 2.2 所示。由图 2.2 可见,σ 值越小,函数的幅值越大,曲线越尖锐;反之,σ 值越大,函数的幅值越小,曲线越平坦。σ 值小,则表明测量列中数值较小的误差占优势;σ 值大,则表明测量列中数值较大的误差相对来说比较多。因此可以用参数 σ 来表征测量的精密度。σ 值越小,表明测量的精密度越高。σ 的量纲与真误差 δ 的量纲相同,所以把 σ 称为均方误差(mean squared error,MSE)。

然而,σ 并不是一个具体的误差。σ 的数值大小只不过说明在一定条件下进行一列等精度测量时,随机误差出现的概率密度分布情况。在这一条件下,每进行一次测量,具体误差 δ_i 的数值或大或小,或正或负,完全是随机的,出现的具体误差值恰好等于 σ 值的可能性极其微小。如果测量的分辨率或灵敏度足够高,总会觉察到 δ_i 与 σ 之间的差异。在一定的测量条件下,误差 δ 的分布是完全确定的,参数 σ 的值也是完全确定的。因此,在一定条件下进行等精度测量时,任何单次测定值的具体误差 δ_i 可能都不等于 σ,但我们却认为这一列测定值具有同样的均方误差 σ。不同条件下进行的两列等精度测量,一般来说具有不同的 σ 值。

随机误差出现的性质决定了人们不可能准确地获得单个测定值的具体误差 δ_i 的数值。我们能做的只有在一定的概率意义之下估计测量随机误差的范围,或者求得误差出现在某个区间的概率。

由于随机误差的对称性,所以对称区间 $[-a,a]$ 中随机误差 δ 出现的概率可通过积分来计算:

$$P\{-a \leqslant \delta \leqslant a\} = P\{|\delta| \leqslant a\} = 2\int_0^a \frac{1}{\sigma\sqrt{2\pi}}\exp\left(-\frac{\delta^2}{2\sigma^2}\right)\mathrm{d}\delta \qquad (2.8)$$

式中,P 为置信概率。因为 σ 反映了测量的精密度,故常以 σ 的若干倍数来描述对称区间,即令

$$a = z\sigma \qquad (2.9)$$

式中, z 为置信系数。将 z 代入式(2.8),得

$$P\{|\delta| \leqslant a\} = P\{|\delta| \leqslant z\sigma\} = P\left\{\left|\frac{\delta}{\sigma}\right| \leqslant z\right\}$$

$$= \frac{2}{\sqrt{2\pi}}\int_0^z \exp\left(-\frac{z^2}{2}\right)\mathrm{d}z = \varPhi(z) \tag{2.10}$$

式中, $\varPhi(z)$ 为误差函数;$[-a,a]$ 或 $[-z\sigma,z\sigma]$ 为置信区间,其上、下限称为置信限;a 为显著性水平,表示随机误差落在置信区间以外的概率。

例 2.1 在同样条件下,一组重复测量值的误差服从正态分布,求误差 $|\delta|$ 不超过 $\sigma,2\sigma,3\sigma$ 的置信概率 P 。

解 根据题意, $z = 1,2,3$ 。从表 2.1 中查得 $\varPhi(1) = 0.682\,69$, $\varPhi(2) = 0.954\,50$, $\varPhi(3) = 0.997\,300$,因此

$$P\{|\delta| \leqslant a\} = 0.682\,69 \approx 68.3\%$$

相应地,显著性水平

$$a = 1 - P = 1 - 0.682\,69 = 0.317\,31 \approx \frac{1}{3}$$

$$P\{|\delta| \leqslant 2\sigma\} = 0.954\,50 \approx 95.5\%$$

相应地,显著性水平

表 2.1 误差函数表

z	$\varPhi(z)$	z	$\varPhi(z)$	z	$\varPhi(z)$
0	0.000 00	1.2	0.769 86	2.4	0.983 60
0.1	0.079 66	1.3	0.80 640	2.5	0.987 58
0.2	0.158 52	1.4	0.838 49	2.6	0.990 68
0.3	0.235 82	1.5	0.866 39	2.7	0.993 07
0.4	0.310 84	1.6	0.890 40	2.8	0.994 89
0.5	0.382 93	1.7	0.910 87	2.9	0.996 27
0.6	0.451 49	1.8	0.928 14	3.0	0.997 300
0.7	0.516 07	1.9	0.942 57	3.1	0.998 065
0.8	0.576 29	2.0	0.954 50	3.2	0.998 626
0.9	0.631 88	2.1	0.964 27	3.3	0.999 033
1.0	0.682 69	2.2	0.972 19	3.4	0.999 326
1.1	0.728 67	2.3	0.978 55	3.5	0.999 535

$$a = 0.045\,50 \approx \frac{1}{22}$$

$$P\{|\delta| \leqslant 3\sigma\} = 0.997\,30 \approx 99.7\%$$

相应地,显著性水平

$$a = 0.002\,70 \approx \frac{1}{370}$$

由上例可见,对于一组重复测量中的任何一个测量值来说,随机误差超过 $\pm 3\sigma$ 的概率仅为 3‰ 以下,超过 $\pm 2\sigma$ 的概率为 5% 以下,可以认为是小概率事件,因此,人们常把 3σ 或 2σ 称为随机不确定度,也称极限误差。

2.3 直接测量误差分析与处理

大多数测定值及其误差都服从正态分布。如果能求得正态分布的特征参数 μ 和 σ,那么被测量的真值和测量的精密度也就唯一地被确定下来了。μ 和 σ 是当测量次数趋于无穷大时的理论值,而实际测量过程中不可能进行无穷次测量,甚至测量次数不会很多,也就是说只是测量"母体"的一部分,这部分称为子样。子样中包含的测量个数称为子样容量,容量大的称为大子样,容量小的称为小子样,一般是从子样中求取"母体"的特征参数 μ 和 σ 的最佳估计值。

2.3.1 真值的估计

可以证明,在 n 个重复测量值 $(x_1, x_2, \cdots, x_n)$ 中,被测量真值的最佳估计值就是各测量值的算术平均值,即

$$\bar{x} = \hat{\mu}$$

$$\hat{\mu} = \bar{x} = \frac{1}{n}(x_1 + x_2 + \cdots + x_n) = \frac{1}{n}\sum_{i=1}^{n} x_i \tag{2.11}$$

算术平均值是子样的一个统计量,同一"母体"的各个子样,其测量值的平均值也会有差异。所以,测量值的子样平均值 $\bar{x}$ 也是一个随机变量,也服从正态分布。当子样容量 n 趋于无穷大时,$\bar{x}$ 趋近真值 μ。

2.3.2 标准误差的估算

若有限个测量值的真值 μ 未知,则其随机误差 $\delta_i = x_i - \mu$ 也无法求得,只能

得到测量值与算术平均值之差 v_i,称为残差或剩余差,即

$$v_i = x_i - \bar{x} \quad (i = 1, 2, \cdots, n) \tag{2.12}$$

可以证明,可用贝塞尔公式求取"母体"的标准误差 σ 的估计值 S,即

$$S = \sqrt{\frac{\sum\limits_{i=1}^{n}(x_i - \bar{x})^2}{n-1}} = \sqrt{\frac{\sum\limits_{i=1}^{n}v_i^2}{n-1}} \tag{2.13}$$

式中,$n-1$ 为自由度。由于残差有 $\sum\limits_{i=1}^{n}v_i^2 = 0$ 的性质,所以 n 个残差中只有 $n-1$ 个是独立的,这时自由度 γ 为 $n-1$,而不是 n。

在仪表检定等工作中,如果通过标准仪表或定义点获知了约定真值 μ,则 n 个重复测量值的自由度就是 n,可用下式来计算标准误差的估计值:

$$S = \sqrt{\frac{\sum\limits_{i=1}^{n}(x_i - \mu)^2}{n}}$$

2.3.3　算术平均值的标准误差

如上所述,测量值子样的算术平均值 $\bar{x}$ 是一个服从正态分布的随机变量。可以证明,平均值 $\bar{x}$ 的标准误差为

$$S_{\bar{x}} = \frac{S}{\sqrt{n}}\sqrt{\frac{1}{n(n-1)}\sum\limits_{i=1}^{n}(x_i - \bar{x})^2} \tag{2.14}$$

由此可见,测量值子样的算术平均值的标准误差只有测量值 x_i 的标准误差 S 的 $\dfrac{1}{\sqrt{n}}$。这表明用多次重复测量取得的子样平均值作为测量结果比单次测定值具有更高的精密度,即增加测量次数能提高平均值的精密度。但由于是平方根关系,在 n 超过 20 次时,再增加测量次数,所取得的效果就不明显了。此外,很难做到长时间的重复测量而保持测量对象和测量条件稳定。

2.3.4　测量结果的表示

多次重复测量的测量结果一般可表示为:在一定置信概率下,以测量值子样平均值为中心,以置信区间半长为误差限的量,即

测量结果 X = 子样平均值 $\bar{x}$ ± 置信区间半长 $a(P = $ 置信概率$)$　(2.15)

例如:$X = \bar{x} \pm 3S_{\bar{x}}(P = 99.73\%)$,$X = \bar{x} \pm 2S_{\bar{x}}(P = 95.45\%)$。

例2.2 对恒转速下旋转的转动机械的转速进行了20次重复测量,得到如下一组测量数据(r/min):

4 753.1　4 757.5　4 752.7　4 752.8　4 752.1　4 749.2　4 750.6　4 751.0　4 753.9　4 751.2

4 750.3　4 753.3　4 752.1　4 751.2　4 752.3　4 748.4　4 752.5　4 754.7　4 750.0　4 751.0

求该转动机械的转速(要求测量结果的置信概率为95%)。

解　(1) 计算测量值子样的平均值:

$$\bar{x} = \frac{1}{n} \sum_{i=1}^{n} x_i = \frac{1}{20} \sum_{i=1}^{20} x_i = 4\ 752.0\ \text{r/min}$$

(2) 计算标准误差的估计值:

$$S = \sqrt{\frac{\sum_{i=1}^{n} (x_i - \bar{x})^2}{n-1}}$$

为计算方便,上式可改写为

$$S = \sqrt{\frac{1}{n-1}\left[\sum_{i=1}^{n} x_i^2 - \frac{1}{n}\left(\sum_{i=1}^{n} x_i\right)^2\right]}$$

$$= \sqrt{\frac{1}{20-1}\left[\sum_{i=1}^{20} x_i^2 - \frac{1}{20}\left(\sum_{i=1}^{20} x_i\right)^2\right]}$$

$$= 2.0\ \text{r/min}$$

(3) 求子样平均值的标准误差:

$$S_{\bar{x}} = \frac{S}{\sqrt{n}} = \frac{2.0}{\sqrt{20}}\ \text{r/min} = \frac{1}{\sqrt{5}}\ \text{r/min}$$

(4) 对于给定的置信概率,其置信区间半长为 a。

根据题意,有

$$P\{\bar{x} - a \leqslant \mu \leqslant \bar{x} + a\} = 95\%$$

即

$$P\{-a \leqslant \bar{x} - \mu \leqslant a\} = 95\%$$

设 $a = zS_{\bar{x}}$,记作 $\bar{x} - \mu = \delta_{\bar{x}}$,则

$$P\{|\delta_{\bar{x}}| \leqslant z\delta_{\bar{x}}\} = 95\%$$

查表2.1得 $z = 1.96$,所以 $a = 1.96\ S_{\bar{x}} \approx 0.9\ \text{r/min}$。测量结果可表示为

$$X = (4\ 752.0 \pm 0.9)\ \text{r/min}\quad(P = 95\%)$$

实际测量工作中经常只能做单次测量,但如果已经得到同样测量条件下的标准误差估计值 S,则可用下式求测量结果 X:

$$X = 单次测量值 \pm 置信区间半长 \quad (P = 置信概率)$$

例如：$X = 单次测量值 \pm 3S(P = 99.73\%)$，$X = 单次测量值 \pm 2S(P = 95.45\%)$。

2.4　间接测量误差分析与处理

间接测量就是通过直接测量与被测量有某种确定函数关系的其他各个变量，再按函数关系进行计算，从而求得被测量数值的方法。间接测量值的误差不仅取决于各有关直接测量值的误差，还与它们之间的函数关系有关。间接测量的误差分析与处理，就是要解决如何由各直接测量值求得间接测量值这一问题。

2.4.1　一次测量时，间接测量误差的计算

受条件限制，实验时对被测量只进行一次测量的情况是经常遇到的。这时只能根据所采用的测量仪表的允许误差来估算测量结果中所包含的极限误差，看它是否超过所规定的误差范围。实测的读数可能出现的最大相对误差

$$\delta_{\max} = \delta \frac{A_0}{A} \times 100\% \qquad (2.16)$$

式中，δ 为仪表的精确度等级；A_0 为仪表的量程；A 为实测时仪表的读数。

由式(2.16)可见，采用一定量程的仪表，测量小示值的相对误差比测量大示值的相对误差要大，因此，选择测量仪表的量程，应尽量使示值接近于满刻度，这样可以得到较为精确的测量结果。

设间接测量中的被测量为 Y，随机误差为 y；直接测量中的被测量为 X_1，$X_2, \cdots, X_n$，它们之间相互独立，随机误差为 $x_1, x_2, \cdots, x_n$。

Y 和 $X_1, X_2, \cdots, X_n$ 有如下函数关系：

$$Y = f(X_1, X_2, \cdots, X_n) \qquad (2.17)$$

考虑误差后，则有

$$Y + y = f(X_1 + x_1, X_2 + x_2, \cdots, X_n + x_n) \qquad (2.18)$$

把式(2.18)右边用泰勒级数展开，并忽略高阶项，得

$$f[(X_1 + x_1), (X_2 + x_2), \cdots, (X_n + x_n)]$$

$$= f(x_1, x_2, \cdots, x_n) + \frac{\partial Y}{\partial X_1} x_1 + \frac{\partial Y}{\partial X_2} x_2 + \cdots + \frac{\partial Y}{\partial X_n} x_n \qquad (2.19)$$

比较式(2.17)、式(2.18)和式(2.19)，得

$$y = \frac{\partial Y}{\partial X_1} x_1 + \frac{\partial Y}{\partial X_2} x_2 + \cdots + \frac{\partial Y}{\partial X_n} x_n \tag{2.20}$$

或写成

$$\frac{y}{Y} = \frac{\partial Y}{\partial X_1} \frac{x_1}{Y} + \frac{\partial Y}{\partial X_2} \frac{x_2}{Y} + \cdots + \frac{\partial Y}{\partial X_n} \frac{x_n}{Y} \tag{2.21}$$

式(2.20)和式(2.21)称为间接测量的误差传递公式。用误差传递公式可以完成两方面工作：一是用直接测量量的误差来计算间接测量量的误差；二是根据所给出的被测量的允许误差来分配直接测量量的误差，并依此选择合适仪表。为计算方便，将常用函数的绝对误差和相对误差列于表2.2中。

表 2.2　常用函数的绝对误差和相对误差

函数	绝对误差 y	相对误差 y/Y
$Y = X_1 + X_2$	$\pm(x_1 + x_2)$	$\pm(x_1 + x_2)/(X_1 + X_2)$
$Y = X_1 - X_2$	$\pm(x_1 + x_2)$	$\pm(x_1 + x_2)/(X_1 - X_2)$
$Y = X_1 X_2$	$\pm(X_1 x_2 + X_2 x_1)$	$\pm\left(\frac{x_1}{X_1} + \frac{x_2}{X_2}\right)$
$Y = X_1 X_2 X_3$	$\pm(X_1 X_2 x_3 + X_2 X_3 x_1 + X_1 X_3 x_2)$	$\pm\left(\frac{x_1}{X_1} + \frac{x_2}{X_2} + \frac{x_3}{X_3}\right)$
$Y = aX$	$\pm ax$	$\pm x/X$
$Y = X^n$	$\pm n X^{n-1} x$	$\pm n \frac{x}{X}$
$Y = \sqrt[n]{X}$	$\pm \frac{1}{n} X^{\frac{1}{n}-1} x$	$\pm \frac{1}{n} \frac{x}{X}$
$Y = X_1/X_2$	$\pm(X_1 x_2 + X_2 x_1)/X_2^2$	$\pm\left(\frac{x_1}{X_1} + \frac{x_2}{X_2}\right)$
$Y = \sin X$	$\pm x\cos X$	$\pm x\cot X$
$Y = \tan X$	$\pm x/\cos^2 X$	$\pm 2x/\sin(2X)$

例 2.3　用量程为 $0\sim10$ A 的直流电流表和量程为 $0\sim250$ V 的直流电压表测量直流电动机的输入电流和电压,示值分别为 9 A 和 220 V,两表的精确度皆为 0.5 级,试问电动机输入功率可能出现的最大误差为多少?

解　电流的实测读数可能出现的最大相对误差

$$\delta_{I\max} = \delta \frac{A_0}{A} \times 100\% = \pm 0.556\%$$

最大绝对误差为

$$9 \times (\pm 0.556\%)\,\text{A} = \pm 0.05\,\text{A}$$

电压的实测读数可能出现的最大相对误差

$$\delta_{U\text{max}} = \delta \frac{A_0}{A} \times 100\% = \pm 0.568\%$$

最大绝对误差为

$$220 \times (\pm 0.568\%)\ \text{V} = \pm 1.25\ \text{V}$$

电动机输入功率可能出现的最大误差

$$\Delta P = \pm (I\Delta U + U\Delta I) = \pm (9 \times 1.25 + 220 \times 0.05)\ \text{W} = \pm 22.25\ \text{W}$$

2.4.2　多次测量时,间接测量误差的计算

设间接测量量 Y 是可以直接测量量 $X_1, X_2, \cdots, X_m$ 的函数,其函数关系为

$$Y = (X_1, X_2, \cdots, X_m) \tag{2.22}$$

假定对 $X_1, X_2, \cdots, X_m$ 各进行了 n 次测量,那么每个 $X_i (i = 1, 2, \cdots, m)$ 都有自己的一列测定值 $x_{i1}, x_{i2}, \cdots, x_{in}$,其相应的随机误差为 $\delta_{i1}, \delta_{i2}, \cdots, \delta_{in}$。

若将测量 $X_1, X_2, \cdots, X_m$ 时所获得的第 j 个测定值代入式(2.22),可求得间接测量量 Y 的第 j 个测定值

$$y_j = F(x_{1j}, x_{2j}, \cdots, x_{mj})$$

由于测定值 $x_{1j}, x_{2j}, \cdots, x_{mj}$ 与真值之间存在随机误差,所以 y_j 与其真值之间也必有误差,记为 δ_{yj}。由误差定义,上式可写为

$$Y + \delta_{yj} = F(X_1 + \delta_{1j}, X_2 + \delta_{2j}, \cdots, X_m + \delta_{mj})$$

若 δ_{ij} 较小,且诸 $X_i (i = 1, 2, \cdots, m)$ 是彼此独立的量,将上式按泰勒公式展开,并取其误差的一阶项作为一次近似,略去一切高阶误差项,那么上式可近似地写为

$$Y + \delta_{yj} = F(X_1, X_2, \cdots, X_m) + \frac{\partial F}{\partial X_1}\delta_{1j} + \frac{\partial F}{\partial X_2}\delta_{2j} + \cdots + \frac{\partial F}{\partial X_m}\delta_{mj} \tag{2.23}$$

间接测量量的算术平均值 $\bar{y}$ 就是 Y 的最佳估计值,即

$$\bar{y} = \frac{1}{n}\sum_{j=1}^{n}(Y + \delta_{yj}) = Y + \frac{1}{n}\sum_{j=1}^{n}\delta_{yj}$$

$$= F(X_1, X_2, \cdots, X_m) + \frac{\partial F}{\partial X_1} \cdot \frac{1}{n}\sum_{j=1}^{n}\delta_{1j}$$

$$+ \frac{\partial F}{\partial X_2} \cdot \frac{1}{n}\sum_{j=1}^{n}\delta_{2j} + \cdots + \frac{\partial F}{\partial X_m} \cdot \frac{1}{n}\sum_{j=1}^{n}\delta_{mj}$$

式中,$\dfrac{1}{n}\sum\limits_{j=1}^{n}\delta_{mj}$ 恰好是测量 X_m 时所得的一列测定值的 平均值 $\bar{x}_m$ 的随机误差,记为 $\delta_{\bar{x}_m}$,所以

$$\bar{y} = F(X_1, X_2, \cdots, X_m) + \frac{\partial F}{\partial X_1}\delta_{\bar{x}_1} + \frac{\partial F}{\partial X_2}\delta_{\bar{x}_2} + \cdots + \frac{\partial F}{\partial X_m}\delta_{\bar{x}_m} \tag{2.24}$$

此外,将直接测量 $X_1,X_2,\cdots,X_m$ 所获得的测定值的算术平均值 $\bar{x}_1,\bar{x}_2,\cdots,$ $\bar{x}_m$ 代入式(2.22),并将其在 $X_1,X_2,\cdots,X_m$ 的领域内用泰勒公式展开,有

$$F(\bar{x}_1,\bar{x}_2,\cdots,\bar{x}_m) = F(X_1 + \delta_{\bar{x}_1}, X_2 + \delta_{\bar{x}_2},\cdots,X_m + \delta_{\bar{x}_m})$$

$$= F(X_1,X_2,\cdots,X_m) + \frac{\partial F}{\partial X_1}\delta_{\bar{x}_1}$$

$$+ \frac{\partial F}{\partial X_2}\delta_{\bar{x}_2} + \cdots + \frac{\partial F}{\partial X_m}\delta_{\bar{x}_m} \tag{2.25}$$

比较式(2.24)与式(2.25),可得

$$\bar{y} = F(\bar{x}_1,\bar{x}_2,\cdots,\bar{x}_m) \tag{2.26}$$

由式(2.26)可得出结论 1:间接测量量的最佳估计值 $\bar{y}$ 可以由与其有关的各直接测量量的算术平均值 $\bar{x}_i(i=1,2,\cdots,m)$ 代入函数关系式求得。

由式(2.23)及式(2.22)可知,第 j 次直接测量 $X_1,X_2,\cdots,X_m$ 获得的测定值的误差 $x_{1j},x_{2j},\cdots,x_{mj}$ 与其相应的间接测量量 Y 的误差 δ_{yj} 之间的关系为

$$\delta_{yj} = \frac{\partial F}{\partial X_1}\delta_{1j} + \frac{\partial F}{\partial X_2}\delta_{2j} + \cdots + \frac{\partial F}{\partial X_m}\delta_{mj} \tag{2.27}$$

假定 δ_{yj} 的分布亦为正态分布,那么可求得 Y 的标准误差

$$\sigma_y = \sqrt{\frac{1}{n}\sum_{j=1}^{n}\delta_{yj}^2}$$

而

$$\sum_{j=1}^{n}\delta_{yj}^2 = \sum_{j=1}^{n}\left(\frac{\partial F}{\partial X_1}\delta_{1j} + \frac{\partial F}{\partial X_2}\delta_{2j} + \cdots + \frac{\partial F}{\partial X_m}\delta_{mj}\right)^2$$

$$= \left(\frac{\partial F}{\partial X_1}\right)^2\sum_{j=1}^{n}\delta_{1j}^2 + \left(\frac{\partial F}{\partial X_2}\right)^2\sum_{j=1}^{n}\delta_{2j}^2 + \cdots + \left(\frac{\partial F}{\partial X_m}\right)^2\sum_{j=1}^{n}\delta_{mj}^2$$

$$+ 2\left(\frac{\partial F}{\partial X_1}\frac{\partial F}{\partial X_2}\sum_{j=1}^{n}\delta_{1j}\delta_{2j} + \frac{\partial F}{\partial X_1}\frac{\partial F}{\partial X_3}\sum_{j=1}^{n}\delta_{1j}\delta_{3j} + \cdots\right.$$

$$\left. + \frac{\partial F}{\partial X_{(m-1)}}\frac{\partial F}{\partial X_m}\sum_{j=1}^{n}\delta_{(m-1)j}\delta_{mj}\right)$$

根据随机误差的性质,若各直接测量量 $X_i(i=1,2,\cdots,n)$ 彼此独立,则当测量次数无限增加时,必有

$$\sum_{j=1}^{n}\delta_{ij}\delta_{kj} = 0 \quad (i \neq k)$$

所以

$$\sum_{j=1}^{n}\delta_{yj}^2 = \left(\frac{\partial F}{\partial X_1}\right)^2\sum_{j=1}^{n}\delta_{1j}^2 + \left(\frac{\partial F}{\partial X_2}\right)^2\sum_{j=1}^{n}\delta_{2j}^2 + \cdots + \left(\frac{\partial F}{\partial X_m}\right)^2\sum_{j=1}^{n}\delta_{mj}^2$$

则

$$\sigma_y = \sqrt{\frac{1}{n}\left(\frac{\partial F}{\partial X_1}\right)^2 \sum_{j=1}^{n}\delta_{1j}^2 + \frac{1}{n}\left(\frac{\partial F}{\partial X_2}\right)^2 \sum_{j=1}^{n}\delta_{2j}^2 + \cdots + \frac{1}{n}\left(\frac{\partial F}{\partial X_m}\right)^2 \sum_{j=1}^{n}\delta_{mj}^2}$$

而 $\dfrac{1}{n}\sum\limits_{j=1}^{n}\delta_{y_j}^2$ 恰好是第 i 个直接测量量 X_i 的标准误差的平方 σ_i^2，因此可得出间接测量量的标准误差与诸直接测量量的标准误差 σ_i 之间的如下关系：

$$\sigma_y = \sqrt{\left(\frac{\partial F}{\partial X_1}\right)^2 \sigma_1^2 + \left(\frac{\partial F}{\partial X_2}\right)^2 \sigma_2^2 + \cdots + \left(\frac{\partial F}{\partial X_m}\right)^2 \sigma_m^2} \tag{2.28}$$

由此可得出结论 2：间接测量量的标准误差是各独立直接测量量的标准误差与函数对该直接测量量偏导数的乘积的平方和的平方根。

以上两个结论叫作误差传布原理，是间接测量误差分析与处理的基本依据。式(2.28)的形式可以推广至描述间接测量量的算术平均值的标准误差和各直接测量量的算术平均值的标准误差之间的关系：

$$\sigma_{\bar{y}} = \sqrt{\left(\frac{\partial F}{\partial X_1}\right)^2 \sigma_{\bar{x}_1}^2 + \left(\frac{\partial F}{\partial X_2}\right)^2 \sigma_{\bar{x}_2}^2 + \cdots + \left(\frac{\partial F}{\partial X_m}\right)^2 \sigma_{\bar{x}_m}^2} \tag{2.29}$$

最后，应指出以下两点：

(1) 上述各公式是建立在对每一独立的直接测量量 X_i 进行多次等精度独立测量的基础上的，离开这个条件，上述公式将不成立。

(2) 对于间接测量量与各直接测量量之间呈非线性函数关系的情况，上述各式只是近似的，只有当计算 Y 的误差允许做线性近似时才能使用。

多次测量间接测量值的极限误差

$$\delta_y = 3\sigma_y$$

例 2.4　铜电阻值与温度之间的关系为 $R_t = R_{20}\left[1 + a_{20}(t-20)\right]$，通过直接测量，已知 20 ℃下的铜电阻值 $R_{20} = 6.0(1 \pm 0.003)\ \Omega$，电阻温度系数 $a_{20} = 0.004(1 \pm 0.01)\ ℃^{-1}$，铜电阻所处的温度 $t = (30 \pm 1)\ ℃$，置信概率皆为 68.27%，求电阻值 R_t 及其标准误差。

解　(1) 求电阻值 R_t：

$$R_t = R_{20}\left[1 + a_{20}(t-20)\right] = 6.0\left[1 + 0.004 \times (30-20)\right]\ \Omega = 6.24\ \Omega$$

(2) 求电阻值的标准误差，先求函数对各直接测量量的偏导数：

$$\frac{\partial R_t}{\partial R_{20}} = \left[1 + a_{20}(t-20)\right] = \left[1 + 0.004 \times (30-20)\right] = 1.04$$

$$\frac{\partial R_t}{\partial a_{20}} = R_{20}\left[0 + (t-20)\right] = 6.0 \times (30-20) = 60.0$$

$$\frac{\partial R_t}{\partial t} = R_{20}a_{20} = 6.0 \times 0.004 = 0.024$$

再求各直接测量量的标准误差：

$$\sigma_{R_{20}} = R_{20} \times (\pm 0.3\%) = 6.0 \times (\pm 0.003) \, \Omega = \pm 0.018 \, \Omega$$

$$\sigma_{a_{20}} = a_{20} \times (\pm 1\%) = 0.004 \times (\pm 0.01) \, ℃^{-1} = \pm 0.000\,04 \, ℃^{-1}$$

$$\sigma_t = \pm 1 \, ℃$$

所以

$$\sigma_{R_t} = \sqrt{\left(\frac{\partial R_t}{\partial R_{20}}\right)^2 \sigma_{R_{20}}^2 + \left(\frac{\partial R_t}{\partial a_{20}}\right)^2 \sigma_{a_{20}}^2 + \left(\frac{\partial R_t}{\partial t}\right)^2 \sigma_t^2}$$

$$= \sqrt{1.04^2 \times 0.018^2 + 60^2 \times (4 \times 10^{-5})^2 + 0.024^2 \times 1^2} \, \Omega = 0.03 \, \Omega$$

(3) 间接测量电阻值 R_t 的测量结果可表示为

$$R_t = (6.24 \pm 0.03) \, \Omega \quad (P = 68.27\%)$$

例 2.5 在某动力力学性能实验中,同时对额定工况下转矩 M 和转速 n 各进行 8 次等精确度测量,所测数值列于表 2.3 中,试求该工况下的有效功率及其误差。

表 2.3 额定工况下的各测量值

n(r/min)	3 002	3 004	3 000	2 998	2 995	3 001	3 006	3 002
M(N·m)	15.2	15.3	15.0	15.2	15.0	15.2	15.4	15.3

解 转速 n 和转矩 M 的算术平均值分别为

$$\bar{n} = \frac{\sum\limits_{i=1}^{8} n_i}{8} = 3\,001 \text{ r/min}$$

$$\bar{M} = \frac{\sum\limits_{i=1}^{8} M_i}{8} = 15.2 \text{ N·m}$$

转速 n 和转矩 M 的均方根误差分别为

$$\sigma_n = \sqrt{\frac{\sum\limits_{i=1}^{8} (n_i - \bar{n})^2}{8 - 1}} = 3.4 \text{ r/min}$$

$$\sigma_n = \sqrt{\frac{\sum\limits_{i=1}^{8} (M_i - \bar{M})^2}{8 - 1}} = 0.146 \text{ N·m}$$

转速 n 和转矩 M 的算术平均值的均方根误差分别为

$$\sigma_{\bar{n}} = \frac{\sigma_n}{\sqrt{8}} = 1.2 \text{ r/min}$$

$$\sigma_{\bar{M}} = \frac{\sigma_M}{\sqrt{8}} = 0.05 \text{ N·m}$$

有效功率为

$$P = \overline{M} \times \overline{\omega} = \overline{M} \times \frac{2\pi\overline{n}}{60} = \frac{\overline{M}\overline{n}}{9.55} = 4\ 776\ \text{W}$$

有效功率 P 的均方根误差为

$$\sigma_P = \sqrt{\left(\frac{\partial P}{\partial n}\right)^2 \sigma_{\overline{n}}^2 + \left(\frac{\partial P}{\partial M}\right)^2 \sigma_{\overline{M}}^2} = \sqrt{\left(\frac{\overline{M}}{9.55}\right)^2 \sigma_{\overline{n}}^2 + \left(\frac{\overline{n}}{9.55}\right)^2 \sigma_{\overline{M}}^2}$$

$$= \sqrt{\left(\frac{15.2}{9.55}\right)^2 \times 1.2^2 + \left(\frac{3\ 001}{9.55}\right)^2 \times 0.05^2}\ \text{W} = 15.8\ \text{W}$$

有效功率 P 的极限误差为

$$\delta_P = 3\sigma_P = 47.4\ \text{W}$$

这样,实验所得的有效功率为

$$P = (4\ 776 \pm 47.4)\ \text{W}$$

2.5　粗大误差的检验与处理

粗大误差是指不能用测量客观条件进行合理解释的那些突出误差,它明显地歪曲了测量结果。含有粗大误差的测定值称为坏值或异常数据,应予以剔除。

产生粗大误差的原因是多方面的,主要有:

(1) 测量者的主观原因。测量者的操作不当,或因粗心、疏失而造成读数、记录的错误。

(2) 客观外界条件的原因。测量条件意外的改变(如机械冲击、振动、电源瞬间大幅度波动等)引起仪表示值的改变。

对于粗大误差,除了设法从测量结果中发现和鉴别而加以剔除外,还要加强测量者的工作责任心和严格的科学态度;此外,还要保证测量条件的稳定。

对于在同一条件下多次测量同一被测量时所得的一组测量值,可用多种统计检验法来判断是否存在粗大误差。以下介绍几种常用的判定测定值中粗大误差存在与否的准则。

2.5.1　拉伊特准则(3σ 准则)

大多数的随机误差服从正态分布。服从正态分布的随机误差,其绝对值超过 3σ 的概率极小。因此,对于大量的重复等精度测量值,判定其中是否含有粗大误差,可以采用下述拉伊特准则:

如果测量列中某一测定值残差 ν_i 的绝对值大于该测量列的标准误差的 3 倍,即

$$|v_i| = |x_i - \bar{x}| > 3\sigma \tag{2.30}$$

那么可以认为该测量值存在粗大误差,故拉伊特准则又称为 3σ 准则。实际使用时,标准误差 σ 可用其估计值 $\hat{\sigma}$ 代替。按上述准则剔除坏值后,应重新计算剔除坏值后测量列的算术平均值和标准误差估计值 $\hat{\sigma}$,再进行判断,直至余下测量值中无坏值存在。

拉伊特准则是判断粗大误差存在与否的一种简单方法,但它是依据正态分布得出的,所以当测量值子样容量不很大时,所取界限太宽,坏值不能剔除的可能性较大。特别是当子样容量 $n \leqslant 10$ 时,即使测量列中有粗大误差,据拉伊特准则也判定不出来。鉴于此,目前推荐使用以 t 分布为基础的格拉布斯准则。

2.5.2　格拉布斯准则

当测量次数较少时,用以 t 分布为基础的格拉布斯准则判定粗大误差的存在比较合理。

设对某一被测量进行多次等精度独立测量,获得一测量列 $x_1, x_2, \cdots, x_n$。若测定值服从正态分布 $N(x; \mu, \sigma)$,则可计算出子样平均值 $\bar{x}$ 和测量列标准误差的估计值 $\hat{\sigma}$,即

$$\bar{x} = \frac{1}{n} \sum_{i=1}^{n} x_i, \quad \hat{\sigma} = \sqrt{\frac{1}{n-1} \sum_{i=1}^{n} (x_i - \bar{x})^2}$$

为了检查测量值中是否含有粗大误差,将 $x_i (i = 1, 2, \cdots, n)$ 由小到大排列成顺序统计量 $x_{(i)}$,使

$$x_{(1)} \leqslant x_{(2)} \leqslant \cdots \leqslant x_{(n)}$$

格拉布斯按照数理统计理论导出了统计量

$$g_{(n)} = \frac{x_{(n)} - \bar{x}}{\hat{\sigma}}, \quad g_{(1)} = \frac{\bar{x} - x_{(1)}}{\hat{\sigma}}$$

的分布,取定危险率 α,可求得临界值 $g_0(n, \alpha)$,而

$$P\left\{ \frac{x_{(n)} - \bar{x}}{\hat{\sigma}} \geqslant g_0(n, \alpha) \right\} = \alpha$$

$$P\left\{ \frac{\bar{x} - x_{(1)}}{\hat{\sigma}} \geqslant g_0(n, \alpha) \right\} = \alpha$$

表 2.4 给出了在一定测量次数 n 和危险率 α 之下的临界值 $g_0(n, \alpha)$。

这样就得到了判定粗大误差的格拉布斯准则:若测量列中最大测定值或最小测定值的残差满足

$$|v_{(i)}| \geqslant g_0(n,\alpha)\hat{\sigma} \quad (i = 1 \text{ 或 } n) \tag{2.31}$$

则可认为含有残差 v_i 的测量值是坏值,因而该测量值按危险率 α 应该剔除。

表 2.4　格拉布斯准则临界值 $g_0(n,\alpha)$

n＼α	0.05	0.01	n＼α	0.05	0.01
3	1.153	1.155	17	2.475	2.785
4	1.463	1.492	18	2.504	2.821
5	1.672	1.749	19	2.532	2.854
6	1.822	1.944	20	2.557	2.884
7	1.938	2.097	21	2.580	2.912
8	2.032	2.221	22	2.603	2.939
9	2.110	2.323	23	2.624	2.963
10	2.176	2.410	24	2.611	2.987
11	2.234	2.485	25	2.663	3.009
12	2.285	2.550	30	2.745	3.103
13	2.331	2.607	35	2.811	3.178
14	2.371	2.659	40	2.866	3.240
15	2.409	2.705	45	2.914	3.292
16	2.443	2.747	50	2.956	3.336

应该注意,用格拉布斯准则判定测量列中是否存在含有粗大误差的坏值时,选择不同的危险率可能得到不同的结果。一般不应选择太大的危险率,可取 5% 或 1%。在本准则中,危险率 α 为将本不是异常数据的数据判定为异常数据而造成错误的概率。简言之,所谓危险率就是误删除的概率。

如果利用格拉布斯准则判定测量列中存在含有粗大误差的坏值,那么在剔除坏值之后,还需要对余下的测量数据再进行判定,直至全部测定值满足 $|v_{(i)}| < g_0(n,\alpha)\hat{\sigma}$ 为止。现举例说明用格拉布斯准则判定粗大误差存在与否的一般步骤。

例 2.6　测某一介质温度 15 次,得到如下一列测量值数据(℃):

20.42　　22.43　　20.40　　20.43　　20.42　　20.43　　20.39　　20.30

20.40　　20.43　　20.42　　20.41　　20.39　　20.39　　20.40

试判断其中有无含有粗大误差的坏值。

解 按大小顺序将测量值数据重新排列：

| 20.30 | 20.39 | 20.39 | 20.39 | 20.40 | 20.40 | 20.40 | 20.41 |

| 20.42 | 20.42 | 20.42 | 20.43 | 20.43 | 20.43 | 20.43 |

计算子样平均值 $\bar{x}$ 和测量列标准误差估计值 $\hat{\sigma}$：

$$\bar{x} = \frac{1}{15}\sum_{i=1}^{15} x_i = 20.404, \quad \hat{\sigma} = \sqrt{\frac{1}{15-1}\sum_{i=1}^{15}(x_i - \bar{x})^2} = 0.033$$

选定危险率 α，求得临界值 $g_0(n,\alpha)\hat{\sigma}$：现选取 $\alpha = 5\%$，查表 2.4 得

$$g_0(15,5\%)\hat{\sigma} = 2.41$$

计算测量列中最大与最小测量值的残差 $\nu_{(n)}$，$\nu_{(1)}$，并用格拉布斯准则判定

$$\nu_{(1)} = -0.104, \quad \nu_{(15)} = 0.026$$

因

$$|\nu_{(1)}| > g_0(15,5\%)\hat{\sigma} = 0.080$$

故 $x_{(i)} = 20.30$ 在危险率 $\alpha = 5\%$ 之下被判定为坏值，应剔除。

剔除含有粗大误差的坏值后，重新计算余下测量值的算术平均值 $\bar{x}'$ 和标准误差估计值 $\hat{\sigma}'$，查表求新的临界值 $g_0'(n,\alpha)$ 之后，再进行判定，即

$$\bar{x}' = \frac{1}{14}\sum_{i=1}^{14} x_i = 20.411, \quad \hat{\sigma}' = \sqrt{\frac{1}{14-1}\sum_{i=1}^{14}(x_i - \bar{x})^2} = 0.016$$

$$g_0'(14,5\%) = 2.37$$

余下测量值中最大与最小残差分别为

$$\nu_{(1)} = -0.021, \quad \nu_{(14)} = 0.019$$

而 $g_0'(14,5\%)\hat{\sigma}' = 0.038$，显然 $|\nu_{(1)}|$ 和 $|\nu_{(14)}|$ 均小于 $g_0'(14,5\%)\hat{\sigma}'$，故可知余下的测量值中已无含粗大误差的坏值。

2.6　系统误差分析

　　系统误差是测量值中所含有的不变的或按某种确定规律变化的误差，与随机误差在性质上是不同的，它的出现具有一定的规律性，不能像随机误差那样依靠统计的方法来处理，只能采取具体问题具体分析的方法，通过仔细校验和精心实验才可能发现与消除。用重复测量的方法并不能减小系统误差对测量结果的影响，也难以发现系统误差。例如，测量高温烟气温度时，冷壁的辐射散热可能引起上百摄

氏度的误差,因此,测量中要特别重视这项误差。通过对测量对象与测量方法的具体分析,用改变测量条件或测量方法进行对比分析,对测量系统进行检定等来发现系统误差,并找出引起误差的原因和误差的规律。通常采用计算或补偿装置对测量值进行修正,以消除系统误差。

2.6.1　系统误差分类

恒值系统误差只影响测量的精确度,并不影响测量的精密度,可用与更准确的测量系统和测量方法相比较的方法来发现恒值系统误差,并提供修正值。

根据变化的特点,变值系统误差可分为以下几种:

(1) 累积系统误差。测量过程中它是随时间而增大或减小的,其产生的原因往往是元件老化或磨损、工作电池电压下降等。

(2) 周期性系统误差。测量过程中它的大小和符号均按一定周期发生变化,如秒表指针与度盘不同心就会产生这种误差。

(3) 复杂变化的系统误差。这是一种变化规律仍未被认识的系统误差,即未定系统误差,其上下限值常常确定了测量值的系统不确定度。

2.6.2　系统误差处理的一般原则

系统误差的特点和性质决定了其不可能用统计的方法来处理,甚至未必能通过对测量数据的分析来发现(恒值系统误差就是如此),这就增加了系统误差处理的难度。无规律的随机误差可以按一定的统计规律来处理,而有规律的系统误差却没有通用的处理方法可循。不过,一般可根据前人的经验和认识,总结归纳出一些具有普遍意义的原则,指导我们在一些典型的情况下解决这一棘手问题。

系统误差处理的一般原则,可以从以下几个方面考虑。

(1) 在测量之前,应该尽可能预见系统误差的来源,并设法消除它,或者使其影响减小到可以接受的程度。系统误差的来源一般可以归纳为以下几个方面:

① 由于测量设备、实验装置的不完善,或安装、调整、使用不得当而引起的误差,如测量仪表未经校准而投入使用。

② 由于外界环境因素的影响而引起的误差,如温度漂移、测量区域电磁场的干扰等。

③ 由于测量方法不正确,或者测量方法赖以存在的理论本身不完善而引起的误差,例如,使用大惯性仪表测量脉动气流的压力,得到的测量结果不可能是气流的实际压力,甚至也不是真正的时均值。

（2）在实际测量时，应尽可能地采用有效的测量方法，消除或减弱系统误差对测量结果的影响。采用何种测量方法能更好地消除或减弱系统误差对测量结果的影响，在很大程度上取决于具体的测量问题。不过，下述几种典型的测量技术可以作为参考。

① 消除恒值系统误差常用的方法是对置法，也称交换法。这种方法的实质是交换某些测量条件，使得引起恒值系统误差的原因以相反的方向影响测量结果，从而中和其影响。在热力机械实验中，有时用这种方法消除已分析出来源的系统误差，如确定风洞轴线与测量坐标系间的夹角时，常采用对置法。

② 消除线性变化的累积系统误差最有效的方法是对称观测法。若在测量过程中存在某种随时间呈线性变化的系统误差，则可以通过对称观测法来消除。具体地说，就是将以某一时刻为中心对称地安排，之后取各对称点两次测量值的算术平均值作为测量结果，即可达到消除线性变化的累积系统误差的目的。许多系统误差都随时间变化，而且在短时间内可认为是线性变化（某些以复杂规律变化的系统误差，其一次近似亦为线性误差），因此，如果条件许可，均宜采用对称观测法。

③ 半周期偶数观测法可以很好地消除周期性系统误差。周期性系统误差可表示为

$$\theta = a\sin\left(\frac{2\pi}{T}t\right)$$

式中，a 为常数；t 为决定周期性误差的量（如时间、仪表可动部分的转角等）；T 为周期性系统误差的变化周期。当 $t = t_0$ 时，周期性误差

$$\theta_0 = a\sin\left(\frac{2\pi}{T}t_0\right)$$

当 $t = t_0 + \dfrac{T}{2}$ 时，周期性系统误差

$$\theta_1 = a\sin\left[\frac{2\pi}{T}\left(t_0 + \frac{T}{2}\right)\right] = -a\sin\left(\frac{2\pi}{T}t_0\right)$$

而

$$\frac{\theta_0 + \theta_1}{2} = 0$$

可见，测得一个数据后，相隔半个周期的时间再测一个数据，取二者的平均值即可消去周期性系统误差。

（3）在测量之后，通过对测定值进行数据处理，检查是否存在尚未被注意到的变值系统误差。

（4）最后，要设法估计出未被消除而残留下来的系统误差对最终测量结果的影响。

2.6.3 变值系统误差的检验

一般情况下,人们不能直接通过对等精度测量数据的统计处理来检验恒值系统误差,除非改变恒值系统产生的测量条件,但有可能通过对等精度测量数据的统计处理来检验变值系统误差。在容量相当大的测量列中,如果存在非正态分布的变值系统误差,那么测量值的分布将偏离正态,即检验测量值分布的正态性,可检验变值系统误差。在实际测量中,往往不必做烦冗细致的正态分布检验,而采用考察测量值残差的变化情况和利用某些较为简捷的判据来检验变值系统误差存在与否。

1. 根据测量值残差变化检验变值系统误差

若对某一被测量进行多次等精度测量,获得一系列测量值 $x_1, x_2, \cdots, x_n$,各测量值的残差 ν_i 可表示为

$$\nu_i = \nu_i' + \left(\theta_i - \frac{1}{n} \sum_{i=1}^{n} \theta_i \right)$$

此处 ν_i' 是消除系统误差之后的测量值的残差。如果测量值中系统误差比随机误差大(对于多数需要对系统误差进行更正的实际情况,一般是这样),那么残差 ν_i 的符号将主要由 $\left(\theta_i - \frac{1}{n} \sum_{i=1}^{n} \theta_i \right)$ 项的符号来决定。因此,如果将残差按照测量的先后顺序排列起来,那么这些残差的符号变化将反映出 $\left(\theta_i - \frac{1}{n} \sum_{i=1}^{n} \theta_i \right)$ 项的符号变化,进而反映出 θ_i 的符号变化。由于变值系统误差 θ_i 的变化具有某种规律性,因而残差 ν_i 的变化亦具有大致相同的规律性。由此得到以下两个准则:

准则 1 将测量列中诸测量值按测量的先后顺序排列,若残差的大小(就代数值而言)有规则地向一个方向变化,由正到负或者相反,则测量列中有累积系统误差(若中间有微小的波动,则是随机误差的影响)。

准则 2 将测量列中诸测定值按测量的先后顺序排列,若残差的符号呈有规律的交替变化,则测量列中含有周期性系统误差(若中间有微小波动,则是随机误差的影响)。

2. 根据判据检验变值系统误差

根据残差变化情况来检验变值系统误差,只有在测量值所含系统误差比随机误差大的情况下才是有效的,否则,残差的变化情况不能作为变值系统误差存在与否的依据。为此,还需要进一步依靠统计的方法来判别。以下是变值系统误差存

在与否的判据。

判据1(马尔科夫准则) 对某一被测量进行多次等精度测量,获得一列测量值 $x_1, x_2, \cdots, x_n$(按测量先后顺序排列),则各测量值的残差依次为

$$\nu_1, \quad \nu_2, \quad \cdots, \quad \nu_n$$

把前面 k 个残差和后面 $n-k$ 个残差分别求和[当 n 为偶数时,取 $k=n/2$;当 n 为奇数时,取 $k=(n+1)/2$],并取其差值:

n 为偶数时:

$$D = \sum_{i=1}^{k} \nu_i - \sum_{i=k+1}^{n} \nu_i$$

n 为奇数时:

$$D = \sum_{i=1}^{k} \nu_i - \sum_{i=k}^{n} \nu_i$$

若差值 D 显著地偏离零,则测量列中含有累积系统误差。

判据2(阿贝准则) 若对某一被测量进行多次等精度测量,获得一测量列 $x_1, x_2, \cdots, x_n$(按测量先后顺序排列),则各测量值的真误差依次为

$$\delta_1, \quad \delta_2, \quad \cdots, \quad \delta_n$$

设

$$C = \sum_{i=1}^{n-1} (\delta_i \delta_{i+1})$$

若

$$|C| > \sqrt{n-1}\, \sigma^2$$

则可认为该测量列中含有周期性系统误差,其中 σ 是该测量列的均方根误差。

判据2是以独立真误差的正态分布为基础的。在实际计算中,可以用残差 ν_i 来代替 δ_i,并以 $\hat{\sigma}$ 估计值来代替 σ。

例2.7 对某恒温箱内的温度进行了10次测量,依次获得如下测量值(℃):

20.06	20.07	20.06	20.08	20.10
20.12	20.14	20.18	20.18	20.21

试判定该测量列中是否存在变值系统误差。

解 由题意知

$$\bar{x} = \frac{1}{10} \sum_{i=1}^{10} x_i = 20.12$$

计算各测量值的残差 ν_i,并按顺序排列如下:

-0.06	-0.05	-0.06	-0.04	-0.02
0	$+0.02$	$+0.06$	$+0.06$	$+0.09$

根据残差的变化,即残差由负到正,其代数值逐渐增大,判断该测量列中存在累积系统误差。

根据马尔科夫准则检验,求得

$$D = \sum_{i=1}^{5} \nu_i - \sum_{i=6}^{10} \nu_i = -0.23 - 0.23 = -0.46$$

因为 $|C| \gg |\nu_{\max}| = 0.09$,故判定该测量列含有累积系统误差。

根据阿贝准则检验,求得

$$C = \sum_{i=1}^{9} (\nu_i \nu_{i+1}) = 0.019\ 4$$

$$\sqrt{n-1}\ \sigma^2 = \sqrt{9} \times 0.055^2 = 0.009\ 1$$

因为 $|C| = 0.019\ 4 > \sqrt{n-1}\sigma^2 = 0.009\ 1$,故可判断该测量列中含有周期性系统误差,而这一结论在用残差变化进行的观察中并未发现。这说明在判定一个测量列是否会有变值系统误差时,需联合运用上述准则和判据。

3. 利用数据比较检验任意两组数据间的系统误差

设对某一被测量进行 m 组测量,其测量结果分别为

$$\bar{x}_1 \pm \sigma_1$$

$$\bar{x}_2 \pm \sigma_2$$

$$\cdots\cdots$$

$$\bar{x}_m \pm \sigma_m$$

任意两组测量数据之间不存在系统误差的条件是

$$|\bar{x}_i - \bar{x}_j| < 2\sqrt{\sigma_i^2 + \sigma_j^2}$$

2.6.4　系统误差的估计

在用物理方法求得系统误差的修正值,并对测量值进行修正后,测量结果中就不再含有该项系统误差。

未定系统误差的变化规律难以掌握,要确定引起该误差的原因需花过多代价,所以只能以某种依据为基础来估计其上限值 a 和下限值 b,进而估计其误差的恒值部分 θ 和系统不确定度 e。它们的计算式分别为

$$\theta = \frac{a + b}{2}$$

$$e = \frac{a - b}{2} \tag{2.32}$$

由于估计误差时常带有主观臆断因素,故这种系统不确定度虽常作为极限误差,但它不像随机不确定度那样具有明确的置信概率。

2.7 误差的综合

在测量过程中,不同性质的误差可能同时存在。要判定测量的精度是否达到了预定的指标,需对测量的全部误差进行综合,以估计诸项误差对测量结果的综合影响。若综合误差计算得太小,则会使测量结果达不到预定的精度要求;若计算得太大,则会因进一步采取减小误差的措施而造成不必要的浪费。

2.7.1 随机误差的综合

若测量结果中含有 k 个彼此独立的随机误差,各单项测量的标准误差分别为 $\sigma_1, \sigma_2, \cdots, \sigma_k$,则 k 项独立随机误差的综合效应应该是它们平方和的均方根,即综合的标准误差

$$\sigma = \sqrt{\sum_{i=1}^{k} \sigma_i^2} \tag{2.33}$$

在计算综合误差时,经常用极限误差来合成。只要测量值子样容量足够大,就可以认为误差为极限误差;若子样容量较小,用 t 分布按给定的置信水平求极限误差更合适,此时

$$\Delta_i = t_p \sigma_i$$

综合的极限误差

$$\Delta_{\sum} = \sqrt{\sum_{i=1}^{k} \Delta_i^2} \tag{2.34}$$

实际上,测量结果中总的随机误差,既可以通过分析各项随机误差分别求得各自的极限误差(或标准误差),然后由式(2.34)来求得,也可以根据全部测量结果(各项随机误差源同时存在)直接求得,两种结果十分接近。一般地,对于不太重要的测量,只需由总体分析直接求得总的随机误差,这样做比较简单。对于重要的测量,可以通过分析各项随机误差然后合成的方法求总的随机误差,然后再与由总体

分析直接求取的总误差比较。二者应相等或近似,以此作为对误差综合的校核。通过逐项分析随机误差,可以看出哪些误差源对测量结果的影响大,以便找到提高测量水平的工作方向。

应该指出,对于按复杂规律变化的系统误差(常称为系偶误差),常采用随机误差的方法来处理和综合。

2.7.2　系统误差的综合

系统误差的出现是有规律的,不能采用平方和的均方根的方法来综合。不论系统误差的变化规律如何,根据对系统误差的掌握程度可将其分为已定系统误差和未定系统误差。

1. 已定系统误差的综合

已定系统误差是数值大小与符号均已确定的误差,其综合方法就是将各项已定系统误差代数相加。

设测量结果中含有 l 项已定系统误差,它们的数值分别为

$$E_1,\quad E_2,\quad \cdots,\quad E_l$$

则总的已定系统误差

$$E = \sum_{i=1}^{l} E_i$$

此处,各项恒值系统误差可正可负,这一点与随机误差中的极限误差规定为恒正值是不同的。

2. 未定系统误差的综合

未定系统误差是指不能确切掌握误差的大小与符号,或不必花费过多精力去掌握其规律,而只能或只需估计出其不致超过的极限范围 $-e \sim +e$ 的系统误差。未定系统误差应采用绝对值和的方法来综合。

设测量结果中含有 m 项未定系统误差,其极限值分别为

$$e_1,\quad e_2,\quad \cdots,\quad e_m$$

则总的未定系统误差为

$$e = \sum_{i=1}^{m} e_i$$

对于 $m>10$ 的情况,绝对值合成法对误差的估计往往偏大,此时采用方和根法或广义方和根法比较切合实际。但由于一般工程或科学实验中 m 很少超过 10,所以对未定系统误差采用绝对值合成法是较为合理的。

2.7.3　误差合成定律

设测量结果中有 k 项独立随机误差(系偶误差也包括在内),用极限误差表示为

$$\Delta_1, \quad \Delta_2, \quad \cdots, \quad \Delta_k$$

有 l 项已定系统误差,其值分别为

$$E_1, \quad E_2, \quad \cdots, \quad E_l$$

有 m 项未定系统误差,其极限值分别为

$$e_1, \quad e_2, \quad \cdots, \quad e_m$$

则测量结果的综合误差为

$$\Delta_{\sum} = E \pm (e + \Delta)$$

即

$$\Delta_{\sum} = \sum_{i=1}^{l} E_i \pm \left(\sum_{j=1}^{m} e_j + \sqrt{\sum_{p=1}^{k} \Delta_p^2} \right) \tag{2.35}$$

　思考题与习题

(1) 解释仪表的误差、精度、灵敏度等性能指标。

(2) 测量误差分为哪三类?请简述之。

(3) 现有 2.5 级、2.0 级、1.5 级三块测温仪表,对应的测量范围分别为 $-100 \sim 500\,℃$、$-50 \sim 550\,℃$、$0 \sim 1\,000\,℃$,现要测量约 $500\,℃$ 的温度,其测量值的相对误差不超过 2.5%,问选用哪块仪表最合适?

(4) 量程为 $0 \sim 10\,\text{MPa}$,精度等级为 1.5 级,其允许的示值绝对误差是多少?

(5) 测量时环境温度的改变造成的误差属于(　　)。

A. 粗大误差　　　　B. 随机误差　　　　C. 系统误差　　　　D. 基本误差

(6) 仪表必须在规定的温度、湿度条件下工作才能保证准确度,这是因为(　　)。

A. 有一个统一的环境条件

B. 仪表因周围环境温度、湿度改变而使实际值发生变化,当温度、湿度超过一定范围时仪表的示值误差会超过其允许误差

C. 按仪表使用说明书要求

D. 仪器仪表必须在温度为 $20\,℃$、湿度为 60% 的环境条件下使用,才能保证不超出准确度等级所表示的误差值

（7）什么是测量误差？误差分哪几类？怎样消除误差？

（8）有一组重复测量值(℃)：39.44,39.27,39.94,39.44,38.91,39.69,39.48,40.56,39.78,39.35,39.68,39.71,39.46,40.12,39.39,39.76。试分别用拉伊特准则和格拉布斯准则(取 $\alpha = 0.05$)检验粗大误差并剔除坏值。

第3章　测量系统分析

测量系统的性能在很大程度上决定着测量结果的质量。对于测量系统的性能认识越全面、越深刻,则越有可能获得有价值的测量结果。

测量系统的一般特性通常分为静态特性与动态特性。在静态测量条件下,测量系统的输入量与输出量之间在数值上一般具有一定的对应关系。以静态关系为基础,通常可以定义一组性能指标来描述静态测量过程的品质。在动态测量时,由于测量系统具有一定的惯性,使得系统的输出量不能够正确地反映同一时刻输入量的真实情况。此时,必须考虑测量系统的动态特性。以动态关系为基础的动态性能指标,是判断动态测量过程品质优劣的标准。测量系统的总性能,则由系统的静态特性与动态特性综合决定。

3.1　测量系统的静态特性

3.1.1　测量系统的基本静态特性

测量系统的基本静态特性,是指被测物理量和测量系统处于稳定状态时,系统的输出量与输入量之间的函数关系。一般情况下,如果没有迟滞等缺陷存在,测量系统的输入量 x 与输出量 y 之间的关系可以用下述代数方程来描述:

$$y = a_0 + a_1 x + a_2 x^2 + \cdots + a_n x^n \tag{3.1}$$

方程(3.1)中诸系数 $a_0, a_1, \cdots, a_n$ 决定着测量系统输入-输出关系曲线的形状和位置,是决定测量系统基本静态特性的参数。对于理想测量系统,要求其静态特性曲线是线性的,或者在一定的测量范围之内是线性的。

测量系统的基本静态特性可以通过静态校准来求取。在对系统校准并获得一组校准数据之后,可以用最小二乘法求取一条最佳拟合曲线,可将此曲线作为测量系统的基本静态特性曲线。

任何一个测量系统,都是由若干测量设备按照一定方式组合而成的。整个系统的基本静态特性是诸测量设备静态特性的某种组合,如串联、并联和反馈。对于任何形式的测量系统,只要已知各组成部分的基本静态特性,就不难求得测量系统的总静态特性。

3.1.2　测量系统的静态性能指标

描述测量系统在静态测量条件下测量品质优劣的静态性能指标有很多。由于测量系统及组成测量系统仪表的多样性,对各静态性能的描述有其不同的侧重面,并无统一的标准。但给出一些主要指标,对于选择、组成和深入了解测量系统是很有必要的。

1. 灵敏度

灵敏度定义为:当输入量变化很小时,测量系统输出量的变化 Δy 与引起这种变化的相应输入量变化 Δx 之比值(用 S 表示):

$$S = \lim_{\Delta x \to 0} \frac{\Delta y}{\Delta x} \tag{3.2}$$

静态灵敏度的量纲是系统输出量量纲与输入量量纲之比。系统输出量量纲一般指实际物理输出量量纲,而不是刻度量纲。

测量系统的静态灵敏度可以通过静态校准求得。若为理想测量系统,则静态灵敏度是常量。由于灵敏度对测量品质影响很大,所以一般测量系统或仪表都会给出这一参数。

与灵敏度有关的另一性能指标是测量系统的分辨率,它是指系统能够检测出被测量最小变化量的能力。在数字测量系统中,分辨率比灵敏度更为常用。

2. 量程

测量系统所能测量的最大输入量与最小输入量之间的范围,称为测量系统的量程。在组成测量系统时,正确地选择测量仪表的量程,进而选择整个测量系统的量程是十分重要的。通常,人们需要对被测量有一个大致的估计,使之落在测量系统的量程之内,最好落在系统量程的 2/3~3/4 处。若量程选择得太小,被测量的值超过测量系统的量程,则会使系统因过载而受损。若量程选择得太大,则会使测量精度下降。

3. 基本误差

在规定的标准条件下,仪表量程内各示值误差中的绝对值最大者称为仪表的

基本误差,记为 δ_j,即

$$\delta_j = \pm \mid \delta_{\max} \mid_A \qquad (3.3)$$

式中,$\mid \delta_{\max} \mid$ 仪表示值误差绝对值最大者;A 表示仪表测量上限与测量下限之差。

超出正常工作条件引起的误差称为仪表的附加误差。

仪表的引用误差 r_y 定义为测量值的绝对误差与该仪表上下限之差 A 之比,并以百分数表示,即

$$r_y = \frac{\delta}{A} \times 100\% \qquad (3.4)$$

在仪表全量程范围内,所测得的各示值绝对误差值最大者(取绝对值)与上下限之差之比(以百分数表示)称为最大引用误差,记为 $r_{y,\max}$,即

$$r_{y,\max} = \frac{\pm \mid \delta_{\max} \mid_A}{A} \times 100\% \qquad (3.5)$$

这样,按引用误差的形式,仪表的基本误差也可用最大引用误差来表示。

4．精确度

精确度表征测量某物理量可能达到的测量值与真值相符合的程度,简称精度。为了保证质量,对各类仪表的基本误差限制进行了规定,此限制称为该类仪表的允许误差(或称基本误差限),用 δ_{yu} 或 r_{yu} 表示,因此允许误差也是一种极限误差。

用仪表最大引用误差表示的允许误差 r_{yu},去掉百分号后余下的数字称为该仪表的准确度等级。工业仪表准确度等级的国家标准系列有 0.1,0.2,0.5,1.0,1.5,2.5,4.0 七个等级。仪表刻度盘上应标明该仪表的准确度等级。准确度等级习惯上称为精度等级。

例如:某量程为 0～10 MPa 的弹簧管压力计经校验,在其量程上各点处最大示值绝对误差 $\delta_{\max} = \pm 0.14$ MPa,则该表的最大引用误差 $r_{y,\max} = (\pm 0.14)/(10-0) \times 100\% = \pm 1.4\%$。若该仪表的准确度等级为 1.5 级,则该仪表的允许误差 $r_{yu} = \pm 1.5\%$。因该仪表的基本误差未超过允许误差,故认为该仪表的准确度合格。

5．迟滞误差

系统的输入量从量程下限增至上限的测量过程称为正行程;反之,输入量从量程上限减至量程下限的测量过程称为反行程。理想测量系统的正、反行程的输入-输出关系曲线应是完全重合的。但实际测量系统对于同一输入量,其正、反行程的输出量不相等,故称为迟滞现象。正、反行程造成的输出量之间的差值则称为迟滞差值。图 3.1 表示了这种迟滞现象和迟滞差值。将全量程中的最大迟滞差值 $\Delta H_{\max}$ 与满量程输出值 $Y_{\max}$ 之比,定义为测量系统的迟滞误差,记作 ξ_H,即

$$\xi_H = \frac{\Delta H_{\max}}{Y_{\max}} \times 100\% \tag{3.6}$$

迟滞误差也称回差或变差,通常是由测量系统中弹性元件、磁性元件等的滞后现象引起的,能反映出测量系统中存在着由于摩擦或间隙等原因产生的死区。

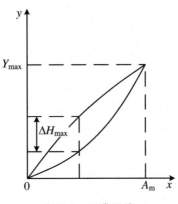

图 3.1　迟滞误差

6. 线性度

理想测量系统的输入-输出关系是线性的,而实际测量系统往往并非如此。测量系统的线性度,是全量程内实际特性曲线与理想特性曲线之间的最大偏差值 $\Delta L_{\max}$ 与满量程输出值 $Y_{\max}$ 之比,它反映实际特性曲线与理想特性曲线之间的符合程度。线性度也称为非线性误差,记作 ξ_L,即

$$\xi_L = \frac{\Delta L_{\max}}{Y_{\max}} \times 100\% \tag{3.7}$$

测量系统的实际特性曲线可以通过静态校准来求得。而理想特性曲线的确定尚无统一的标准,一般可以采用下述几种办法:

(1) 根据一定的要求,规定一条理论直线。例如,一条通过零点和满量程输出点的直线或者一条通过两个指定端点的直线。

(2) 通过静态校准求得的零平均值点和满量程输出平均值点作一条直线。

(3) 根据静态校准取得的数据,利用最小二乘法,求出一条最佳拟合直线。

对于不同的理想特性曲线,同一测量系统会得到不同的线性度。严格地说,说明测量系统的线性度时,应同时指明理想特性曲线的确定方法。目前,比较常用的是上述第三种方法,以这种拟合直线作为理想特性曲线定义的线性度,称为独立线性度。

3.2 测量系统的动态特性

3.2.1 测量系统的一般动态数学模型

测量系统的动态特性是指在动态测量时测量系统输出量与输入量之间的关系,其数学表达式称为系统的动态数学模型,由系统本身的物理结构决定,可以通过支配具体系统的物理定律来获得。研究测量系统的动态特性时,广泛采用的数学模型是常系数线性微分方程。在忽略测量系统的某些固有物理特性(如非线性因素等)并进行适当简化处理后,一般测量系统输入量 $x(t)$ 与输出量 $y(t)$ 之间的关系可以表示成如下形式:

$$a_n \frac{\mathrm{d}^n y(t)}{\mathrm{d}t^n} + a_{n-1} \frac{\mathrm{d}^{n-1} y(t)}{\mathrm{d}t^{n-1}} + \cdots + a_1 \frac{\mathrm{d}y(t)}{\mathrm{d}t} + a_0 y(t)$$

$$= b_m \frac{\mathrm{d}^m x(t)}{\mathrm{d}t^m} + b_{m-1} \frac{\mathrm{d}^{m-1} x(t)}{\mathrm{d}t^{m-1}} + \cdots + b_1 \frac{\mathrm{d}x(t)}{\mathrm{d}t} + b_0 x(t) \qquad (3.8)$$

式中,$a_0, a_1, \cdots, a_n$ 及 $b_0, b_1, \cdots, b_m$ 是与测量系统物理参数有关的常系数。

方程(3.8)描述的是一个线性系统。应该注意的是,一些实际测量系统不可能在相当大的工作范围内都保持线性。例如,在大信号作用下,测量系统的输出可能出现饱和;在小信号作用下,测量系统可能存在死区。在低速工作时可以看成是线性的系统,在高速工作时却是非线性的(如阻尼器)。为了避免由于非线性因素而造成数学分析上的困难,人们总是忽略某些影响较小的物理特性,通过适当的假设,把一般测量系统当作线性定常系统来处理。尽管这样的处理可能会使测量系统的准确性受到一定的影响,但研究这种理想测量系统的动态特性仍然是最基本的方法。

方程(3.8)的解就是测量系统对一定输入量的响应。对此类方程的求解,已有成熟的方法。其中,拉普拉斯变换方法在测量系统动态特性分析中应用广泛。所谓拉普拉斯变换,就是将时域函数 $f(t)$(定义在 $t \geqslant 0$ 内)转换成 s 域函数 $F(s)$ 的一种变换,其定义表达式为

$$L[f(t)] = F(s) = \int_0^\infty f(t)\mathrm{e}^{-st}\mathrm{d}t \qquad (3.9)$$

式中,s 为拉普拉斯算子;L 为拉普拉斯变换运算符号。运用拉普拉斯变换,线性微分方程可以转换成复变数的代数方程。微分方程的解则可以通过求因变量的拉

普拉斯反变换得到。

对于式(3.8)所示的常系数线性微分方程,如果所有初始条件均为零(描述测量系统动态特性的微分方程,一般都可以满足这一条件),那么,微分方程的拉普拉斯变换可以简单地用 s 代替 $\mathrm{d}/\mathrm{d}t$、s^2 代替 $\mathrm{d}^2/\mathrm{d}t^2$ 等得到,即

$$a_n s^n Y(s) + a_{n-1} s^{n-1} Y(s) + \cdots + a_1 s Y(s) + a_0 Y(s)$$
$$= b_m s^m X(s) + b_{m-1} s^{m-1} X(s) + \cdots + b_1 s X(s) + b_0 X(s) \tag{3.10}$$

式中,$X(s)$ 和 $Y(s)$ 分别是测量系统输入量 $x(t)$ 和输出量 $y(t)$ 的拉普拉斯变换。

式(3.10)是一个代数方程,解这个代数方程可以得到 $Y(s)$,而微分方程的时间解 $y(t)$ 可以由 $Y(s)$ 进行拉普拉斯反变换求得。拉普拉斯反变换定义为:若时域函数 $f(t)$ 的拉普拉斯变换式为 $F(s)$,则 $F(s)$ 的拉普拉斯反变换为

$$L^{-1}\left[F(s)\right] = f(t) = \frac{1}{2\pi j} \int_{c-j\infty}^{c+j\infty} F(s) \mathrm{e}^{st} \mathrm{d}s \tag{3.11}$$

3.2.2　传递函数

在初始条件全部为零时,系统输出量的拉普拉斯变换与输入量的拉普拉斯变换之比称为线性定常系统的传递函数。传递函数表达了线性定常系统的输入量与输出量之间的关系。对于方程(3.8)所描述的系统,若初始条件全部为零,则对方程两边进行拉普拉斯变换可得到该系统的传递函数

$$G(s) = \frac{Y(s)}{X(s)} = \frac{b_m s^m + b_{m-1} s^{m-1} + \cdots + b_1 s + b_0}{a_n s^n + a_{n-1} s^{n-1} + \cdots + a_1 s + a_0} \tag{3.12}$$

传递函数分母中 s 的最高阶数等于测量系统输出量最高阶导数的阶数。若 s 的最高阶数为 n,则称该系统为 n 阶测量系统。传递函数表达了测量系统本身的特性,而与输入量无关。传递函数虽反映了系统的响应特性,但它不能表明测量系统的物理结构。物理结构完全不同的两个系统,可以有相同的传递函数,具有相似的传递特性。例如,水银温度计与 RC 低通滤波器同属一阶系统;动圈式指示仪表与弹簧测力计都是二阶系统。尽管它们的物理特性悬殊,但有相似的传递函数。

测量环节组合的基本方式主要有串联、并联和反馈三种。

串联测量系统传递函数 $G(s)$ 是各测量环节传递函数 $G_i(s)$ 的乘积,即

$$G(s) = \prod_{i=1}^{n} G_i(s) \tag{3.13}$$

并联测量系统的传递函数是各测量环节传递函数之和,即

$$G(s) = \sum_{i=1}^{n} G_i(s) \tag{3.14}$$

反馈测量系统的传递函数(闭环传递函数)为

$$G(s) = \frac{G_1(s)}{1 + G_1(s)G_2(s)} \qquad (3.15)$$

式中，$G_1(s)$是正向回路传递函数；$G_2(s)$是反馈回路传递函数。

3.2.3 基本测量系统的动态特性

大多数测量系统的动态特性可归属于零阶系统、一阶系统和二阶系统三种基本类型。尽管实际上还存在着更复杂的高阶测量系统，但在一定条件下，它们都可以用这三种基本测量系统动态特性的某种适当的组合形式来逼近。例如，对于用式(3.8)描述的测量系统，其传递函数一般可以按部分分式法改写成如下形式：

$$G(s) = \sum_{i=1}^{q}\left(\frac{\alpha_i}{s + p_i}\right) + \sum_{j=1}^{r}\left(\frac{\alpha_j s + \beta_j}{s^2 + 2\xi_j \omega_{nj} s + \omega_{nj}^2}\right) \quad (q + 2r = n) \quad (3.16)$$

这表明，一般的测量系统，描述其动态特性的传递函数可以由若干低阶系统的传递函数并联来求得。所以，研究基本测量系统的动态特性具有重要的意义。

1. 零阶测量系统

在方程(3.8)所描述的测量系统中，若方程诸常系数中，除 a_0，b_0之外，其余系数全为零，那么微分方程就变成了简单的代数方程，即

$$y(t) = Kx(t) \qquad (3.17)$$

式中，K 称为测量系统的稳态灵敏度(或静态灵敏度)。

用方程(3.17)来描述动态特性的测量系统称为零阶测量系统。零阶测量系统具有理想的动态特性。不论被测物理量如何随时间而变化，零阶测量系统的输出都不会失真，在时间上也没有滞后。

2. 一阶测量系统

若方程(3.8)中除 a_1，a_0 和 b_0 外，其余系数均为零，则

$$a_1 \frac{dy(t)}{dt} + a_0 y(t) = b_0 x(t) \qquad (3.18)$$

用上述方程来描述动态特性的系统，称为一阶测量系统。

方程(3.18)中的三个系数 a_1，a_0 和 b_0 可以合并成两个基本系数。若用 a_0 除方程两边并进行拉普拉斯变换，则

$$T_s Y(s) + Y(s) = KX(s) \qquad (3.19)$$

式中，$T = a_1/a_0$ 称为时间常数；$K = b_0/a_0$ 称为稳态灵敏度。时间常数 T 具有时间的量纲，而稳态灵敏度 K 则具有输出量/输入量的量纲。实际上，对于任意阶测量系统，K 总是被定义为 $K = b_0/a_0$，并总是具有同样的物理意义。

由此得一阶测量系统的传递函数是

$$G(s) = \frac{Y(s)}{X(s)} = \frac{K}{T_{s+1}} \tag{3.20}$$

3. 二阶测量系统

二阶测量系统可以用下面的微分方程来描述：

$$a_2 \frac{\mathrm{d}^2 y(t)}{\mathrm{d}t^2} + a_1 \frac{\mathrm{d}y(t)}{\mathrm{d}t} + a_0 y(t) = b_0 x(t) \tag{3.21}$$

两边同时除以 a_0，并引入以下新的参数：$K = b_0/a_0$ 为系统稳态灵敏度；$\omega_n = \sqrt{a_0/a_2}$ 为系统固有频率，或称为系统无阻尼自然频率；$\zeta = a_1/(2\sqrt{a_0 a_2})$ 为系统阻尼比，无量纲。

因此，描述二阶测量系统的微分方程可写成

$$\frac{1}{\omega_n^2} \frac{\mathrm{d}^2 y(t)}{\mathrm{d}t^2} + \frac{2\zeta}{\omega_n} \frac{\mathrm{d}y(t)}{\mathrm{d}t} + y(t) = Kx(t) \tag{3.22}$$

由方程(3.22)可以给出二阶测量系统的传递函数为

$$G(s) = \frac{Y(s)}{X(s)} = \frac{K}{\dfrac{1}{\omega_n^2} s^2 + \dfrac{2\zeta}{\omega_n} s + 1} \tag{3.23}$$

或

$$G(s) = \frac{K\omega_n^2}{s^2 + 2\zeta\omega_n s + \omega_n^2} \tag{3.24}$$

 思考题与习题

(1) 热工仪表的质量指标主要有哪些？各指标的定义分别是什么？

(2) 一支温度计的量程是 $0\sim1\,000\,^{\circ}\mathrm{C}$，准确度等级为 0.5 级，量程内的指针转角为 270°，示值的最大误差为 $4\,^{\circ}\mathrm{C}$。

① 求此表的基本误差。

② 求此表的灵敏度。

③ 判断该表是否合格。

(3) 用精度为 0.5 级、量程为 $0\sim10\,\mathrm{MPa}$ 的弹簧管压力表测量某动力机械流体的压力，示值为 $8.5\,\mathrm{MPa}$，试问测量值的最大相对误差和绝对误差各为多少？

第4章 测量数据的常用处理方法及分析软件

4.1 数据处理的基本方法

前面章节已经讨论了测量与误差的基本概念,测量结果的误差及不确定度。但进行实验的最终目的是通过数据的获得和处理,从中揭示出有关物理量的关系,或找出事物的内在规律性,或验证某种理论的正确性,或为以后的实验准备依据。因而,需要对所获得的数据进行正确的处理,数据处理贯穿于从获得原始数据到得出结论的整个实验过程,包括数据记录、整理、计算、作图、分析等方面涉及数据运算的处理方法。常用的数据处理方法有列表法、图示法、图解法、逐差法和最小二乘线性拟合法等,下面分别予以简单的讨论。

4.1.1 有效数字的处理

1. 有效数字的位数

取得的近似数从左边第一个非零数字起,到末位数字为止的全部数字,称为有效数字。

由于存在误差,所以测量结果总是近似值,它通常由可靠数字和欠准确数字两部分组成。例如,由电流表测得电流为 12.6 mA,这是个近似数,其中 12 是可靠数字,而末位 6 为欠准确数字,即 12.6 为 3 位有效数字。有效数字对测量结果的科学表述极为重要。

有效数字的位数是由最左边第一个非零数字开始到全部数字的结尾所包含的位数。例如 0.013 257 和 1.325 7,它们的有效数字都是 5 位。记录测量数据时,通常只保留有效数字,表示误差时,一般取 1～2 位有效数字。0 很特殊,它既是无效数字,又是有效数字。当它在非零数据中间时,为有效数字,如 28.05 为 4 位有效数字。测量结果(或读数)的有效位数应由该测量的不确定度来确定,即测量结果的末位应与不确定度的位数对齐。例如,若某物理量的测量结果的值为 63.44,测量扩展的不确定度 $U = 0.4$,则该测量结果可表示为 63.4 ± 0.4。

2. 数据舍入规则

为了使正、负舍入误差出现的机会大致相等,现已广泛采用"小于 5 舍,大于 5 入,等于 5 时取偶数"的舍入规则,即:

(1) 若保留 n 位有效数字,后面的数值小于第 n 位的 0.5 单位,就舍去。

(2) 若保留 n 位有效数字,后面的数值大于第 n 位的 0.5 单位,就在第 n 位数字上加 1。

(3) 若保留 n 位有效数字,后面的数值恰为第 n 位的 0.5 单位,则当第 n 位数字为偶数(0,2,4,6,8)时,应舍去后面的数字(即末位不变);当第 n 位数字为奇数(1,3,5,7,9)时,第 n 位数字应加 1(即将末位凑成偶数)。

这样,由于舍入概率相同,当舍入次数足够多时,舍入的误差就会抵消。同时,这种舍入规则会使有效数字的尾数为偶数的机会增多,能被除尽的机会比奇数多,有利于准确计算。

3. 有效数字的运算规则

当测量结果需要进行中间运算时,有效数字的取舍原则上取决于参与运算的各数中精度最差的那一项。一般应遵循以下规则:

(1) 当几个近似值进行加减运算时,在各数中(采用同一计量单位),以小数点后位数最少的那一个数(如无小数点,则为有效数字最少者)为准,其余各数均舍入至比该数多一位后再进行加减运算,结果所保留的小数点后的位数,应与各数中小数点后位数最少者的位数相同。

(2) 进行乘除运算时,在各数中,以有效数字位数最少的那一个数为准,其余各数及积(或商)均舍入至比该数多一位后再进行运算,而与小数点位置无关。运算结果的有效数字的位数应取舍成与运算前有效数字位数最少者相同。例如 $1.205 \times 24.32 \times 2.6936$ 应该处理成 $1.205 \times 24.32 \times 2.694 = 78.95$。

(3) 将数平方或开方后,结果可比原数多保留一位。例如 $13.7^2 = 187.7$,$\sqrt[3]{7.93} = 1.994$。

(4) 用对数进行运算时,所取数的有效数字位数要与真数的有效数字相等。例如 $\lg 5.37 = 0.730$。

(5) 若计算式中出现如 e,π 等常数,则可根据具体情况来决定它们应取的位数。

4.1.2　测量数据的处理

1. 列表法

在记录和处理数据时,经常把数据列成表格,这是最基本和最常用的方法。列表法的作用有两个方面:一是记录实验数据;二是能显示出物理量间的对应关系。其优点是能对大量杂乱无章的数据进行归纳整理,使之有条不紊又简明醒目;既有助于表现物理量之间的关系,又便于及时地检查和发现实验数据是否合理,减少或避免测量错误;同时也为作图奠定了基础。

一般来讲,在用列表法处理数据时,应遵从如下原则:① 表的上方应有表头,并写明所列表格的名称;② 标题栏要简单明了,便于看出有关量之间的关系,方便进行计算处理;③ 各标题栏必须标明物理量的名称和单位,名称应尽量用符号表示,单位和数量级写在该符号的标题栏中;④ 表格中的数据要正确反映测量结果的有效数字;⑤ 必要时应写明有关参数,并做简要的说明。

用列表的方法记录和处理数据是一种良好的科学工作习惯。若要设计出一个栏目清楚、行列分明的表格,则需要在实验中不断训练,逐步掌握、熟练,并形成习惯。

利用列表法处理的数据,采用前面的诸多计算公式即可得到测量的最佳值、标准偏差和测量精度等。

2. 作图法

作图法就是用图像来表示数据之间的关系。其优点是能够直观、形象地显示各个物理量之间的关系,便于比较分析。例如,可以依据作图法所画出的图线得到相应物理量之间的经验公式。因此,作图法也是处理实验数据的常用方法。

要想将测量数据制作成一幅完整而正确的图线,必须遵循如下原则及步骤:

(1) 选择合适的坐标纸。

(2) 确定坐标轴的分度值和标记。一般用横轴表示自变量,纵轴表示因变量,并标明各坐标轴所代表的物理量及其单位(可用相应的符号表示)。坐标轴的分度值要根据实验数据的有效数字及对结果的要求来确定。

(3) 根据测量获得的数据,用一定的符号在坐标纸上描出坐标点。通常一张图上画几条实验曲线时,每条曲线应采用不同的标记,以免混淆。

(4) 绘制一条与描出的实验点基本相符的图线。图线尽可能多地通过实验点,由于存在测量误差,某些实验点可能不在图线上,应尽量使其均匀地分布在图线的两侧。图线应是直线、光滑的曲线或折线。

（5）注解和说明。应在图上标出图的名称、有关符号的意义和特定的实验条件。

作图法可利用已经作好的图线，定量地求出待测量或待测量和某些参数之间的经验关系式。若作图法得到的是直线，则求其函数表达式的方法就很简单，因此对于非线性关系的图线，通常也通过变量变换的方法将原来的非线性关系化为新变量的线性关系。

当图线为直线时，求解其线性关系式的一般步骤为：

（1）在图线上选取两个点，所选点一般不用实验点，并用与实验点不同的符号标记，此两点应尽量在直线的两端。如记为 $A(x_1, y_1)$ 和 $B(x_2, y_2)$，并用"＋"表示实验点，用"＊"表示选点。

（2）根据直线方程 $y = kx + b$，将两点坐标代入，可解出图线的斜率为

$$k = \frac{y_2 - y_1}{x_2 - x_1} \tag{4.1}$$

（3）求与 y 轴的截距，可解出

$$b = \frac{x_2 y_1 - x_1 y_2}{x_2 - x_1} \tag{4.2}$$

（4）求与 x 轴的截距，记为

$$X_0 = \frac{x_2 y_1 - x_1 y_2}{y_2 - y_1} \tag{4.3}$$

3．经验公式法

经验公式法就是通过对实验数据的计算，采用数理统计的方法，确定它们之间的数量关系，即用数学表达式表示各变量之间的关系。有时又把这种经验公式称为数学模型。

根据变量个数的不同及变量之间关系的不同，分为一元线性回归（直线拟合）、一元非线性回归（曲线拟合）、多元线性回归和多项式回归等。其中一元线性回归最常见，也是最基本的回归分析方法。而有些一元非线性回归方程可采用变量代换的方法，将其转化为线性回归方程来求解。

已知测量数据列 $(x_i, y_i)(i = 1, 2, \cdots, n)$，建立经验公式的步骤如下：

（1）将输入自变量 x_i 作为横坐标，输出量 y_i 即测量值作为纵坐标，把所有数据点描在坐标纸上，并绘成测量曲线。

（2）对所绘的曲线进行分析，确定公式的基本形式。

① 若为直线，则可利用一元线性回归方法确定直线方程。

② 若为某种类型曲线，则先将该曲线方程变换为直线方程，再按一元线性回

归方法处理。

③ 如果很难判断测量曲线属于何种类型,则可以按多项式回归方法处理。

(3) 由测量数据确定拟合方程(公式)中的常量。

(4) 检验所确定方程的准确性。如果此方程是由曲线方程变换得来的,那么应先把拟合直线方程反变换为原先的曲线方程,再进行检验。方法如下:

① 将测量数据中的自变量代入拟合方程,计算出函数值 y'。

② 计算拟合残差 ν_i,$\nu_i = y_i - y_i'$。

③ 计算拟合曲线的标准偏差。

④ 如果标准偏差很大,则说明所确定公式的基本形式有错误,应建立其他形式的公式重做。

具体操作和概念将在下一节中讲述。

4.2　插　值　计　算

在工程技术实践中,特别是在实验测试中,往往只能得到两个相关变量的一系列离散值,它们之间的函数关系就只能用列表法或图示法表示。但由于实验条件和测试次数有限,并不能把所有的数据都涵盖,比如测试热电偶分度表中热电势和温度的关系时,并不能把所有温度点的相关热电势都测出,因此需要用插值法进行估算。

4.2.1　多项式插值

设函数 $y = f(x)$ 是由表 4.1 给出的,即给出了一系列的 x 值和与其对应的 y 值,其中 $x \in [a, b]$。要构造一个简单的解析式 $\varphi(x)$,须使它满足下述插值原则:

(1) $\varphi(x) \approx f(x)(x \in [a, b])$。

(2) $\varphi(x_i) \approx y_i (i = 0, 1, 2, \cdots, n)$。

称 $\varphi(x)$ 为 $f(x)$ 的插值函数,点 $x_0, x_1, x_2, \cdots, x_n$ 为插值节点(样本点)。由插值原则可知,插值函数在样本点上的取值必须等于已知函数在样本点上的对应值。

表 4.1　函数 $y = f(x)$ 的列表

x	x_0	x_1	x_2	$\cdots$	x_n
y	y_0	y_1	y_2	$\cdots$	y_n

插值函数 $\varphi(x)$ 可以选用不同的函数形式，如三角多项式和有理函数等。但常选择的是代数多项式 $p_n = a_0 + a_1 x + a_2 x^2 + \cdots + a_n x^n$，因为多项式具有形式简单、计算方便、存在各阶导数等良好性质。下面介绍的就是选用 $\varphi(x)$ 为 $p_n(x)$ 的代数多项式插值法。

假设函数 $f(x)$ 给出了一组函数值 $y_i = f(x_i)(i = 0, 1, 2, \cdots, n)$，这些函数值就被称为 $f(x)$ 的列表法表示，见表 4.1。表中，$x_0, x_1, x_2, \cdots, x_n \in [a, b]$，它们是互异的 $n+1$ 个插值节点，$y_0, y_1, y_2, \cdots, y_n$ 是分别与这些节点对应的函数值。构造一个不超过 n 次的多项式如下：

$$p_n(x) = a_0 + a_1 x + a_2 x^2 + \cdots + a_n x^n = \sum_{i=0}^{n} a_i x^i \tag{4.4}$$

如果它满足插值原则(2)，即 $p_n(x_i) \approx y_i (i = 0, 1, 2, \cdots, n)$，那么它就被称为 $f(x)$ 的 n 次插值多项式。

求这个多项式，就是求出它的 $n+1$ 个系数 $a_i (i = 0, 1, 2, \cdots, n)$。

依次取 $x = x_0, x_1, x_2, \cdots, x_n$，相应地取 $y_0, y_1, y_2, \cdots, y_n$，并使其满足插值原则(2)，即 $p_n(x_i) = y_i (i = 0, 1, 2, \cdots, n)$，则可得出系数 a_i 满足 $n+1$ 个方程构成的方程组：

$$\begin{cases} a_0 + a_1 x_0 + a_2 x_0^2 + \cdots + a_n x_0^n = y_0 \\ a_0 + a_1 x_1 + a_2 x_1^2 + \cdots + a_n x_1^n = y_1 \\ \cdots\cdots \\ a_0 + a_1 x_n + a_2 x_n^2 + \cdots + a_n x_n^n = y_n \end{cases} \tag{4.5}$$

式(4.5)也可写成下述形式：

$$p_n(x_j) = \sum_{i=0}^{n} a_i x_j^i = y_i \quad (j = 0, 1, 2, \cdots, n)$$

这个方程组的系数行列式是范德蒙行列式：

$$V(x_0, x_1, x_2, \cdots, x_n) = \begin{bmatrix} 1 & x_0 & x_0^2 & \cdots & x_0^n \\ 1 & x_1 & x_1^2 & \cdots & x_1^n \\ \vdots & \vdots & \vdots & & \vdots \\ 1 & x_n & x_n^2 & \cdots & x_n^n \end{bmatrix} = \prod_{0 \leqslant i < j \leqslant n} (x_i - x_j) \tag{4.6}$$

由范德蒙行列式的性质可知，只要 x_i 互异，则 $V(x_0, x_1, x_2, \cdots, x_n) \neq 0$。于是根据克莱姆法则可知，式(4.5)存在唯一解。也就是说，只要 $n+1$ 个样本点的值 $x_0, x_1, x_2, \cdots, x_n$ 互不相等，原则上就能由式(4.5)求出 $n+1$ 个系数 a_i，从而就可以得到 n 次插值多项式。然而，当 n 很大时，通过解式(4.5)求系数 a_i 的工作是很繁琐的，于是我们找出了许多求解式(4.5)的简捷方法。下面介绍两种常用的方法。

4.2.2 拉格朗日线性插值

假设已知函数 $y = f(x)$ 的列表如表 4.2 所示。

表 4.2 函数 $y = f(x)$ 的列表

x	x_0	x_1
y	y_0	y_1

这时,代数插值多项式可写成 $p_1(x) = a_0 + a_1 x$,当它满足插值原则时,有

$$\begin{cases} a_0 + a_1 x_0 = y_0 \\ a_0 + a_1 x_1 = y_1 \end{cases}$$

解这个方程组可得出系数

$$a_1 = \frac{y_0 - y_1}{x_0 - x_1} \left(\text{或} \frac{y_1 - y_0}{x_1 - x_0} \right), \quad a_0 = y_0 - \frac{y_0 - y_1}{x_0 - x_1} x_0$$

把 a_0, a_1 代入插值多项式 $p_1(x) = a_0 + a_1 x$,变换成直线的两点式表达式

$$p_1(x) = y_0 \frac{x - x_1}{x_0 - x_1} + y_1 \frac{x - x_0}{x_1 - x_0} = y_0 l_0(x) + y_1 l_1(x) \tag{4.7}$$

式中,$l_0(x) = \dfrac{x - x_1}{x_0 - x_1}$ 和 $l_1(x) = \dfrac{x - x_0}{x_1 - x_0}$ 分别称为节点 x_0 和 x_1 的一次插值基函数。插值函数 $p_1(x)$ 是这两个基函数的线性组合,组合系数就是对应节点上的函数值。这种形式的插值函数叫作拉格朗日插值多项式。

例 4.1 已知 $\sqrt{100} = 10, \sqrt{121} = 11$,求 $y = \sqrt{115}$。

解 这里将 $x_0 = 100, y_0 = 10, x_1 = 121, y_1 = 11, x = 115$ 代入拉格朗日线性插值公式,得

$$\begin{aligned} p_1(x) &= y_0 \frac{x - x_1}{x_0 - x_1} + y_1 \frac{x - x_0}{x_1 - x_0} \\ &= 10 \times \frac{x - 121}{100 - 121} + 11 \times \frac{x - 100}{121 - 100} \\ &= \frac{x + 110}{21} \end{aligned}$$

$$y = \sqrt{115} \approx p_1(115) = 10.714\,285$$

$\sqrt{115}$ 的精确值为 $10.723\,805\cdots$,与精确值相比较,y 有 3 位有效数字。

4.2.3　拉格朗日抛物线插值

假设已知函数 $y=f(x)$ 的列表如表 4.3 所示。

表 4.3　函数 $y=f(x)$ 的列表

x	x_0	x_1	x_2
y	y_0	y_1	y_2

由于插值多项式的最高次数 $n=2$,故代数插值多项式 $p_1(x)=a_0+a_1x+a_2x^2$。根据插值原则 $\varphi(x_i)=y_i(i=0,1,2,\cdots,n)$ 可知,系数 a_i 应满足式(4.5),这里 $n=2$,只有 3 个方程。当各节点的值 x_0,x_1,x_2 互不相等时,范德蒙行列式 $V(x_0,x_1,x_2,\cdots,x_n)\neq0$,方程组存在唯一解。仿照线性插值的推导方法,构造抛物线插值多项式的方法如下。

可以像推导线性插值那样,得出抛物线插值多项式

$$p_2(x)=y_0l_0(x)+y_1l_1(x)+y_2l_2(x) \tag{4.8}$$

$p_2(x)$ 由抛物线插值基函数 $l_i(x)(i=0,1,2)$ 线性组合而成,基函数应该满足

$$l_i(x)=\begin{cases}1 & (x=x_i)\\0 & (x\text{ 在节点上},\text{但 }x\neq x_i)\end{cases} \tag{4.9}$$

各节点的基函数可根据上式算出:如取 $i=0$,则 $l_0(x)$ 在 $x=x_1$ 和 $x=x_2$ 处为零。因此可知 $l_0(x)$ 含有 $(x-x_1)(x-x_2)$。又因为 $l_0(x)$ 是一个不多于 2 次的多项式,不妨设

$$l_0(x)=A(x-x_1)(x-x_2)$$

时,满足条件 $l_0(x_0)=1$,由此可得

$$A=\frac{1}{(x_0-x_1)(x_0-x_2)}$$

于是可以得出 $l_0(x)$ 的表达式

$$l_0(x)=\frac{(x-x_1)(x-x_2)}{(x_0-x_1)(x_0-x_2)}$$

依据此方法也可以分别得出 $l_1(x)$ 和 $l_2(x)$ 的表达式

$$l_1(x)=\frac{(x-x_0)(x-x_2)}{(x_1-x_0)(x_1-x_2)}$$

$$l_2(x)=\frac{(x-x_0)(x-x_1)}{(x_2-x_0)(x_2-x_1)}$$

于是,把 3 个插值基函数代入式(4.8)就构成了拉格朗日抛物线插值多项式函数

$$p_2(x) = y_0 \frac{(x-x_1)(x-x_2)}{(x_0-x_1)(x_0-x_2)} + y_1 \frac{(x-x_0)(x-x_2)}{(x_1-x_0)(x_1-x_2)}$$

$$+ y_2 \frac{(x-x_0)(x-x_1)}{(x_2-x_0)(x_2-x_1)}$$

例 4.2 已知 $\sqrt{100}=10$，$\sqrt{121}=11$，$\sqrt{144}=12$，求 $y=\sqrt{115}$。

解 这里将 $x_0=100$，$y_0=10$，$x_1=121$，$y_1=11$，$x_2=144$，$y_2=12$，$x=115$ 代入拉格朗日二次插值公式，得

$$\sqrt{115} \approx p_1(115) = 10.722\,8$$

$\sqrt{115}$ 的精确值为 $10.723\,805\cdots$，与精确值相比较，y 有 4 位有效数字。

4.2.4 拉格朗日 n 次插值

若知道函数 $y=f(x)$ 在 $n+1$ 个节点上的值 (x_0,y_0)，(x_1,y_1)，(x_2,y_2)，$\cdots$，(x_n,y_n)，则利用这些数据可以构造出代数插值多项式(4.4)。为此，仿照抛物线拉格朗日插值多项式的方法，可求出相应的 n 次多项式函数

$$p_n(x) = y_0 l_0(x) + y_1 l_1(x) + y_2 l_2(x) + \cdots + y_n l_n(x)$$

$$= \sum_{i=0}^{n} y_i l_i(x) \tag{4.10}$$

按照抛物线插值基函数的求法，在节点 x_i 上的拉格朗日 n 次插值基函数可写成

$$l_i(x) = \frac{(x-x_0)\cdots(x-x_{i-1})(x-x_{i+1})\cdots(x-x_n)}{(x_i-x_0)\cdots(x_i-x_{i-1})(x_i-x_{i+1})\cdots(x_i-x_n)}$$

$$= \prod_{\substack{j=0 \\ j \neq i}}^{n} \frac{(x-x_j)}{(x_i-x_j)} \tag{4.11}$$

若令

$$\omega(x) = (x-x_0)(x-x_1)\cdots(x-x_n)$$

$$\overline{\omega}(x_i) = (x_i-x_0)\cdots(x_i-x_{i-1})(x_i-x_{i+1})\cdots(x_i-x_n)$$

则式(4.11)中的 $l_i(x) = \prod\limits_{\substack{j=0 \\ j \neq i}}^{n} \dfrac{(x-x_j)}{(x_i-x_j)} = \dfrac{\omega(x)}{(x-x_i)\overline{\omega}(x_i)}$，于是，$n$ 次拉格朗日插值多项式(4.10)可以写成

$$p_n(x) = \sum_{i=0}^{n} \frac{\omega(x)}{(x-x_i)\overline{\omega}(x_i)} y_i \tag{4.12}$$

4.2.5　牛顿插值多项式

利用插值基函数可以很容易得到拉格朗日插值多项式。拉格朗日插值公式结构紧凑，在理论分析中甚为方便，但当插值节点增减时，全部插值基函数 $l_i(x)$ $(i=0,1,\cdots,n)$ 均要随之变化，此时不得不重新计算所有插值基函数 $l_i(x)$，这在实际计算中是很不方便的。为了克服这一缺点，引入了具有承袭性质的牛顿插值多项式。

函数值的差 $f(x_1)-f(x_0)$ 与自变量的差 x_1-x_0 的比值称为 $f(x)$ 关于点 x_0,x_1 的一阶差商，并记为 $f[x_0,x_1]$，即

$$f[x_0,x_1]=\frac{f(x_0)-f(x_1)}{x_0-x_1} \tag{4.13}$$

而称 $f[x_0,x_1,x_2]=\dfrac{f[x_0,x_1]-f[x_1,x_2]}{x_0-x_2}$ 为 $f(x)$ 关于点 x_0,x_1,x_2 的二阶差商。

函数 $f(x)$ 关于 x_0 的零阶差商为 $f(x)$ 在 x_0 处的函数值，即 $f[x_0]=f(x_0)$。

设点 $x_0,x_1,\cdots,x_k$ 互不相同，$f(x)$ 关于 $x_0,x_1,\cdots,x_k$ 的 k 阶差商为

$$f[x_0,x_1,\cdots,x_k]=\frac{f[x_0,x_1,\cdots,x_{k-1}]-f[x_1,x_2,\cdots,x_k]}{x_0-x_k} \tag{4.14}$$

按照差商定义，用两个 $k-1$ 阶差商的值计算 k 阶差商，通常用差商表（表4.4）的形式计算和存放。

由于差商对节点具有对称性，因此可以任意选择两个 $k-1$ 阶差商的值来计算 k 阶差商，例如

$$f[x_0,x_1,x_2]=\frac{f[x_1,x_2]-f[x_0,x_1]}{x_2-x_0}=\frac{f[x_0,x_2]-f[x_0,x_1]}{x_2-x_1} \tag{4.15}$$

计算均差时通常要构造形如表4.4所示的差商表。

表4.4　差商表

x_k	$f(x_k)$	1 阶差商	2 阶差商	3 阶差商	n 阶差商
x_0	$f(x_0)$				
x_1	$f(x_1)$	$f[x_0,x_1]$			
x_2	$f(x_2)$	$f[x_1,x_2]$	$f[x_0,x_1,x_2]$		
x_3	$f(x_3)$	$f[x_2,x_3]$	$f[x_1,x_2,x_3]$	$f[x_0,x_1,x_2,x_3]$	
$\vdots$	$\vdots$	$\vdots$	$\vdots$	$\vdots$	
x_n	$f(x_n)$	$f[x_{n-1},x_n]$	$f[x_{n-2},x_{n-1},x_n]$	$f[x_{n-3},\cdots,x_n]$	$f[x_0,x_1,\cdots,x_n]$

例 4.3 给定函数 $y = f(x)$ 的列表,如表 4.5 所示。

表 4.5 函数 $y = f(x)$ 的列表

x	-2	0	1	2
$f(x)$	17	1	2	17

写出函数 $y = f(x)$ 的差商表。

解 函数 $y = f(x)$ 的差商表如表 4.6 所示。

表 4.6 函数 $y = f(x)$ 的差商表

x_i	$f(x_k)$	1 阶差商	2 阶差商	3 阶差商
-2	17			
0	1	-8		
1	2	1	3	
2	17	15	7	1

根据差商定义,把 x 看成 $[a,b]$ 上的一点,可得

$$f(x) = f(x_0) + f[x, x_0](x - x_0)$$

$$f[x, x_0] = f[x_0, x_1] + f[x, x_0, x_1](x - x_1)$$

……

$$f[x, x_0, \cdots, x_{n-1}] = f[x_0, x_1, \cdots, x_n] + f[x, x_0, \cdots, x_n](x - x_n)$$

只要把后一式代入前一式,就可得到

$$f(x) = f(x_0) + f[x_0, x_1](x - x_0) + f[x_0, x_1, x_2](x - x_0)(x - x_1) + \cdots$$
$$+ f[x_0, x_1, \cdots, x_n](x - x_0) \cdots (x - x_{n-1}) + f[x, x_0, x_1, \cdots, x_n]\omega_{n+1}(x)$$
$$= N_n(x) + R_n(x)$$

其中

$$N_n(x) = f(x_0) + f[x_0, x_1](x - x_0) + f[x_0, x_1, x_2](x - x_0)(x - x_1) + \cdots$$
$$+ f[x_0, x_1, \cdots, x_n](x - x_0) \cdots (x - x_{n-1}) \tag{4.16}$$

$$R_n(x) = f(x) - N_n(x) = f[x, x_0, x_1, \cdots, x_n]\omega_{n+1}(x) \tag{4.17}$$

$$\omega_n(x) = (x - x_0)(x - x_1) \cdots (x - x_n)$$

由式(4.16)确定的多项式 $N_n(x)$ 显然满足插值条件,且次数不超过 n 的多项式,其系数为

$$a_k = f[x_0, x_1, \cdots, x_k] \quad (k = 0, 1, \cdots, n)$$

我们称 $N_n(x)$ 为牛顿插值多项式,系数 a_k 就是表 4.4 中加横线的各阶差商,它比拉格朗日插值多项式计算量少,且便于程序设计。

由插值多项式的唯一性可知，n 次牛顿插值多项式与 n 次拉格朗日插值多项式是相等的，它们只是表示形式不同。因此，牛顿余项与拉格朗日余项也是相等的。

例 4.4　已知例 4.3 中的 $f(x)$，求节点为 x_0,x_1 的一次牛顿插值多项式，节点为 x_0,x_1,x_2 的二次牛顿插值多项式和节点为 x_0,x_1,x_2,x_3 的三次牛顿插值多项式。

解　由例 4.3 知

$$f(x_0) = 17, \quad f[x_0,x_1] = -8, \quad f[x_0,x_1,x_2] = 3, \quad f[x_0,x_1,x_2,x_3] = 1$$

于是有

$$\begin{aligned}
N_1(x) &= f(x_0) + f[x_0,x_1](x - x_0) \\
&= 17 - 8(x + 2) = 1 - 8x \\
N_2(x) &= f(x_0) + f[x_0,x_1](x - x_0) + f[x_0,x_1,x_2](x - x_0)(x - x_1) \\
&= 1 - 8x + 3(x + 2)x = 3x^2 - 2x + 1 \\
N_3(x) &= f(x_0) + f[x_0,x_1](x - x_0) + f[x_0,x_1,x_2](x - x_0)(x - x_1) \\
&\quad + f[x_0,x_1,x_2,x_3](x - x_0)(x - x_1)(x - x_2) \\
&= 3x^2 - 2x + 1 + (x + 2)x(x - 1) \\
&= x^3 + 4x^2 - 4x + 1
\end{aligned}$$

4.3　回归与拟合分析

曲线拟合又称函数逼近，是求近似函数的又一类数值方法。它不要求近似函数在节点处与函数同值，即不要求近似曲线过已知点，只要求它尽可能地反映给定数据点的基本趋势，在某种意义下与函数"逼近"。下面先举例说明。

例 4.5　给定一组实验数据如表 4.7 所示。

表 4.7　一组实验数据

i	1	2	3	4
x_i	2	4	6	8
y_i	1.1	2.8	4.9	7.2

求 x,y 的函数关系。

解　先作草图，如图 4.1 所示。这些点的分布接近于一条直线，因此可设想 y 为 x 的一次函数，即

$$y = a_1 x + a_0 \tag{4.18}$$

从图 4.1 中不难看出,无论 a_0, a_1 取何值,直线都不可能同时过全部数据点。怎样选取 a_0, a_1 才能使直线 $y = a_1 x + a_0$ "最好"地反映数据点的基本趋势呢? 首先要建立好坏标准。

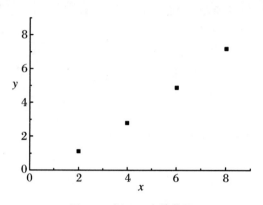

图 4.1 例 4.5 中的草图

假设 a_0, a_1 已经确定,$y_i^* = a_1 x_i + a_0 (i=1,2,3,4)$ 为由近似函数求得的近似值,它与观测值 y_i 的差

$$\delta_i = y_i - y_i^* = y_i - a_1 x_i + a_0 \quad (i = 1,2,3,4) \tag{4.19}$$

称为残差。显然,残差的大小可作为衡量近似函数好坏的标准。常用的准则有以下 3 种:

(1) 残差的绝对值之和最小,即

$$\sum_i |\delta_i| = \min$$

(2) 残差的最大绝对值最小,即

$$\max_i |\delta_i| = \min$$

(3) 残差的平方和最小,即

$$\sum_i \delta_i^2 = \min$$

准则(1)的提出很自然,也很合理,但实际使用时不方便。按准则(2)求近似函数的方法称为函数的最佳一致逼近。按准则(3)确定参数,求得近似函数的方法称为最佳平方逼近,也称为曲线拟合(或数据拟合)的最小二乘法,它的计算比较简单,是实践中常用的一种函数逼近方法。

4.3.1　数据拟合的最小二乘法

数据拟合的最小二乘法问题是:根据给定的数据组 $(x_i, y_i)(i = 1,2,\cdots,n)$ 选取近似函数形式,即给定函数类 H,求函数 $\varphi(x) \in H$,使得

$$\sum_{i=1}^{n} \delta_i^2 = \sum_{i=1}^{n} \left[y_i - \varphi(x_i) \right]^2$$

为最小,即

$$\sum_{i=1}^{n} \left[y_i - \varphi(x_i) \right]^2 = \min_{\psi \in H} \sum_{i=1}^{n} \left[y_i - \psi(x_i) \right]^2$$

这种求近似函数的方法称为数据拟合的最小二乘法。函数 $\varphi(x)$ 称为这组数据的最小二乘函数。通常取 H 为一些比较简单的函数的集合,如低次多项式和指数函数等。

4.3.2　多项式拟合

对于给定的数据组 $(x_i, y_i)(i = 1,2,\cdots,n)$,求一个 $m(m < n)$ 次多项式

$$p_m(x) = a_0 + a_1 x + \cdots + a_m x^m \tag{4.20}$$

使得

$$\sum_{i=1}^{n} \delta_i^2 = \sum_{i=1}^{n} \left[y_i - p_m(x_i) \right]^2 = f(a_0, a_1, \cdots, a_m) \tag{4.21}$$

为最小,即选取参数 $a_i(i = 0,1,2,\cdots,m)$,使得

$$f(a_0, a_1, \cdots, a_m) = \sum_{i=1}^{n} \left[y_i - p_m(x_i) \right]^2$$

$$= \min_{\psi \in H} \sum_{i=1}^{n} \left[y_i - \psi(x_i) \right]^2 \tag{4.22}$$

式中,H 为至多 m 次多项式集合。这就是数据的多项式拟合,$p_m(x)$ 称为这组数据的最小二乘 m 次拟合多项式。

由多元函数取极值的必要条件,得方程组

$$\frac{\partial f}{\partial a_j} = -2 \sum_{i=1}^{n} \left(y_i - \sum_{k=0}^{m} a_k x_i^k \right) x_i^j = 0 \quad (j = 0,1,2,\cdots,m)$$

移项,得

$$\sum_{k=0}^{m} a_k \left(\sum_{k=0}^{m} x_i^{k+j} \right) = \sum_{i=1}^{n} y_i x_i^j \quad (j = 0,1,2,\cdots,m)$$

即有

$$\begin{cases} na_0 + a_1 \sum_{i=1}^{n} x_i + a_2 \sum_{i=1}^{n} x_i^2 + \cdots + a_m \sum_{i=1}^{n} x_i^m = \sum_{i=1}^{n} y_i \\ a_0 \sum_{i=1}^{n} x_i + a_1 \sum_{i=1}^{n} x_i^2 + \cdots + a_m \sum_{i=1}^{n} x_i^{m+1} = \sum_{i=1}^{n} y_i x_i \\ a_0 \sum_{i=1}^{n} x_i^m + a_1 \sum_{i=1}^{n} x_i^{m+1} + a_2 \sum_{i=1}^{n} x_i^{m+2} + \cdots + a_m \sum_{i=1}^{n} x_i^{2m} = \sum_{i=1}^{n} y_i x_i^m \end{cases} \quad (4.23)$$

这是最小二乘拟合多项式的系数 $a_k(k=0,1,2,\cdots,m)$ 应满足的方程组,也称为正则方程组或法方程组。由函数组 $\{1, x, x^2, \cdots, x^m\}$ 的线性无关性可以证明,方程组(4.23)存在唯一解,且解所对应的多项式(4.20)必定是已给数据组 (x_i, y_i) $(i=1,2,\cdots,n)$ 的最小二乘 m 次拟合多项式。

图4.1表明,可用一次多项式(4.18)拟合例4.5中数据组所给出的函数关系。将表中数据代入正则方程组(4.23),得

$$\begin{cases} 4a_0 + 20a_1 = 16 \\ 20a_0 + 120a_1 = 100.4 \end{cases}$$

其解为 $a_0 = -1.1, a_1 = 1.02$,所以

$$y = 1.02x - 1.1$$

就是所给数据组的最小二乘拟合直线。

例4.6 求如下数据表(表4.8)的最小二乘二次拟合多项式。

表4.8　一组实验数据

i	1	2	3	4	5	6	7	8	9
x_i	-1	-0.75	-0.5	-0.25	0	0.25	0.5	0.75	1
y_i	-0.2209	0.3295	0.8826	1.4392	2.0003	2.5645	3.1334	3.7601	4.2836

解 设二次拟合多项式为 $p_2(x) = a_0 + a_1 x + a_2 x^2$,将表中数据代入式(4.23),得此问题的正则方程组

$$\begin{cases} 9a_0 + 0 + 3.75a_2 = 18.1723 \\ 0 + 3.75a_1 + 0 = 8.4842 \\ 3.75a_0 + 0 + 2.765a_2 = 7.6173 \end{cases}$$

其解为 $a_0 = 2.0034, a_1 = 2.2625, a_2 = 0.0378$。所以,此数据组的最小二乘二次拟合多项式为

$$p_2(x) = 2.0034 + 2.2625x + 0.0378x^2$$

4.4　Origin 软件数据处理基础

4.4.1　Origin 软件的线性拟合

Origin 软件按以下算法把曲线拟合为直线：对 X（自变量）和 Y（因变量），线性回归方程为 $Y = A + BX$，参数 A（截距）和 B（斜率）由最小二乘法计算。

在 Analysis→Fitting 二级菜单下，Origin 直接使用的菜单命令有线性回归、多项式拟合、非线性拟合和非线性表面拟合等。其中，非线性拟合和非线性表面拟合需要分别打开非线性拟合对话框和非线性表面拟合对话框。

Analysis→Fitting 二级菜单下的拟合菜单命令如图 4.2 所示。采用菜单拟合时，必须激活要拟合的数据或曲线，而后在 Fitting 菜单下选择相应的拟合类型进行拟合。大多数用菜单命令的拟合不需要输入参数，拟合将自动完成。有些拟合可能要求输入参数，但是也能根据拟合数据给出默认值进行拟合。拟合完成后，拟合曲线会存放在图形窗口里，Origin 会自动创建一个工作表，用于存放输出回归参数的结果。

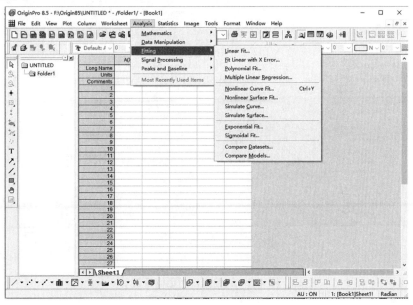

图 4.2　拟合菜单

首先,建立数据表,导入或输入要分析的数据,数据中的工作表如图 4.3 所示。具体拟合步骤为:

(1) 选中要分析的数据,生成散点,如图 4.4 所示。

(2) 选择菜单命令 Analysis→Fitting→Linear Fit,打开 Liner Fit 对话框,设置相关的拟合参数,如图 4.5(a)所示。

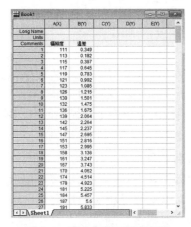

图 4.3　拟合所需原始数据表

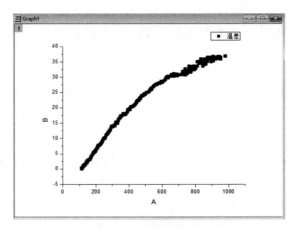

图 4.4　使用原始数据绘制的散点图

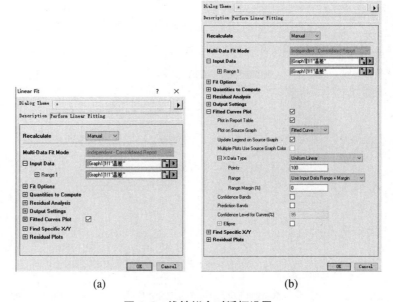

(a)　　　　　　　　　　　　　　　(b)

图 4.5　线性拟合对话框设置

在 Liner Fit 对话框中,可以对拟合输出的参数进行选择和设置,图 4.5(a)中对拟合范围、输出拟合参数报告及置信区间等进行了设置。例如,单击"Fitted Curves Plot",打开后设置在图形上输出置信区间,如图 4.5(b)所示。

(3) 设置完成后,单击"OK"按钮,即可生成拟合曲线以及相应的报表。给出拟合直线和主要结果在散点图,如图 4.6 所示。

(4) 与此同时,根据输出设置自动生成具有专业水准的拟合参数分析报表和拟合数据工作表,如图 4.7 所示。

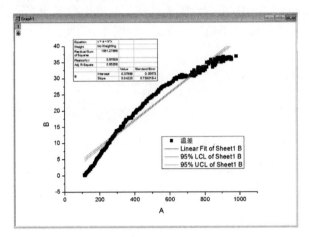

图 4.6 线性拟合结果

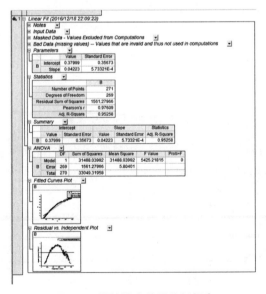

图 4.7 线性拟合结果分析报表

4.4.2　拟合参数的设置

拟合参数设置对话框中,如图4.5(b)所示,包含以下几项设置。

1. Recalculate

在 Recalculate 一项中,可以设置输入数据与输出数据的连接关系,包括 None(无)、Auto(自动)、Manual(手动)3 个选项,如图4.8 所示。

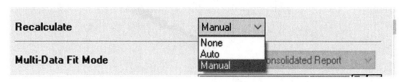

图 4.8　Recalculate 项设置

None 是指不进行任何处理;Auto 是指当原始数据发生变化后,自动进行线性回归;Manual 是指当数据发生变化后,用鼠标左键单击快捷菜单手动选择计算。

2. Input Data

Input Data 项下面的选项可用于设置输入数据的范围,主要包括输入数据区域和误差数据区域,如图4.9 所示。

图 4.9　Input Data 项设置

将选择数据范围的对话框汇总,单击 ▨ 按钮表示要重新选择数据范围,这时会打开一个数据选择对话框,如图4.10 所示。在使用鼠标左键选择所需数据及范围后,单击对话框右边的 ▣ 按钮进行确认。

Select data in graph　　　　　　　　　　　　　　　　　　　×

[Graph1]1!1"温差"　　　　　　　　　　　　　　　　　　　　▣

图 4.10　数据选择对话框

3. Fit Options

如图 4.11 所示,在该项下面可以设置的包括:

(1) Errors as Weight:误差权重。

(2) Fix Intercept 和 Fix Intercept at:拟合曲线的截距限制。如果选择 0,则通过原点。

(3) Fix Slope 和 Fix Slope at:拟合曲线斜率的限制。

(4) Use Reduced Chi-Sqr:这个数据也能揭示误差的情况。

(5) Apparent Fit:可用于 lg 坐标对指数衰减进行直线拟合。

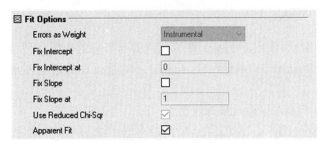

图 4.11　Fit Options 项设置

4. Quantities to Compute

如图 4.12 所示,在该项下面可以设置的包括:

(1) Fit Parameters:拟合参数项。

(2) Fit Statistics:拟合统计项。

(3) Fit Summary:拟合摘要项。

(4) ANOVA:是否进行方差分析。

(5) Covariance matrix:是否产生协方差 matrix。

(6) Correlation matrix:是否显示相关性 matrix。

图 4.12　Quantities to Compute 项设置

5. Residual Analysis

如图 4.13 所示,在该项下面可以设置几种残留分析的类型。

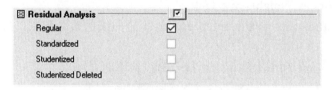

图 4.13　Residual Analysis 项设置

6. Output Setting

如图 4.14 所示,该项下面是一些输出内容与目标的选项,以及定制分析报表。

(1) Paste Results Tables to Source Graph:是否在拟合的图形上显示拟合结果表格。

(2) Report Tables:输入报告表格。

(3) Find Specific X/Y Tables:输出时包含一个表格,自动计算 X 对应的 Y 值或者 Y 对应的 X 值。

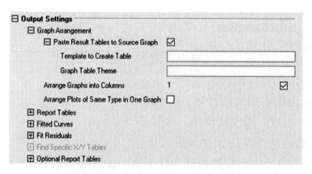

图 4.14　Output Setting 项设置

7. Fitted Curves Plot

如图 4.15 所示,在该项下面可以设置的主要包括:

(1) Plot in Report Table:在报告表中作拟合曲线的方式。

(2) Plot on Source Graph:在原图上作拟合曲线的方式。

(3) Update Legend on Source Graph:更新原图上的图例。

(4) Multiple Plots Use Source Graph Color:使用源图像颜色绘制多层曲线。

(5) X Data Type:设置 X 列的数据类型,包括 Points(数据点数目)和 Range

（数据显示区域）。

（6）Confidence Bands：显示置信区间。

（7）Prediction Bands：显示预计区间。

（8）Confidence Level for Curves(%)：设置置信度。

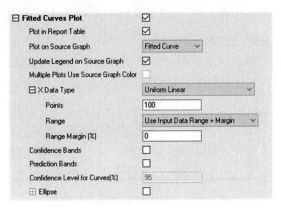

图 4.15　Fitted Curves Plot 项设置

8. Find X/Y

该项主要是用于设置是否产生一个表格，显示 Y 列或 X 列中寻找另一列对应的数据。

9. Residual Plots

该项主要是用来设置一些残留分析的参数。

4.4.3　拟合结果的分析报表

（1）Notes。如图 4.16 所示，主要记录一些诸如用户、使用时间等信息，此外还有拟合方程式。

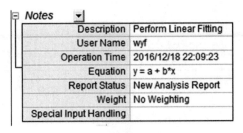

图 4.16　分析报表 Notes 部分

（2）Input Data。如图 4.17 所示，主要显示输入数据的来源。

Input Data

Input X Data Source	Input Y Data Source	Range
[Book1]Sheet1!A	[Book1]Sheet1!B	[1*:271*]

图 4.17　分析报表 Input Data 部分

（3）Masked Date。主要屏蔽数据。

（4）Bad Data。列出坏的数据和在绘图过程中丢失的数据。

（5）Parameters。显示斜率、截距和标准差，如图 4.18 所示。

Parameters

		Value	Standard Error
B	Intercept	0.37999	0.35673
	Slope	0.04223	5.73321E-4

图 4.18　分析报表 Parameters 部分

（6）Statistics。显示一些统计数据，如数据点个数等，重要的是 R-Square（R 平方）即相关系数，这个数值越接近 ± 1，则表示数据相关度越高，拟合越好，因为它可以反映实验数据的离散程度，通常来说 0.99 以上是有必要的，如图 4.19 所示。

Statistics

	B
Number of Points	271
Degrees of Freedom	269
Residual Sum of Squares	1561.27966
Pearson's r	0.97609
Adj. R-Square	0.95258

图 4.19　分析报表 Statistics 部分

（7）Summary。显示一些摘要信息，就是整合上面几个表格中的关键数据，如斜率、截距和相关系数，如图 4.20 所示。

Summary

	Intercept		Slope		Statistics
	Value	Standard Error	Value	Standard Error	Adj. R-Square
B	0.37999	0.35673	0.04223	5.73321E-4	0.95258

图 4.20　分析报表 Summary 部分

（8）ANOVA。显示方差分析的结果，如图 4.21 所示。

（9）Fitted Curves Plot。显示图形拟合结果的缩略图。

ANOVA		DF	Sum of Squares	Mean Square	F Value	Prob>F
B	Model	1	31488.03992	31488.03992	5425.21815	0
	Error	269	1561.27966	5.80401		
	Total	270	33049.31958			

图 4.21　分析报表 ANOVA 部分

（10）Residual vs. Independent Plot。为 Linear Fit 对话框下的 Residual Plot 项设置显示的图表。

4.4.4　其他方式回归

与一元线性回归的操作方式相同,例如在多元线性回归中,该种方式用于分析多个自变量与一个因变量之间的线性关系。Origin 软件在进行多元线性回归时,需将工作表中的一列设置为因变量(Y),其他列设置为自变量($X_1,X_2,\cdots,X_k$),即

$$Y = A + B_1 X_1 + B_2 X_2 + \cdots + B_k X_k \tag{4.24}$$

拟合具体步骤与 4.4.1 小节所述步骤类似:

（1）导入或输入要拟合的数据,通过 File→Import 命令导入。

（2）选择执行菜单命令 Analysis→Fitting→Multiple linear regression,进行多元线性回归,在系统弹出的 Multiple Regression 对话框中设置这种因变量和自变量,然后单击"OK"按钮进行确定。

（3）根据输出设置自动生成具有专业分析功能的多元线性回归分析报表。回归操作过程结束。

对于多项式和指数回归,步骤(1)与上述相同,只不过在选择执行菜单命令时,分别选择 Analysis→Fitting→Polynomial Fit 和 Analysis→Fitting→Exponential Fit,并分别在弹出的 Polynomial Fit 对话框和 NLFit 对话框中进行参数设置,其余操作步骤均不变。

4.5　MATLAB 软件数据处理基础

4.5.1　MATLAB 多项式数据拟合曲线

用代数多项式拟合数据的命令是 polyfit,使用格式为

$$p = \text{polyfit}(x, y, m)$$

(1) 输入参数 x, y 为两个同维向量,即 $\text{length}(x) = \text{length}(y)$,它提供了满足函数关系 $y = f(x)$ 的一组对应样本点 x_i, y_i 的数据。

(2) 输入参数 m 为拟合代数多项式的次数,原则上 m 小于 x 的维数即可使 $m < \text{length}(x) = \text{length}(y)$,但是一般取小于 6 的正整数。

(3) 输出参数 p 为拟合多项式的系数向量。

例 4.7 已知某压力传感器的标定数据如表 4.9 所示,p 为压力值,u 为电压值,试用多项式

$$u = ap^3 + bp^2 + cp + d$$

拟合其特性函数,求出 a, b, c, d,把拟合曲线和各个标定点画在同一幅图上,并在图中的空白处标注当天的日期。

表 4.9　数据表

p	0.0	1.1	2.1	2.8	4.2	5.0	6.1	6.9	8.1	9.0	9.9
u	10	11	13	14	17	18	22	24	29	34	39

解　将压力视为自变量,电压视为函数,编程如下:

p = [0,1.1,2.1,2.8,4.2,5,6.1,6.9,8.1,9,9.9];

u = [10,11,13,14,17,18,22,24,29,34,39];

A = polyfit(p,u,3);

a = A(1), b = A(2), c = A(3), d = A(4),

p1 = 0 : 0.01 : 10; u1 = polyval(A,p1);

plot(p1,u1,p,u,'o')

执行命令后得到

a =

　　0.0195

b =

　　－ 0.0412

c =

　　1.4469

d =

　　9.8267

执行命令后,结果如图 4.22 所示,同时得到如下多项式:

$$u = 0.019\,5p^3 - 0.041\,2p^2 + 1.446\,9p + 9.826\,7$$

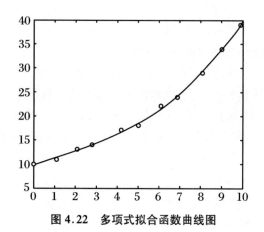

图 4.22 多项式拟合函数曲线图

例 4.8 *最小二乘拟合应用实例。用四次多项式拟合表 4.10 中所列出的数据点。*

表 4.10 一些实验数据

x	1	1.2	1.4	1.6	1.8
y	1	1.0954	1.1832	1.2649	1.3416

解 在 MATLAB 命令窗口中输入以下程序：

x = 1 : 0.2 : 1.8;

y = [1 1.095 4 1.183 2 1.264 9 1.341 6];

p = polyfit(x,y,4)

运行程序后，得到如下结果：

p =

  − 0.010 4   0.085 4   − 0.312 1   0.908 6   0.328 5

即拟合的多项式为

$$y = -0.010\,4 + 0.085\,4x - 0.312\,1x^2 + 0.908\,6x^3 + 0.328\,5x^4$$

4.5.2 MATLAB 多项式数据拟合应用扩充

1. 任意函数的多项式拟合

除了经常把一组数据拟合成多项式外，还常把一些繁杂的解析函数拟合成多项式，因为代数多项式值的计算比较简单。用代数多项式拟合任意函数的基本步骤如下：

（1）将自变量 x 离散化为 $x_k(k=1,2,\cdots,n)$，选取适当的步长。

（2）用函数求值法算出与自变量 x_k 对应的函数值 $y_k=f(x_k)$，求值时函数表达式中的各个变量间用数组算法符号连接。

（3）用 polyfit 命令根据 x_k 和 y_k 数据拟合出多项式 $p(x)$，得出该多项式的系数向量。函数偏离线性程度越大，选取的拟合多项式次数就应该越高。

（4）依据得出的多项式的系数向量，用 polystr 求出拟合多项式的表达式。

例 4.9　用一个三次多项式拟合曲线 $y=f(x)=\mathrm{e}^{-x}\sin(x)$，并绘出它们的图形。

解　在 MATLAB 命令窗口中输入以下程序：

x = 0 : 0.001 : 3 * pi;

y = exp(− x). * sin(x);

z = polyfit(x, y, 5);

pz = poly2str(z, 'x')

执行命令后得到

pz =

　　　0.000 389 57x^5 − 0.009 864 5x^4 + 0.089 251x^3 − 0.334 31x^2

　　　+ 0.400 21x + 0.124 29

即得到一个五次多项式。再把命令 polyfit(x, y, 5) 中的输入参数 5 改成 8，重新运行该组命令后，得到一个八次多项式如下：

pz =

　　　− 1.515 1e − 006x^8 + 7.634 6e − 005x^7 − 0.001 625 6x^6 + 0.018 937x^5

　　　− 0.130 14x^4 + 0.526 28x^3 − 1.154 8x^2 + 1.054 3x − 0.004 776 7

在 MATLAB 命令窗口中输入以下程序：

x = 0 : 0.001 : 3 * pi;

y = exp(− x). * sin(x);

y1 = 0.000 389 57 * x.^5 − 0.009 864 5 * x.^4 + 0.089 251 * x.^3

　　　− 0.334 31 * x.^2 + 0.400 21 * x + 0.124 29;

y2 = − 1.515 1e − 006 * x.^8 + 7.634 6e − 005 * x.^7 − 0.001 625 6 * x.^6

　　　+ 0.018 937 * x.^5 − 0.130 14 * x.^4 + 0.526 28 * x.^3

　　　− 1.154 8 * x.^2 + 1.054 3 * x − 0.004 776 7;

plot(x, y, x, y1, x, y2);

legend('原函数曲线', '拟合的五次多项式曲线', '拟合的八次多项式曲线')

执行该组命令后，得到图 4.23 所示的曲线图。其中，拟合的五次多项式曲线与原函数偏差较大，而拟合的八次多项式曲线与原函数基本重合，偏差较小，所以拟合多项式次数越高，表示的曲线越精确。

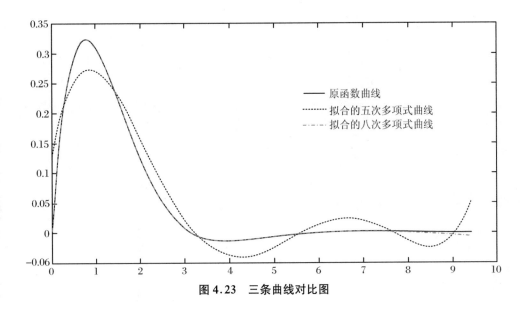

图 4.23　三条曲线对比图

2. 把数据拟合成指数函数等常用函数

实际问题中,有时需要把两组数据变量之间的关系拟合成常用的指数、双曲线、对数等一些函数形式,这时可以先把数据进行适当的变换,然后再用多项式拟合命令进行拟合。

例如,用一个指数函数 $y = a\mathrm{e}^{bx}$(a,b 均为常数)去拟合一组实验数据 x,y。首先对指数函数两边取对数得出 $\lg y = \lg a + bx\lg \mathrm{e}$,令 $u = \lg y$,$B = b\lg \mathrm{e}$,指数函数就变成 $u = \lg a + Bx$。u 和 x 是线性关系,只要把实验数据中的 y 通过 $u = \lg y$ 变成 u,就完全可以用命令 polyfit 拟合成一次多项式。

又如,用 $xy = k$ 的双曲线函数去拟合一组实验数据 x,y。只要将双曲线函数两边取对数,得出 $\lg x + \lg y = \lg k$,令 $u = \lg y$,$v = \lg x$,$B = \lg k$,双曲线函数就变成 $u = B - v$,再通过 $u = \lg y$ 和 $v = \lg x$ 将已知数据 x 和 y 变换成 u 和 v,就完全可以用命令 polyfit 拟合成一次多项式。

按照上述思路可以先将常用函数进行求对数、倒数、指数等变换,使它们成为线性形式,然后利用 MATLAB 处理批量数据便捷的优点,对实验数据做相应的变换,再用拟合命令 polyfit 对变换后的数据进行拟合,就可得出满足要求的结果。

　思考题与习题

(1) 求拟合直线的常用方法有哪几种? 各有什么优缺点?

(2) 选用两种软件对例 4.5 中的数据进行拟合,分析所得结果的异同。

第2篇

主要热工参数测量原理和方法

第5章 温度测量

温度是衡量物体冷热程度的物理量。物质的物理性质、物体的特征参数都与温度有密切的关系。从能量角度来看,温度是描述不同自由度间能量分析状况的物理量;温度的宏观概念建立在热平衡的基础上,假定有两个热力学系统,它们分别与第三个热力学系统处于热平衡,则它们彼此间也必定处于热平衡,在此状态下它们一定拥有某种共同的宏观性质,人们将这一决定系统热平衡的宏观性质称为温度,这就是热力学第零定律。从热平衡的观点即微观角度看,温度是描述热平衡系统冷热程度的物理量,是物体内部分子热运动激烈程度的标志,分子热运动越快,物体的温度就越高,反之温度就越低。

在日常生活、工农业生产和科学研究的各个领域,温度的测量和控制都占有十分重要的地位。

5.1 测温原理及温标

5.1.1 测温原理

由于温度本身是一个抽象的物理量,对温度的测量也与其他测量有很大不同。温度不像长度、质量和时间等物理量,它不能直接与标准量比较而测出,必须通过测量某些随温度而变化的物体的性质来反映,这些物体的性质包括几何尺寸、弹性、电导率、热电势和辐射强度等。通过测出某个参数的变化就可以间接地得到被测物体的温度,这就是温度计的测温原理。

温度测量的方法很多,一般根据传感器是否与被测介质直接接触,分为接触式测温和非接触式测温两大类。

1. 接触式测温

接触式测温是指通过传感器与被测对象直接接触进行热交换来测量物体的温

度。按测温原理分为膨胀式、压力式、热电阻式和热电偶式四类。例如,利用介质受热膨胀的原理来检测温度,如水银温度计、压力式温度计和双金属温度计等。还有利用物体电气参数随温度变化的特性来检测温度,如热电阻、热敏电阻、电子式温度传感器和热电偶等。

接触式测温简单可靠,而且测量精度较高,因此应用广泛。但是由于测温元件需要与被测介质进行充分接触才能达到热平衡,需要一定的时间,因而会产生滞后现象,而且可能与被测对象发生化学反应。另外,由于耐高温材料的限制,接触式测温一般难以用于高温测量。

2. 非接触式测温

非接触式测温是通过接收被测物体发出的热辐射来测定温度的,测温原理主要是辐射测温。实现这种测温方法,可利用物体表面热辐射强度与温度的关系来检测温度。根据检测辐射功率的不同,可分为全辐射法、部分辐射法、单一波长辐射功率的亮度法及比较两个波长辐射功率的比色法等。非接触式测温由于传感器不与被测对象接触,因而测温范围很广,测温上限不受限制,测温速度较快,而且可以对运动的物体进行测量。但是由于受到物体的热发射率、被测对象到仪表之间的距离、烟尘和水汽等其他介质的影响,一般测温误差较大、精度较低,因此通常用于高温测量。

表5.1列出了各种常用测温仪表的测温原理和基本特性。

表5.1 常用测温仪表的测温原理和基本特性

测量方式	仪表名称	测温原理	精度	特点	测量范围（℃）
接触式测温仪表	双金属温度计	利用固体受热时产生膨胀的特性	1.0～2.5	结构简单,读数方便,精度较低,不便远传	一般 −80～600
	压力表式温度计	气体、液体在定容条件下,压力大小随温度变化	1.0～2.5	结构简单可靠,可较远距离传送(小于50 m),精度较低,受环境温度影响较大	一般 −50～550
	玻璃管液体温度计	利用液体受热时产生膨胀的特性	0.5～2.5	结构简单,精度较高,读数不便,不能远传	一般 −100～600
	热电阻温度计	金属或半导体电阻随温度变化	0.5～3.0	精度高,便于远传,结构复杂,需外加电源	一般 −200～650
	热电偶温度计	热电效应	0.5～1.0	测温范围大,精度高,便于远传,低温测量精度较低	一般 −200～1 800

测量方式	仪表名称	测温原理	精度	特点	测量范围（℃）
非接触式测温仪表	光学高温计	物体单色辐射强度及亮度随温度变化	1.0~1.5	结构简单,携带方便,不破坏温度场;易产生目测主观误差,外界反射辐射会引起测量误差	一般300~3 200
	辐射高温计	物体全辐射能随温度变化	1.5	结构简单,稳定性好;光路上环境介质吸收辐射,易产生测量误差	一般700~2 000

5.1.2　温标

温度数值的表示方法叫作"温标",是为度量物体或系统温度的高低对温度的零点和分度法所做的一种规定,是温度的单位制。温标是为了定量地确定温度,对物体或系统温度给以具体的数量标志,各种各样温度计的数值都是由温标决定的。

1. 经验温标

华氏温标是经验温标之一。规定:在标准大气压下,纯水的冰点为 32 华氏度,沸点为 212 华氏度,两个标准点之间分为 180 等份,每等份代表 1 华氏度,用字母 F 表示,单位为℉。

摄氏温标亦称"百分温标",温度符号为 t,单位是摄氏度,国际符号是℃。摄氏温标规定:在标准大气压下,纯水的冰点为 0 ℃,沸点为 100 ℃,两个标准点之间分为 100 等份,每等份代表 1 ℃。

华氏温度(F)与摄氏温度(t)之间的换算关系为

$$t/℃ = \frac{5}{9}(F/℉ - 32) \tag{5.1}$$

2. 热力学温标

热力学温标亦称"开尔文温标""绝对温标"。它是建立在热力学第二定律基础上的一种和测温物质无关的理想温标。根据热力学中的卡诺定理,如果在温度为 T_1 的热源与温度为 T_2 的冷源之间实现了卡诺循环,则存在下列关系式:

$$\frac{T_1}{T_2} = \frac{Q_1}{Q_2} \tag{5.2}$$

式中, Q_1 和 Q_2 分别是热源给予热机的传热量和热机传给冷源的传热量。如果上式中再规定一个条件,就可以通过卡诺循环中的传热量来完全地确定温标。1954年,国际计量会议选定水的三相点为 273.16,并以它的 1/273.16 为一度,这样热力学温标就完全确定了,即 $T = 273.16(Q_1/Q_2)$。这样的温标单位叫作开尔文,简称开,符号为 K。

按照国际规定,热力学温标是最基本的温标,它只是一种理想温标。理想气体温标由于在它所能确定的温度范围内等于热力学温标,所以往往用同一符号 T 代表这两种温标的温度,在理想气体温标可以实现的范围内,热力学温标可通过理想气体温标来实现。

3. 国际温标

实现国际温标需要三个条件:一是要有定义温度的固定点,一般是利用水、纯金属及液态气体的状态变化;二是要有复现温度的标准器,通常是利用标准铂电阻、标准铂铑热电偶及标准光学高温计;三是要有固定点之间计算温度的内插方程式。

ITS-90 国际温标指出,热力学温度(符号为 T)是基本物理量,单位是开尔文,符号为 K。规定水的三相点温度为 273.16 K,定义 1 K 等于水的三相点热力学温度的 1/273.16。通常将比水的三相点低 0.01 K 的温度值规定为摄氏零度,国际开尔文温度(符号为 T_{90})和摄氏温度(符号为 t_{90})之间的关系为

$$t_{90}/℃ = T_{90}/K - 273.15 \tag{5.3}$$

ITS-90 国际温标是以定义固定点温度指定值以及在这些固定点上分度过的基准仪器来实现热力学温标的,各固定点之间的温度是依据内插公式来使基准仪器的示值与国际温标的温度值相联系的。

5.2 热电偶测温技术

热电偶温度计由热电偶、电测仪表和连接导线组成,它被广泛用来测量 100～1 600 ℃ 范围内的温度,用特殊材料制成的热电偶还可以测量更高或更低的温度。热电偶是目前各国在科研和生产过程中进行温度测量时应用最普遍、最广泛的温度测量元件。

热电偶具有结构简单、制作方便、测温范围宽、准确度高、热惯性小等优点。它既可以用于流体温度测量,也可以用于固体温度测量;既可以测量静态温度,也能

测量动态温度。而且它还能够将输入的信号转换成电信号输出,便于测量、信号传输、自动记录和自动控制等。

5.2.1 热电偶测温的基本原理

1. 热电效应

由两种不同的导体 A,B 组成的闭合回路称为热电偶,如图 5.1 所示。导体 A,B 为热电极,当两接点的温度不同时,回路中将产生电流,称为热电流,产生热电流的电动势称为热电动势,这一现象称为热电现象,它是由塞贝克在 1821 年发现的,故又称为塞贝克效应。研究表明,热电势是由温差电势和接触电势组成的。

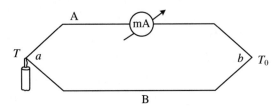

图 5.1 塞贝克效应示意图

2. 温差电势

温差电势是指在同一根导体中因两端的温度不同而产生的热电动势。由于导体两端温度不同,例如 $T > T_0$(图 5.2),则两端电子的能量也不同。由于高温端的电子能量比低温端的电子能量大,因而从高温端跑到低温端的电子数比从低温端跑到高温端的电子数要多,结果高温端因失去电子而带正电荷,低温端因得到电子而带负电荷,从而在高、低温端之间形成一个从高温端指向低温端的静电场,静电场将阻止高温端电子跑向低温端,同时加速低温端电子跑向高温端,最后达到动态平衡状态,在导体两端便产生一个相应的电位差,该电位差称为温差电势,其方

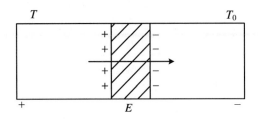

图 5.2 温差电势原理图

向是由低温端指向高温端,此电势只与导体性质和导体两端的温度有关,可用下式表示:

$$E_A(T,T_0) = \frac{k}{e} \int_{T_0}^{T} \frac{1}{N_A(T)} \mathrm{d}[N_A(T) \cdot T] \tag{5.4}$$

$$E_B(T,T_0) = \frac{k}{e} \int_{T_0}^{T} \frac{1}{N_B(T)} \mathrm{d}[N_B(T) \cdot T] \tag{5.5}$$

式中,e 为单位电荷量;k 为玻尔兹曼常数;N_A,N_B 为金属导体 A,B 的自由电子密度;T,T_0 为接触处的热力学温度。

3. 接触电势

接触电势是在两种不同的导体 A 和 B 接触处产生的一种热电势。当两种不同的导体 A 和 B 连接在一起时,由于两者有不同的电子密度 N_A,N_B,因此接触处会发生自由电子的扩散。若 $N_A > N_B$,则电子在两个方向上扩散的速率就会不同,在单位时间内,由导体 A 扩散到导体 B 的电子数比由导体 B 扩散到导体 A 的电子数多,导体 A 因失去电子而带正电,导体 B 因得到电子而带负电。因此在导体 A,B 的接触面上便形成一个从 A 到 B 的静电场,如图 5.3 所示,这个静电场将阻碍扩散作用的继续进行,同时加速电子向相反方向转移。在某一温度下,电子的扩散能力与静电场的阻力达到动态平衡,此时在接触处形成的电动势称为接触电势,用符号 $E_{AB}(T)$ 表示,并用下面的数学公式来表示:

$$E_{AB}(T) = \frac{kT}{e} \ln \frac{N_A(T)}{N_B(T)} \tag{5.6}$$

$$E_{AB}(T,T_0) = E_{AB}(T) - E_{AB}(T_0) + E_B(T,T_0) - E_A(T,T_0) \tag{5.7}$$

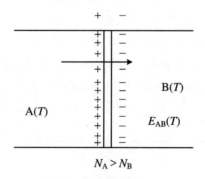

图 5.3　接触电势原理图

经整理得

$$E_{AB}(T,T_0) = \frac{k}{e} \int_{T_0}^{T} \ln \frac{N_A(T)}{N_B(T)} \mathrm{d}T \tag{5.8}$$

由于 N_A，N_B 是温度的单值函数，因此上式的积分式可表示为

$$E_{AB}(T, T_0) = f(T) - f(T_0) \tag{5.9}$$

根据式(5.8)、式(5.9)可得出如下结论：

(1) 热电偶回路热电势的大小只与组成热电偶的材料及两端的温度有关，与热电偶的长度、粗细无关。

(2) 只有用不同性质的导体或半导体才能组合成热电偶，相同材料不会产生热电势。因为当 A，B 两种材料是同一种材料时，$\ln \dfrac{N_A(T)}{N_B(T)} = 0$，则 $E_{AB}(T, T_0) = 0$。

(3) 只有当热电偶两端温度和热电偶的两种材料都不同时，才能有热电势产生。

(4) 材料确定后，热电势的大小只与热电偶两端的温度有关。如果使 $f(T_0)$ 等于常数，则回路热电势 $E_{AB}(T, T_0)$ 就只与温度 T 有关，而且是 T 的单值函数，这就是利用热电偶测温的原理。

闭合回路中的热电势如图 5.4 所示。各种热电偶温度与热电势的关系既可以用函数的形式表示，也可以用表格的形式表示。通常将温度较高的一端称为热端或工作端，温度较低的一端称为冷端或自由端。

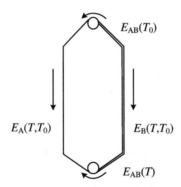

图 5.4　闭合回路中的热电势

5.2.2　热电偶基本定律

在使用热电偶测温时，还会应用到热电偶的三条基本定律。

1. 均质导体定律

由同一种均质材料(导体或半导体)两端焊接组成闭合回路，无论导体截面如

何以及是否存在温度梯度,都不可能产生热电势。实际生产中可以利用该定律检验热电偶材料是否均质。

2. 中间导体定律

在热电偶回路中接入第三种导体,只要中间导体两端温度相同,那么中间导体的引入对热电偶回路的总电势就没有影响。

依据中间导体定律,在热电偶实际测温应用中经常采用热端焊接、冷端开路的形式,冷端经连接导线与显示仪表连接构成测温系统。由中间导体定律可以得出以下结论:

(1) 可将电位差计等测量仪表接入热电偶回路中,只要它们接入热电偶回路两端的温度相同,那么仪表的接入对热电偶总的热电势就没有影响,而且对于任何热电偶接点,若接触良好,温度均一,则不论采用何种方法构成接点,都不影响热电偶回路的热电势。

(2) 若两种导体 A,B 对另一种参考导体 C 的热电势为已知,则由这两种导体组成的热电偶的热电势是它们对参考导体热电势的代数和。

3. 中间温度定律

热电偶 A,B 在接点温度为 T,T_0 时的热电势 $E_{AB}(T,T_0)$ 等于热电偶 A,B 在温度为 T,T_N 和 T_N,T_0 时的热电势 $E_{AB}(T,T_N)$ 和 $E_{AB}(T_N,T_0)$ 的代数和。由中间温度定律可以得出如下结论:

(1) 中间温度定律为制定热电偶分度表奠定了基础。各种热电偶的分度表是在冷端温度为 $0\ ℃$ 时制定的,如果在实际应用中热电偶的冷端不为 $0\ ℃$ 而是某一中间温度 T_N,这时显示仪表指示的热电势值为 $E_{AB}(T,T_N)$,而 $E_{AB}(T_N,0)$ 值可从分度表上查得,将二者相加,即得出 $E_{AB}(T,0)$ 值,按照该电势值再查相应的分度表,便可得到测量端温度 T 的大小。

(2) 与热电偶具有同样特性的补偿导线可以引入到热电偶的回路中,这就为工业测量中应用补偿导线提供了理论依据。这样便可使热电偶的冷端远离热源而不影响热电偶的测量精度,同时节省了贵金属材料。

5.2.3 热电偶冷端补偿处理

根据热电偶测温原理可知,热电偶热电势的大小只有在冷端温度恒定和已知时,才能反映测量端的温度。在实际应用时,热电偶的冷端总是放置在温度波动的环境中,或是处在距热端很近的环境中,因而冷端温度难以保持恒定。为消除冷端温度变化对测量的影响,一般都采用冷端温度补偿的方法。热电偶温度补偿依据的是三个基本定律。常用的热电偶冷端补偿方法有冰点法、热电势修正法、补偿导线法、冷端温度补偿法等。

1. 冰点法

此法是将冷端直接置于 0 ℃下,而不需进行冷端温度补偿的方法。清洁的冰和清洁的水共存混合物的温度为 0 ℃,按此方法制成一冰点槽,将冷端置于此槽内。实际应用时可利用一广口保温瓶,将捣碎的冰块和水混合倒入瓶内,再将装有变压器油的玻璃试管通过瓶盖上的孔插入瓶内,试管的直径应不大于 15 mm,插入深度应不小于 100 mm。使用时,将两根热电极的冷端分别插入两支试管中。冰点法是一个准确度很高的冷端处理方法,但使用起来比较麻烦,需要保持冰、水两相共存,因此这种方法只用于实验室,工业生产中一般不使用。

2. 热电势修正法

由于热电偶的温度-热电势曲线(热电偶分度表)是在冷端温度为 0 ℃时制定的,与它配套使用的仪表又是根据这一关系曲线刻度的,因此尽管使用补偿导线使热电偶冷端延伸到温度恒定的地方,但只要冷端温度不为 0 ℃,就必须对仪表的指示值加以修正。如果测温热电偶的热端温度为 T,冷端温度为 T_n 而不是 0 ℃,那么测得热电偶的输出电势为 $E(T, T_n)$,根据中间温度定律 $E(T, 0) = E(T, T_n) + E(T_n, 0)$ 来计算热端温度为 T、冷端温度为 0 ℃时的热电势,然后从分度表中查得热端温度 T。应该注意的是:由于热电偶温度-热电势曲线的非线性,上面所说的相加是热电势的相加,而不是简单的温度相加。

3. 补偿导线法

补偿导线是指在一定的温度范围内(如 0~100 ℃)和所连接的热电偶具有相同热电特性的连接导线。将补偿导线和测温热电偶冷端连接,将冷端延伸,连同显示仪表一起放置在恒温或温度波动较小的仪表室或集中控制室中,使热电偶的冷端免受热设备或管道中高温介质的影响,既节省了贵重金属热电极材料,也保证了测量的准确性。

随着热电偶的标准化,补偿导线也形成了标准系列。几种常用的热电偶补偿导线特性见表5.2。

表5.2 常用的热电偶补偿导线技术数据

热电偶	配用的补偿导线					
	材料		绝缘层着色标志		$E(100,0)(mV)$	20℃电阻率不大于 $(\Omega \cdot mm^2/m)$
	正极	负极	正极	负极		
铂铑₁₀-铂	铜	铜镍	红	绿	0.643 ± 0.023	0.048 4
镍铬-镍硅	铜	康铜	红	棕	4.10 ± 0.15	0.634
镍铬-康铜	镍铬	康铜	紫	棕	6.32 ± 0.3	1.19

4. 冷端温度补偿法

又称电桥补偿法,由前面的热电势计算修正法可知,当热电偶的冷端温度 T_n 偏离规定值0℃时,热电势的修正量为 $E(T,0)$,如果能在热电偶的测量回路中串接一个等于 $E(T_n,0)$ 的直流电压 U,那么热电偶回路的总电势为

$$E(T,T_n) + U = E(T,T_n) + E(T_n,0) = E(T,0) \qquad (5.10)$$

式(5.10)说明,当热电偶接点温度为 T,T_n 时,热电势为

$$E(T,T_n) = E(T,0) - E(T_n,0) = E(T_n,0) - U \qquad (5.11)$$

这样就可以消除冷端温度变化的影响而得到完全补偿,从而直接得到正确的测量值。显然,直流电压 U 应随冷端温度 T_n 变化而变化,并在补偿的温度范围内具有与所配用的热电偶的热电特性相一致的变化规律。

常用的冷端温度补偿器是一个补偿电桥,实际是在热电偶回路中接入一个直流信号为 $E(T_n,0)$ 的毫伏发生器,如图5.5所示。毫伏发生器利用不平衡电桥产生电压,将此电压经导线与热电偶串联,热电偶的冷端与桥臂热电偶处于同一环境温度中,从而达到补偿热电偶冷端温度变化而引起的热电势变化。

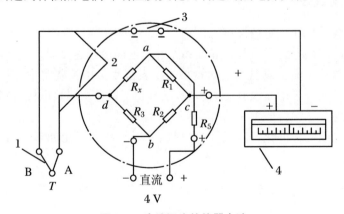

图5.5 冷端温度补偿器电路

1. 热电偶; 2. 补偿导线; 3. 冷端补偿器; 4. 显示仪表

在电桥中，三个桥臂 R_1, R_2, R_3 是由电阻温度系数很小的锰铜绕制的，其电阻值稳定，一般都等于 1 Ω，且不随温度变化而变化。电桥的另一个桥臂电阻 $R_{Cu}(R_x)$ 是由电阻温度系数较大的铜线绕制的，其阻值随温度的升高而变化，电桥通常在 20 ℃ 时处于平衡状态，即 20 ℃ 时，$R_{Cu}^{20} = 1$ Ω。电桥的电源由外接 4 V 直流电源经限流电阻 R_5 供给，R_5 也由锰铜线绕制。电桥的输出端 c, d 串接在热电偶的回路中。热电偶通过补偿导线与冷端温度补偿器相接，热电偶冷端与桥臂电阻 R_{Cu} 处于同一温度 T_n 之下。

当热电偶的冷端温度 $T_n = 20$ ℃ 时，电桥处于平衡状态，$U_{cd} = 0$，此时热电偶回路的热电势为 $E_{AB}(T, 20)$，这时冷端温度补偿器只是以电桥等效电阻的形式存在于线路中，温度显示仪表的机械零点温度刻度值应等于电桥平衡时的温度 20 ℃。

当冷端温度 T 偏离 20 ℃ 时，桥臂电阻 R_{Cu} 的阻值将随着温度的变化而变化，使电桥失去平衡，如果适当选择桥臂电阻和限流电阻的阻值，那么可使电桥输出的不平衡电压 U_{cd} 恰好等于冷端温度 T_n 偏离 20 ℃ 时的热电势修正值，即 $U_{cd} = E(T_n, 20)$，这个电压与热电偶的热电势 $E_{AB}(T, T_n)$ 相叠加，使回路的总电势仍为 $E_{AB}(T, 20)$，从而补偿了冷端温度变化的影响。

电桥的工作电压为 4 V 的直流电源，R_5 是限流电阻，只要选择不同的限流电阻 R_5 就可以与各种热电偶相配套，R_5 不同桥臂电压就不同，可改变补偿量 U_{cd} 的大小，从而适应热电特性不同的各种被补偿的热电偶。

当电桥所处温度变化时，电桥输出不平衡电压，其电压方向在超过 20 ℃ 时与热电偶的热电势方向相同，低于 20 ℃ 时与热电偶的热电势方向相反；当电桥所处温度等于 20 ℃ 时，直流电压 $U_{cd} = 0$，即热电偶冷端补偿温度为 20 ℃ 时不需补偿。因此在使用冷端温度补偿器时，必须把显示仪表的起点调到 20 ℃ 的位置。

采用冷端温度补偿器的补偿法比其他修正法方便，其补偿精度也能满足工程测量的要求，它是目前广泛采用的热电偶温度处理方法。

使用冷端温度补偿器时，应注意其只能在规定的温度补偿范围内和与其相应型号的热电偶配用，接线时正负极性不能接错，温度显示仪表的机械零点必须和冷端温度补偿器电桥平衡时的温度相一致，其补偿误差不得超过规定的范围。

5.2.4　热电偶的材料及构造

常用热电偶对热电极材料的主要要求是：

(1) 物理性能稳定，能在较宽的温度范围内使用，其热电性质不随时间变化。

(2) 化学性能稳定，在高温下不易被氧化和腐蚀。

(3) 热电动势和热电动势率（温度每变化 1 ℃ 引起的热电动势的变化）大，热电动势与温度之间呈线性关系。

(4) 电导率高,电阻温度系数小。

(5) 复制性好,以便互换。

(6) 价格便宜。

目前所用的热电极材料,不论是纯金属、合金还是非金属,都难以满足以上全部要求,所以在不同测温条件下要用不同的热电极材料。

1. 普通型热电偶

普通型热电偶通常是由热电极、绝缘管、保护套管和接线盒等主要部分组成的。

热电极的直径由材料的价格、机械强度、电导率以及热电偶的测温范围确定。贵金属的热电极采用直径为 $0.3 \sim 0.65$ mm 的细丝,普通金属的热电极直径一般为 $0.5 \sim 3.2$ mm。

绝缘套管用于保证热电偶两电极之间以及电极与保护套管之间的电气绝缘。绝缘套管通常采用带孔的耐高温陶瓷管,其中热电极从陶瓷管的孔内穿孔。

保护套管在热电极和绝缘套管外边,其作用是保护热电极(绝缘材料)不受化学腐蚀和机械损伤,同时便于仪表人员安装和维护。保护套管的材料应具有耐高温、耐腐蚀、机械强度高、热导率高等性能,目前有金属、非金属和金属陶瓷三类,其中不锈钢是常用的一种,可用于温度在 900 ℃ 以下的场合。可以根据不同的使用环境选择不同材质的护套管。

接线盒用于连接热电偶端和引出线,引出线一般是与该热电偶配套的补偿线。接线盒兼有密封和保护接线端不受腐蚀的作用。

2. 铠装热电偶

铠装热电偶是由热电偶丝、绝缘材料和金属套管三者经拉伸加工而成的坚实组合体。它可以做得很细、很长,在使用中可以随测量需要任意弯曲。套管材料一般为钢、不锈钢或镍基高温合金等。热电极与套管之间填满了绝缘材料的粉末,常用的绝缘材料有氧化镁、氧化铝等。铠装热电偶的主要特点是测量端热容量小,动态响应快;机械强度高;扰性好,可安装在结构复杂的装置上,易于制成特殊用途的形式;耐压、抗震、抗冲击、寿命长。因此它已被广泛用于许多工业部门中。

3. 薄膜热电偶

薄膜热电偶是由两种金属薄膜连接而成的一种特殊结构的热电偶。这种热电偶的热端既小又薄,热容量很小,可以用于微小面积上的温度测量;动态响应快,可测量瞬变的表面温度。其中片状结构的薄膜热电偶是采用真空蒸镀法将两种热电极材料蒸镀到绝缘基板上,上面再蒸镀一层二氧化硅薄膜作为绝缘和保护层。如果将热电极材料直接蒸镀在被测表面上,其时间常数可达微秒级,可用来测量变化极快的温度,也可将薄膜热电偶制成针状,针尖处为热端,用来测量点的温度。

5.2.5　热电偶的分类

常用热电偶可分为标准热电偶和非标准热电偶两大类。国际标准化热电偶是指生产工艺成熟、能成批生产、性能稳定、应用广泛、具有统一的标准分度表并已被列入国际专业标准中的热电偶。目前国际标准化热电偶共有八种,它们有与其配套的显示仪表可供选用。

下面对八种国际标准化热电偶做简单说明。

(1) S 型热电偶(铂铑$_{10}$-铂热电偶)。该热电偶的正热电极(SP)是含铑的质量分数为 10% 的铂铑合金,负热电极(SN)是铂。其特点是:热电性能稳定,抗氧化性强,宜在氧化性气氛中连续使用,长期使用温度可达 1 300 ℃,超过 1 400 ℃时,即使在空气中,纯铂丝也将会再结晶,使晶粒粗大而断裂;在所有热电偶中,它的准确度等级最高,常用于精密温度测量和作为基准温度计使用;使用范围较广,均匀性及互换性好。主要缺点有:微分热电势较小,因而灵敏度较低;价格较贵,机械强度低,不适宜在还原性气氛或有金属蒸汽的条件下使用。

(2) R 型热电偶(铂铑$_{13}$-铂热电偶)。该热电偶的正热电极(RP)是含铑的质量分数为 13% 的铂铑合金,负热电极(SN)为纯铂。同 S 型热电偶相比,它的电势率大 15% 左右,所以该热电偶比 S 型热电偶具有更高的稳定性和更高的热电效率,适合在高温氧化性环境中使用。

(3) B 型热电偶(铂铑$_{30}$-铂铑$_6$ 热电偶)。该热电偶的正热电极(BP)是含铑的质量分数为 30% 的铂铑合金,负热电极(BN)为含铑的质量分数为 6% 的铂铑合金。由于正、负电极都是铂铑合金,所以也被称为双铂铑热电偶。这种热电偶的热电势较小,需配用灵敏度较高的显示仪表。

(4) K 型热电偶[镍铬-镍铝(硅)热电偶]。该热电偶以镍铬为正热电极,以镍铝(硅)为负热电极,其化学性能很稳定,灵敏度高,价格低廉,适合中、高温测量,常用工作范围为 100~1 000 ℃,是工业上常用的热电偶。

(5) E 型热电偶(镍铬-康铜热电偶)。该热电偶以镍铬为正热电极,以康铜为负热电极,适合在氧化与还原环境中使用,热电动势较大,性能也较稳定,测温范围为 -200~900 ℃。它的应用范围虽不及 K 型热电偶广泛,但在要求灵敏度高、热导率低、可容许大电阻的条件下,常常被选用;使用中的限制条件与 K 型热电偶相同,但对于含有较高湿度气氛的腐蚀不是很敏感。

(6) J 型热电偶(铁-康铜热电偶)。该热电偶的正热电极(JP)是纯度为99.5%的商用铁,含有少量其他杂质;负热电极(JN)是康铜,其成分为质量分数约为55%的铜、质量分数约为45%的镍以及少量其他元素。该热电偶的测温范围是－40～750 ℃。其特点是价格便宜,适用于真空氧化的还原或惰性气氛中,常用温度只在 500 ℃以下,因为超过这个温度后,铁热电极的氧化速率加快,如采用粗线径的丝材,尚可在高温中使用且有较长的寿命;该热电偶能耐氢气(H_2)及一氧化碳(CO)气体腐蚀,但不能在高温(如 500 ℃)含硫(S)的气氛中使用。

(7) T 型热电偶(铜-康铜热电偶)。该热电偶的正热电极(TP)是纯度为99.95%的纯铜,含有少量其他杂质;负热电极(TN)是康铜,其成分为质量分数约为55%的铜、质量分数约为45%的镍以及少量其他元素。该热电偶的实际测温范围是－200～350 ℃,其主要特点是灵敏度高、热电动势稳定、测温精度高。由于铜在 500 ℃会很快被氧化,并且氧化膜易脱落,故在氧化性气氛中使用时,一般不能超过 300 ℃。铜-康铜热电偶还有一个特点是价格便宜,是常用几种定型产品中最便宜的一种,在中低温区是科研工作首选的测温仪表之一。

(8) N 型热电偶(镍铬硅-镍硅热电偶)。该热电偶的正热电极(NP)的化学成分是质量分数约为84%的镍、质量分数为 14%～14.4%的铬、质量分数为 1.3%～1.5%的硅以及少量其他元素;负热电极(NN)的化学成分为质量分数约为95%的镍、质量分数为 4.2%～4.6%的硅、质量分数为 0.5%～1.5%的镁。该热电偶的主要优点是在 1 300 ℃以下调温抗氧化能力强,长期稳定性及短期热循环复现性好,耐核辐射及耐低温性能好。在 400～1 300 ℃范围内,其热电特性的线性比 K型热电偶要好;但在低温范围内(－200～400 ℃),其非线性误差较大,同时材料较硬,难于加工。

非标准热电偶适用于一些特定的温度测量场合,如用于测量超高温、超低温、高真空和有核辐射等被测对象。非标准化热电偶还没有统一的分度,使用时对每支热电偶都应进行标定。目前已使用的非标准化热电偶主要有钨-铼系热电偶、钨-铱系热电偶、镍铬-金铁热电偶以及非金属热电偶等。

5.3　热电阻测温技术

在温度测量领域,除了广泛使用热电偶之外,电阻温度计也是应用非常广泛的测温仪表,尤其在低温测量中,电阻温度计应用较为普遍。目前使用的国际温标就规定从 13.81 K 至 903.15 K 温区以铂电阻温度计作为基准仪器。

电阻温度计具有的主要优点是:

(1) 测量精度高,测量范围广,复现性好。

(2) 由于是电信号传递,有利于实现远距离检测、控制,也易于实现多点切换。

(3) 灵敏度高,不需冷端,输出信号强,便于显示仪表的识别、检测。

电阻温度计由热电阻、显示仪表和连接导线组成。根据热电阻材料的不同,电阻温度计的测温范围在 0.3~900 K 之间。热电阻大都由纯金属材料制成,目前应用最多的是铂和铜,此外,现在已开始采用镍、锰和锗等材料制造热电阻。工业测量使用的金属热电阻材料除铂丝外,还有铜、镍、铁、铁-镍等。

5.3.1 热电阻的测温原理

热电阻是利用其电阻值随温度变化而变化这一原理制成的将温度量转换成电阻量的温度传感器。温度传感器通过给热电阻施加一已知激励电流测量其两端电压的方法得到电阻值,再将电阻值转换成温度值,从而实现温度测量。因此,只要测量出感温热电阻的阻值变化,就可以测量出温度。目前主要有金属热电阻和半导体热敏电阻两类。

金属热电阻的电阻值和温度一般可以用以下近似关系式表示:

$$R_T = R_0[1 + \alpha(T - T_0)] \tag{5.12}$$

式中,R_T 是温度为 T 时的电阻值;R_0 是温度为 T_0 时的电阻值;α 为电阻温度系数。α 的定义为温度变化 1 ℃ 时电阻值的相对变化量(℃$^{-1}$),即

$$\alpha = \frac{dR/R_0}{dT} = \frac{1}{R_0} \times \frac{dR}{dT} \tag{5.13}$$

大多数金属的电阻温度系数不是常数,但在一定温度范围内可取其平均值作为常数值。作为测量热电阻的阻值而间接测量温度的仪表,其显示值就是按照以上的规律进行刻度的。因此,要得到线性刻度,就要求电阻温度系数 α 在 $T_0 \sim T$ 的范围内(测量范围内)保持常数。

热电阻的温度系数越大,表明热电阻的灵敏度越高。一般情况下,材料的纯度越高,热电阻的温度系数越高。通常纯金属的温度系数比合金要高,所以多采用纯金属来制造热电阻。热电阻的温度系数还与制造工艺有关。在使用热电阻材料拉制金属丝的过程中,会产生内应力,并由此引起电阻温度系数的变化。因此,在制作热电阻时必须进行退火处理,以消除内应力的影响。

当热电阻在参比温度 T_0 下的电阻值 R_0 和电阻温度系数 α 均为已知时,便可通过测量热电阻的阻值 R_T 来反映测点的温度 T。

虽然大多数的金属导体均有其阻值随温度变化而变化的性质,但并不是所有

的金属导体都能作为测量温度的热电阻。作为测温热电阻的材料应满足以下要求：

(1) 电阻温度系数大且与温度无关，这样才能保证良好的灵敏度和线性度。

(2) 电阻率大，这样可使电阻体的体积较小，因而热惯性也较小，对温度变化的响应比较快。

(3) 在测温范围内，应具有稳定的物理和化学性质，确保测量结果的稳定性。

(4) 电阻与温度的关系最好近似线性，或为平滑的曲线，以简化测量数据处理及显示的难度。

(5) 复现性好，易于加工复制，价格低廉。一般纯金属的电阻温度系数都较大，目前应用最广泛的热电阻是铂热电阻和铜热电阻。这两种金属热电阻由于具有良好的使用性，已被列为可标准化、系列化的热电阻。

5.3.2　热电阻的材料与结构

1. 铂热电阻

由于铂具有很高的化学稳定性，容易提纯，便于加工，所以它是电阻温度计中最常用的材料。1990 年国际温标中规定在 13.803 3 K～961.78 ℃ 温区内以铂热电阻温度计作为标准仪器。但铂热电阻在还原性环境中，特别是在高温下很容易被还原性气体污染，导致铂丝变脆，并使原有电阻与温度之间的对应关系发生改变。在这种情况下，必须用保护套管将电阻体与有害的气体隔离。在不同的温度范围内，铂热电阻与温度的对应关系不同。

铂的纯度常以 R_{100}/R_0 来表示，作为标准仪器的铂热电阻，R_{100}/R_0 不得小于 1.392 5，并且规定在 0～850 ℃ 范围内，铂热电阻与温度的关系可近似表示为

$$R_T = R_0(1 + AT + BT^2) \tag{5.14}$$

式中，A,B 为常数，$A = 3.908\ 02 \times 10^{-3}\ ℃^{-1}$，$B = -5.802 \times 10^{-7}\ ℃^{-2}$；$R_0,R_T$ 分别为 0 ℃ 和 T ℃ 时的电阻值。

在 $-200 \sim 0$ ℃ 的范围内，铂热电阻值与温度的关系可用下式表示：

$$R_T = R_0[1 + AT + BT^2 + C(T - 100)T^3] \tag{5.15}$$

式中，C 为常数，$C = -4.273\ 5 \times 10^{-12}\ ℃^{-4}$。

目前国内生产的标准铂热电阻 R_0 有 50 Ω，100 Ω，300 Ω 三种，其分度号分别为 Pt50，Pt100，Pt300，其中工业常用铂电阻是 Pt100。

工业用热电阻的外形结构与普通热电阻的外形结构基本相同，特别是保护盒和接线盒，很难区分，只是内部结构不同，故使用时应加以注意，以免弄错。

铂热电阻感温元件结构如图 5.6 所示,主要由以下四部分组成:

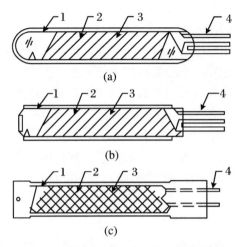

(a)

(b)

(c)

图 5.6　铂热电阻感温元件的几种典型结构

1. 外壳或绝缘片;　2. 铂丝;　3. 骨架;　4. 引线((a)(b)为三线制元件)

(1) 外壳或绝缘片。

(2) 铂丝。常用直径为 0.03～0.07 mm 的纯铂丝单层绕制,采用双绕法,又称无感绕法。

(3) 骨架。将热电阻丝绕在骨架上,骨架用来绕制和固定电阻丝,常用云母、石英、陶瓷、玻璃等材料制成,骨架的形状多是片状和棒形的。

(4) 引线。引线是热电阻出厂时自身具备的,其功能是使感温元件能与外部测量线路相连接。引线通常位于保护管内。因保护管内的温度梯度大,引线要选用纯度高、不产生热电势的材料。对于工业用铂热电阻,中、低温用银丝作引线,高温用镍丝作引线。对于铜和镍热电阻,其引线一般都用铜丝和镍丝。为了减少引线电阻的影响,其直径往往比电阻丝的直径大很多。热电阻引线有两线制、三线制和四线制三种,如图 5.7 所示。

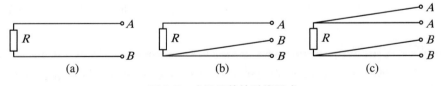

(a)　　　　　　　　　(b)　　　　　　　　　(c)

图 5.7　感温元件的引线形式

① 两线制。在热电阻感温元件的两端各连一根导线的引线形式为两线制。这种两线制热电阻配线简单、费用低,但要考虑引线电阻的附加误差。

② 三线制。在热电阻感温元件的一端连接两根引线,另一端连接一根引线的

方式称为三线制。这种方式通常与电桥配套使用,可以较好地消除引线电阻的影响,是工业过程控制中最常用的。特别是在测温范围窄、导线长、架设铜导线途中温度发生变化等的情况下,必须采用三线制热电阻。

③ 四线制。在热电阻感温元件的两端各连接两根导线的方式称为四线制,其中两根引线为热电阻提供恒定电流 I,把 R 转换成电压信号 U,再通过另两根引线把 U 引至二次仪表。可见这种引线方式可完全消除引线的电阻影响,主要用于高精度的温度检测。

(5) 保护管。它是用来保护已经绕制好的感温元件免受环境损害的管状物,其材质为金属、非金属等多种材料。连接方法是将热电阻装入保护管内,同时和接线盒相连。其初始电阻有两种,分别为 10 Ω 和 100 Ω。

2. 铜热电阻

铜热电阻价格便宜,电阻温度系数大,容易获得高纯度的铜丝,互换性好,电阻与温度的关系几乎是线性的。其缺点是电阻率小,所以要制造一定电阻值的热电阻,铜丝的直径要很细,这会影响其机械强度,而且铜丝的长度要很长,这样制成的热电阻体积较大;另外,铜在温度超过 150 ℃ 时易氧化,故只能在 −50∼150 ℃ 范围内使用。铜热电阻的电阻值与温度的关系如下:

$$R_T = R_0(1 + AT + BT^2 + CT^2) \tag{5.16}$$

式中,R_T,R_0 分别为铜热电阻在温度为 T℃ 和 0℃ 时的电阻值;A,B,C 为常数。

铜热电阻一般是在直径为 6 mm、长为 40 mm 的塑料或胶木骨架上,用直径为 0.1 mm、长为 266 mm、纯度为 99.9% 的铜丝绕制而成的。

3. 镍热电阻

镍热电阻的电阻温度系数 α 较铂大,约为铂的 1.5 倍,使用温度范围为 −50∼300 ℃,但当温度在 200 ℃ 左右时,α 具有特异点,故多用于 150 ℃ 以下的温度测量,其电阻与温度的关系为

$$R_T = 100 + 0.548\,5T + 0.665 \times 10^{-3}T^2 + 2.805 \times 10^{-9}T^4 \tag{5.17}$$

4. 半导体热敏电阻

半导体热敏电阻的阻值随温度的升高而减小,具有负的温度系数。用半导体材料做成的温度计可以弥补金属电阻温度计在低温下电阻值和灵敏度降低的缺陷,半导体电阻有时称为半导体热敏电阻。它通常是以铁、镍、锰、铝、钛、镁、铜等一些金属材料的氧化物作为原料而制成的。

热敏电阻成为工业温度计以来,大量用于家电及汽车用温度传感器。目前已

深入到各种领域,发展极为迅速。在接触式测温计中,它仅次于热电偶、热电阻,销售量极大。它的测温范围一般为 $-40\sim350\ ℃$,在许多场合已经取代传统的温度传感器。热敏电阻的灵敏度高,它的电阻温度系数 α 较金属热电阻大 $10\sim100$ 倍,因此可采用精度较低的显示仪表。

热敏电阻的电阻值高,较铂热电阻的电阻值高 $1\sim4$ 个数量级,并且与温度的关系不是线性的,可用如下经验公式来表示:

$$R_T = Ae^{B/T} \tag{5.18}$$

式中,T 为温度;R_T 为温度 T 时的电阻值;e 为自然对数的底;A,B 为取决于热敏电阻材料和结构的常数,A 取电阻的量纲,B 取温度的量纲。

半导体热敏电阻的主要缺点是互换性差,特性曲线的非线性程度严重,性能不稳定,测温精度低。随着半导体工业的发展,半导体温度计的特性将会得到进一步的改善。

5.3.3 热电阻的测量

从原则上讲,凡是电工测量中有关测量电阻的方法都可以用来测量热电阻。在实验室精密测量中,常用电位差计和电桥法等仪器来测量热电阻;在工业测量中,与热电阻配套的仪表主要有电子自动平衡电桥和采用不平衡电桥的动圈式仪表,应注意防止通过热电阻的工作电流超过允许值,控制焦耳热的影响,尽量消除或减小线路电阻和接触电阻对测量结果的影响。

1. 平衡电桥

(1) 手动平衡电桥

用平衡电桥测量电阻时,将被测电阻接在电桥的待测臂上,用来调整电桥平衡的可调电阻作为调整臂(或称为比较臂)。图 5.8(a)为采用两线制的平衡电桥测量热电阻的原理图。若将热电阻置于被测介质中,显示仪表内的平衡电桥的平衡状态会被破坏,调节 R_H,使电桥重新处于平衡状态,这时测量支路中的电流 $I_G=0$,读出滑动电阻 R_H 滑动触点对应的阻值,就可知道 R_T 的值,进而可换算出被测温度值。滑动电阻 R_H 跨接在两个相邻的桥臂之间,当移动其滑动触点时,将会同时改变触点两侧相邻的桥臂电阻,从而可提高调整电桥不平衡的速度,此外还可以消除滑动电阻 R_H 滑动触点的接触电阻对测量的影响。

所谓两线制是指热电阻用两根引线与显示仪表相连接。由于热电阻安装在被测介质的现场,显示仪表安装在仪表室内,环境温度的变化导致连接导线的电阻 R_L 也发生变化,使平衡电桥被破坏,产生附加误差。为减少线路电阻 R_L 随环境温度变化而带来的测量误差,可以采用三线制,即热电阻用三根导线与显示仪表连接,如图 5.8(b)所示。

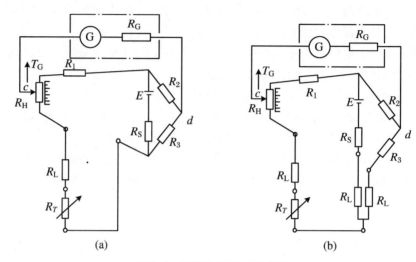

图 5.8　平衡电桥原理线路图

当线路电阻相等,且电桥平衡时,桥臂电阻之间具有以下关系:

在两线制测量线路中,有

$$(R_T + 2R_L + R_{H1})R_2 = R_3(R_1 + R_{H2}) \tag{5.19}$$

在讨论线路电阻时暂不考虑 R_H 的影响,则有

$$(R_T + 2R_L)R_2 = R_3 R_1$$

即

$$R_T = \frac{R_3 R_1}{R_2} - 2R_L \tag{5.20}$$

在三线制测量线路中,有

$$(R_T + R_L + R_{H1})R_2 = (R_3 + R_L)(R_1 + R_{H2}) \tag{5.21}$$

若不考虑 R_H,则有

$$(R_T + R_L)R_2 = (R_3 + R_L)R_1$$

即

$$R_T = \frac{R_3 R_1}{R_2} + \frac{R_L}{R_2}(R_1 - R_2) \tag{5.22}$$

由式(5.20)可知,测量电阻不但与桥臂阻值有关,还与线路电阻有关,而若采用三线制测量,一般情况下桥臂电阻都选择相等,即 $R_1 = R_2$,这样在测量结果中可以消除线路电阻的影响。至于接电源的第三根导线电阻的变化,它主要影响电源支路间的电平,可通过调节 R_S 进行补偿。

（2）自动平衡电桥

若恢复电桥的平衡由仪表自动完成，则称之为自动平衡电桥。它的工作原理与自动电位差计相似，也是通过用放大器代替原理线路中的检流计 G 来检查测量桥路输出的不平衡电压的大小和极性，并将不平衡信号放大以驱动可逆电动机，带动平衡机构去改变电桥滑动电阻滑动触点的位置，使电桥达到平衡，同时根据滑动触点的位置显示出被测的电阻值或温度值。电桥上，支路中的 R_T 为热电阻，被测温度经热电阻传感器转换为 R_T，R_T 在桥路中与已知电阻比较，如果电桥失去平衡，就输出不平衡电压 U_{cd}，U_{cd} 经检查-放大环节辨别极性和放大后，驱动可逆电动机转动并带动滑动电阻 R_H 的滑动触点移动至电桥恢复平衡，即 $U_{cd}=0$，同时由可逆电动机带动指针，指示出温度的数值。仪表和热电阻的连接也采用三线制的接法，这样可减小电阻因环境温度变化而变化造成的误差。

2．不平衡电桥

在平衡电桥中，电源电压的变化不直接影响测量的结果，它既不包含外加电压，也不包含电流，这是它的最大优点。平衡电桥是具有较高精度的仪表，但是平衡过程很麻烦，即使是自动平衡电桥也不能瞬时完成。对于快速变化信号的测量或测量精度要求不高的场合，还可用不平衡电桥产生的输出电压或者电流作为热电阻变化的一种量度。当将热电阻置于被测介质中，且被测介质的温度发生变化时，电桥的平衡状态就会被打破，测量对角线上输出的不平衡电压 U_{cd}，微安计指示不平衡电流，其电流与热电阻 R_T 成一定的对应关系，读出电流值便可知道相应的电阻值，即可知道被测介质的温度。被测温度越高，电桥的不平衡程度越大，这时电流表的偏转角度也就越大。

由于不平衡电桥在测量过程中不需要调节桥臂的电阻值，因此它与平衡电桥相比有较好的动态特性，但这类仪表因受到电流表精度和电源电压稳定度等的影响，一般测量精度不高，主要适用于工业中的温度测量。

在实际测量中，由于存在连接导线的电阻随温度变化而变化引起的误差，三线制连接对于不平衡电桥，只有在仪表刻度的起始点，也就是电桥处于平衡状态时，才能使附加误差得到全补偿。但在仪表的其他刻度点，由于电桥处于不平衡状态，连接导线的附加温度误差依然存在，不过由于采用了三线制连接，在仪表规定的使用条件下使用时，其最大附加误差可以控制在仪表允许的精度范围内。

5.3.4　热电阻的使用注意事项

为了减小误差，提高测量的准确度，热电阻在使用时应注意以下问题：

（1）自热效应的影响。热电阻温度计在测量过程中，必然有电流流过热电阻感温元件，在热电阻体和引线上产生焦耳热，使其温度升高，导致阻值的增加，带来测量误差。对于标准铂热电阻温度计，规定工作电流为 1 mA，此项误差已修正，可不考虑。对于工业热电阻温度计，为了避免或减小自热效应引起的误差，规定在使用中其工作电流不超过 8 mA，在检定中不超过 1 mA。

（2）时滞的影响。热电阻温度计感温元件的热容量比热容电偶大，故其时滞也比热容电偶长，因此在使用时一定要注意到热惯性的存在。将温度计插入介质后，要给予充分的时间进行热交换，待温度计与介质完全达到热平衡后，才能正确显示测量结果，以免引起测量误差。

（3）寄生热电动势的影响。产生寄生热电动势的原因是不同金属的连接点上有温差存在。为了减少寄生热电动势，制作电桥电阻的材料一般选用温度系数很小的锰铜或镍铜合金，并且在测量回路中配备热电动势补偿器，以抵消寄生热电动势的影响。

（4）连接导线电阻的影响。不论何种材质的连接导线，当其周围环境温度变化时，导线电阻都会发生变化。为了消除连接导线电阻变化的影响，必须采用三线制或四线制接法。如果在测量回路中采用二线制的接线方法，则需对外接导线的电阻值进行补偿。

此外，与热电偶相似，热电阻还应考虑传热的影响。

5.4　其他接触式测温技术

5.4.1　玻璃管式液体温度计

玻璃管式液体温度计是利用液体体积随温度升高而膨胀的原理制成的。最常用的液体有水银和酒精两种。图 5.9 是玻璃管式液体温度计示意图。由于液体膨胀系数比例大得多，因此当温度升高时储存在温包里的液体膨胀而沿毛细管上升。为防止温度过高时液体胀裂玻璃管，在毛细管顶端留有一膨胀室。

这种温度计的特点是测量准确、读数直观、结构简单、价格低廉、使用方便，因此应用很广泛；但它也有易碎、信号不能远传和不能自动记录等缺点。液体介质采用水银的好处是水银不易氧化变质、纯度高、熔点和沸点的间隔大，且其常压下在 −38～356 ℃ 范围内保持液态，特别是在 200 ℃ 以下膨胀系数具有较好的线性度，所以普通水银温度计常用于 −30～300 ℃ 之间的温度测量。如果在水银面上充以惰性气体，测温上限可以高达 750 ℃。如果需要测量 −30 ℃ 以下的温度，可用酒精、甲苯等作为工作介质。温度计的玻璃管均采用优质玻璃，测量温度超过 300 ℃ 时用硅硼玻璃，500 ℃ 以上则需用石英玻璃。

玻璃管式液体温度计按用途可分为标准、实验室用、工业用和特殊用途四类。标准水银温度计为全浸入式，即使用时需将测值以下全部刻度浸入被测介质中，它可以用来校验实验室用或工业用的玻璃温度计、热电偶或热电阻等，也可作精密测量之用。

实验室用的玻璃温度计通常可以做成全浸入和部分浸入两种，部分浸入式玻璃温度计在使用时只插入一定深度，外露部分处于规定的温度条件下。实验室用的水银温度计要按规程规定定期进行校验。

任何水银温度计在使用前必须检查是否有"断丝"现象发生（即液柱有无断开现象）。如有，则必须修复后才能使用。使用时间较长的玻璃温包可能因骤冷骤热而变形，会增加附加误差。为判断温度计的稳定性，可检查温度计零点是否发生位移。

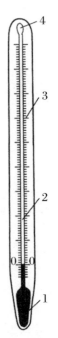

图 5.9 玻璃管式液体温度计示意图
1. 玻璃温包； 2. 毛细管；
3. 刻度标尺； 4. 膨胀室

5.4.2 双金属温度计

将膨胀系数不同的两种金属片焊成一体，构成双金属温度计。如图 5.10 所示，双金属片的一端固定，另一端自由。当温度升高时，双金属片会发生弯曲变形，其偏转角 α 反映了被测温度的数值，即

$$\alpha = \frac{360}{\pi} K \frac{L(t - t_0)}{\delta} \tag{5.23}$$

式中，K 为比弯曲（℃⁻¹）；L 为双金属片的有效长度（mm）；δ 为双金属片的总厚度（mm）；t，t_0 分别为被测温度和起始温度（℃）。将偏角 α 再经过一套放大系统带动指针指示温度值。为使仪表具有更高的灵敏度，有时将双金属片做成螺旋管状。双金属温度计的最大优点是抗震性能好、坚固，但其精度较低，只能用于工业

中,精度等级为 1～2.5 级。

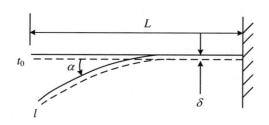

图 5.10 双金属温度计原理图

5.4.3 压力式温度计

压力式温度计是根据封闭系统的液体或气体受热后压力发生变化的原理而制成的测温仪表,它由敏感元件温包、传压毛细管和弹簧管压力表组成。若给系统充以气体,如氮气,则称为充气压力式温度计,测温上限可达 500 ℃,压力与温度关系接近于线性,但是温包体积大,热惯性大。若充以液体,如二甲苯、甲醇等,则温包小些,测温范围分别为 −40～200 ℃ 和 −40～170 ℃。若充以低沸点的液体,其饱和气压应随被测温度变化而变化,如丙酮,可用于 50～200 ℃ 之间的温度测量。但由于饱和气压与饱和气温呈非线性关系,故温度计刻度是不均匀的。

在使用压力式温度计时,必须将温包全部浸入被测介质中,毛细管最长不超过 60 m。当毛细管所处的环境温度有较大波动时,会对示值带来误差。大气压的变化或安装位置不当,例如环境温度波动大的场合,均会增加测量误差。这种仪表精度低,但使用简便,而且抗震动,所以常用在露天变压器和交通工具上,例如用来监测拖拉机发动机的油温或水温。

5.5 接触式测温仪表的校验及误差分析

5.5.1 热电偶的校验

热电偶在使用前应预先进行校验或检定。经一段时间使用后,由于高温挥发、氧化、外来腐蚀和污染、晶粒组织变化等原因,热电偶的热电特性会逐渐发生变化,导致在使用中产生测量误差,有时此测量误差会超过允许范围。为了保证热电偶的测量精度,必须进行定期检定。热电偶的检定方法有两种:比较法和定点法,工业上常采用比较法。

用被检热电偶和标准热电偶同时测量同一对象的温度,然后比较两者的示值,以确定被检热电偶的基本误差等质量指标,这种方法称为比较法。用比较法检定热电偶的基本要求是,要制造一个均匀的温度场,使标准热电偶和被检热电偶的测量端接触相同的温度。均匀的温度场沿热电极必须有足够的长度,以使沿热电极的导热误差可以忽略。工业用和实验用热电偶都把管状炉作为检定的基本装置。为了保证管状炉内有足够长的等温区域,要求管状炉的内腔长度与直径之比至少为 20∶1。为使被检热电偶和标准热电偶的热端处于同一温度环境中,可在管状炉的恒温区放置一个镍块,在镍块上钻孔,以便把各支热电偶的热端插入其中,从而进行比较测量。用比较法在管状炉中检定热电偶的系统如图 5.11 所示,其主要装置有管状炉、冰点槽、切换开关、手动直流电位差计和标准热电偶。

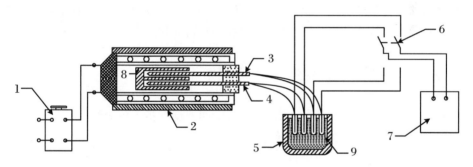

图 5.11 热电偶检定系统

1. 调压变压器; 2. 管状炉; 3. 标准热电偶; 4. 被检热电偶;
5. 冰点槽; 6. 切换开关; 7. 手动直流电位差计; 8. 镍块; 9. 试管

热电偶在正式检定之前应先进行外观检查,观察热端焊接是否牢固,贵金属热电极是否有色斑或发黑现象,廉金属热电极是否有腐蚀或脆弱现象。为了减少检验工作量,对于各种不同热电偶的检定点温度都有规定,如表 5.3 所示。为了避免被检热电偶污染标准热电偶,在检定镍铬-镍硅等热电偶时,需将标准铂铑-铂热电偶装在石英管中,然后将被检热电偶的热端与该石英管的头部用镍铬丝扎在一起,插到管状炉的均匀温度场中或插到上述镍块的钻孔中进行检定。在检定时,需将各支热电偶的冷端均置于冰点槽中以保持 0 ℃。在每一个校验点上,每支热电偶的读数不得少于四次,取其平均值。读数时要求炉内温度变化每分钟不得超过 0.2 ℃。

表 5.3　热电偶的检定点温度

热电偶名称	检定点温度（℃）			
铂铑-铂	600	800	1 000	1 200
镍铬-镍硅	400	600	800	1 000
镍铬-康铜	300	400 或 500	600	1 000

检定时取等时间间隔,按照标准→被检 1→被检 2→⋯被检 n→⋯,被检 n→⋯被检 2→被检 1→标准的循环顺序次数,一个循环后标准热电偶与被检热电偶各有两个读数,一般进行两个循环的测量,得到四次读数,最后进行数据处理和误差分析,求得它们的算术平均值,比较标准热电偶与被检热电偶的测量结果,如果各个检定点处被检热电偶的允许误差都在规定范围内,则认为它们是合格的。

热电偶检定是一项精确和细致的工作,而且十分费时。如今,一种用单片机实现温控和进行自动检定热电偶的检定装置已经得到应用,它大大节省了热电偶检定工作的时间和精力,提高了检定工作的效率和自动化程度。

5.5.2　热电偶测温系统的误差分析

如果由热电偶、补偿导线、冷端补偿器、动圈式温度指示仪等组成测温系统,那么该测量系统会有多大的测量误差呢?

1. 分度误差 Δ_1

任何一种热电偶的通用分度表都是统计结果,某一具体热电偶的数据与通用分度表会存在一定偏差 Δ_1。例如,铂铑-铂热电偶在 600 ℃ 以上使用时,允许偏差为 $\pm 0.25\% t$;镍铬-镍硅热电偶的允许偏差为 $\pm 0.75\% t$。

2. 补偿导线误差 Δ_2

多数热电偶的补偿导线材料并非热电偶本体材料,故存在误差。在 0～100 ℃ 补偿范围内,对于铂铑-铂热电偶,误差为 ± 0.023 mV;对于镍铬-镍硅热电偶,误差为 ± 0.15 mV;对于镍铬-康铜热电偶,误差为 ± 0.30 mV。

3. 冷端补偿器误差 Δ_3

除平衡点和计算点两个温度值得以完全补偿外,冷端补偿器在其他各温度值时均不能完全得到补偿,其偏差如下:铂铑-铂热电偶为 ± 0.04 mV;镍铬-镍硅热电偶为 ± 0.16 mV;镍铬-康铜热电偶为 ± 0.18 mV。

4．显示仪表误差 Δ_4

显示仪表误差由仪表的精度等级所决定，对于 **XCZ-101** 动圈式温度指示仪，误差为满量程的 $\pm 1\%$。

例如：若采用镍铬-镍硅热电偶按图 5.12 所示组成测温系统。**XCZ-101** 的量程为 $0 \sim 1\,000\,^\circ\!C$，被测温度在显示仪表上的示值为 $800\,^\circ\!C$。根据以上分析，总误差 Δ 由各项误差组成，其值为

$$\Delta = \pm \sqrt{6^2 + 3.7^2 + 3.9^2 + 10^2}\,^\circ\!C = \pm 13\,^\circ\!C$$

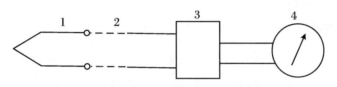

图 5.12　热电偶与动圈式温度指示仪测温系统
1．热电偶；　2．补偿导线；　3．冷端补偿器；　4．动圈式温度指示仪

5.5.3　热电阻的校验

热电阻温度计的检定一般采用定点法或比较法。

1．定点法

定点法就是通过测量热电阻在国际温标定义的温度固定点下的电阻值来确定其精度的方法。

经常选择的温度固定点为金属的凝固点和三相点。使用金属凝固点进行检定时，由于金属在凝固过程中会出现过冷现象，故在检定过程中应确定热电阻的温度处于平台温度，这样才能进行电阻值的测量。

用定点法检定温度计的优点是可以获得较高的精度，但是这种方法需要使用若干个特别的密封容器，实验操作过程复杂，时间长，代价高，对于一般的实验室来说有一定的难度。因此，此法仅用于国家级标准或高精度电阻温度计的检定和分度。

2．比较法

若精度要求不高或为工业用电阻温度计，则可以采用比较法进行检定。比较法是将标准电阻温度计或蒸气压温度计的感温元件与被检定热电阻温度计的感温元件放在同一均匀温度场内，通过逐点比较实现检定。另外，在热电阻检定过程

中,要适当地选择标准温度计的级别和电阻测量仪器。

5.5.4　热电阻测温系统误差分析

1. 分度误差 Δ_1

标准化的热电阻分度表是对同一型号热电阻的电阻-温度特性进行统计分析的结果,而对具体所采用的热电阻体往往因材料纯度、制造工艺而有所差异,这就形成了热电阻分度误差。

2. 自热误差 Δ_2

自热误差是指测量过程中热电阻回路有电流流过,使电阻体产生温升而引起温度测量的附加误差。它与电流大小和传热介质有关。我国工业上使用的热电阻的限制电流一般不超过 6 mA,这时若将热电阻置于冰点槽中,则热电阻的自热误差不超过 0.1 ℃。

3. 线路电阻变化带来的误差 Δ_3

当环境温度变化 10 ℃时,导线电阻为 5 Ω,则二线制接线的误差为 2 ℃,三线制为 0.1 ℃。

4. 显示仪表的基本误差 Δ_4

XCZ-102 温度指示仪的精度为一级,基本误差是量程范围的 1%。

例如:若该测温系统采用 P_t100 热电阻元件,XCZ-102 的量程为 0~500 ℃,被测温度的示值为 300 ℃,则各项误差为

$$\Delta_1 = \pm\,(0.3 + 4.5 \times 10^{-3}\,t) = \pm\,1.7\,℃$$

$$\Delta_2 = \pm\,0.1\,℃$$

$$\Delta_3 = 2.0\,℃ \;或\; 0.1\,℃$$

$$\Delta_4 = \pm\,5\,℃$$

因此,对二线制接线,测温总误差为

$$\Delta = \pm\,\sqrt{1.7^2 + 0.1^2 + 2.0^2 + 5^2}\,℃ = \pm\,5.7\,℃$$

对三线制接线,测温总误差为

$$\Delta = \pm\,\sqrt{1.7^2 + 0.1^2 + 0.1^2 + 5^2}\,℃ = \pm\,5.3\,℃$$

5.6　非接触式测温技术

接触式测温方法虽然被广泛采用,但不适于测量运动物体的温度和极高的温度,为此发展了非接触式测温方法。

非接触式温度测量仪表分为两类:一类是光学辐射式高温计,包括单色光学高温计、光电高温计、全辐射高温计和比色高温计等;另一类是红外辐射仪,包括全红外辐射仪、单红外辐射仪和比色仪等。

这种测温方法的优点是,感温元件不与被测介质接触,因而不会破坏被测对象的温度场,也不受被测介质的腐蚀等影响。由于感温元件不用与被测介质达到直接热平衡,其传感器本身温度可以大大低于被测介质的温度,因此,从理论上说,这种测温方法的测温上限不受限制。另外,它的动态特性好,可测量处于运动状态的对象温度和变化着的温度。

5.6.1　热辐射测温的基本原理

非接触式测温可采用检测热辐射强度的方法间接测量物体的温度。热辐射是热物体通过电磁波向外传递的能量。电磁波按其产生的原因不同,分为不同的频率及表现形式。无线电波是一种电磁波,此外还有红外线、可见光、紫外线、X 射线及 γ 射线等各种电磁波。由于热的原因而产生的电磁波称为热辐射。

热辐射理论是辐射式测温仪表的理论依据。任何热力学温度不为 0 K 的物体,其内部带电粒子受激励时都会向外放射不同波长的电磁波,人们把热能以电磁波的形式向外辐射称为热辐射。物体温度越高,带电粒子被激励得越激烈,向外发出的辐射能就越强。粒子运动的频率不同,放射出的电磁波波长就不同,在温度测量中,主要涉及的波长范围是可见光与 $0.76 \sim 20 \ \mu m$ 的红外光区。

1. 全辐射高温计

全辐射高温计是根据黑体的全辐射定律制作的。全辐射定律指出,绝对黑体的全辐射能量与其热力学温度的四次方成正比,即

$$E_0 = \sigma_0 T^4 \tag{5.24}$$

式中,E_0 为波长从 0 至无穷大的全部辐射能量的总和;σ_0 为斯蒂芬-玻尔兹曼常数,$\sigma_0 = 5.67 \times 10^{-8} \ W/(m^2 \cdot K^4)$。

由上式可知,当知道黑体的全辐射能量 E_0 后,就可以知道温度 T。全辐射高温计示意图如图 5.13 所示。物体的全辐射能由物镜聚焦后经光栏使焦点落在热电堆上。热电堆是由四支镍铬-考铜热电偶串联起来的,四支热电偶的热端被夹在十字形的锡箔内,锡箔涂成黑色以增加其吸收系数,当辐射能被聚焦到锡箔上时,热电偶热端感到高温,串联后的热电势输出到显示仪表上,仪表指示或记录被测物体的温度。四支热电偶的冷端夹在云母片中,这里的温度比热容端低得多。在调节聚焦的过程中,观察者可以在目镜处观察,目镜前加有灰色玻璃以削减光的强度而保护人的眼睛。整个外壳内壁面涂成黑色以便减少杂光的干扰造成黑体条件。

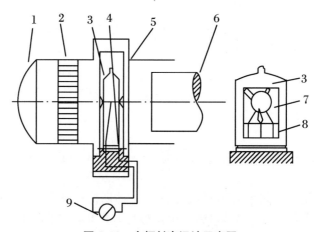

图 5.13　全辐射高温计示意图

1. 物镜；　2. 光栏；　3. 玻璃泡；　4. 电热堆；　5. 灰色滤光片；
6. 目镜；　7. 铂箔；　8. 云母片；　9. 显示仪表

全辐射高温计按绝对黑体对象进行分度。用它测量辐射率为 ε 的实际物体温度时,其示值并非真实温度,而是被测物体的辐射温度。辐射温度的定义为:对于温度为 T 的物体,当其全辐射能量 E 等于温度为 T_p 的绝对黑体全辐射能量 E_0 时,温度 T_p 叫作被测物体的辐射温度。

按定义 $E_0 = \varepsilon\sigma_0 T^4$,$E_0 = \sigma_0 T_p^4$,当 $E = E_0$ 时,有

$$T = T_p \sqrt[4]{\frac{1}{\varepsilon}} \tag{5.25}$$

由于 ε 是总小于 1 的数,因此 T_p 总是低于 T。因为全辐射高温计是按黑体刻度的,在测量非黑体温度时,其读数是被测物体的辐射温度 T_p,之后再用上式计算出被测物体的真实温度 T。

2. 使用全辐射高温计时的注意事项

(1) 全辐射体的辐射率 ε 随物体的成分、表面状态、温度和辐射条件的不同而不同,因此应尽可能准确地确定被测物体的 ε,以提高测量的准确度。

(2) 被测物体与高温计之间的距离 L 和被测物体的直径 D 之比(L/D)有一定的限制。每一种型号的全辐射高温计对 L/D 的范围都有规定,使用时应按规定去做,否则会引起较大的测量误差。

(3) 使用时环境温度不宜太高,否则会引起热电堆参比端温度升高而增加测量误差。

5.6.2 红外温度计

红外温度计的测量范围为 $0\sim200\,℃$,它主要由光学系统、红外探测器和电子测量线路等组成,其结构原理如图 5.14 所示。

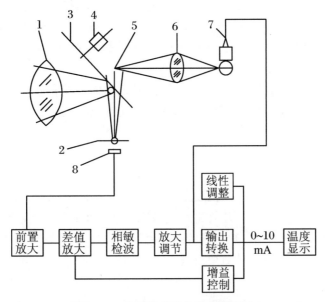

图 5.14 红外温度计的结构原理图

1. 物镜; 2. 滤光片; 3. 调制盘; 4. 激励电动机; 5. 反光镜;
6. 聚光镜; 7. 参比灯; 8. 红外探测器

红外温度计的物镜采用卡塞洛林双反射系统,被测对象的辐射由物镜聚焦于红外探测器上,其上带有利用硫化锌材料制成的窗口,可透过波段为 $2\sim15\,\mu m$ 的可见光。在物镜和探测器之间插入一块倾斜 45°的硅单晶滤光片(透过波段为 2~

15 μm),它与硫化锌组合后,会使仪表检测波段局限于中红外波段。辐射调制由红外探测器前方的调制盘来实现,调制频率为 30 Hz。

红外探测器是接收被测物体红外辐射能并转换为电信号的器件。热敏型的红外探测器使用的是热敏电阻,它在接收红外辐射后温度会升高,从而引起电阻值的变化。

红外温度计的电子测量线路框图如图 5.14 所示。探测红外线的热敏电阻的输出接成桥路形式,当探测器接收辐射后阻值发生变化,桥路失去平衡,由此产生的交流电信号经放大、相敏检波、放大调节及输出转换后,由表头指示出温度。

5.6.3　热像仪

热像仪是测量物体表面温度分布的仪器,它所依据的基本测量原理与红外测温相同。与一般红外测温计不同的是,热像仪中使用了自动扫描技术来测量物体表面温度的分布,并通过热成像技术给出物体的二维温度分布图,即热像图。

在进行测量时,目标扫描系统对被测物体的一定区域进行扫描,获得温度面分布的光信号。此光信号在控制程序作用下逐点投向探测器进行光电转换,获得与光信号成正比的信号电流。此电信号经放大电路放大并经电光转换后,由成像扫描系统在显示器上显示出目标的热像画面。

热像仪常用的扫描系统有两种:一种是光机扫描系统;另一种是红外扫描系统。光机扫描系统的扫描机构是可运动的精密光学部件;红外扫描采用的是光子检测器吸收目标发出的辐射光子,并在极短时间内将其转换成电子视频信号。

与其他测温方法相比,热像仪在以下两种情况下具有明显的优势:

(1) 温度分布不均匀的大面积目标的表面温度场的温度测量。

(2) 在有限的区域内快速确定过热点或过热区域的测量。

目前,热像仪已应用于高压输电线路故障隐患点的测定,半导体元器件、印制电路、集成电路的温度检测,热力设备的温度分布检测,疾病诊断等领域。此外,热像仪也是军事、公安等部门的重要设备。

 思考题与习题

(1) 什么是温标? 目前采用的国际温标有哪几个要素?

(2) 常用的温度测量仪表有哪些?

(3) 什么是热电效应?

(4) 在热电偶的回路中接入热电势的测量仪表,对于电势值有无影响? 为什么?

（5）什么是补偿导线? 使用补偿导线时应注意哪些问题?

（6）用热电阻测温时,测量线路采用三线制接法的作用是什么? 为什么?

（7）现有金属电阻温度计和半导体电阻温度计各一支,要进行动态温度测量,你认为选用哪种温度计比较好? 为什么?

（8）和全辐射感温器配用的显示仪表,其读数是否就是被测物体的真实温度? 使用全辐射高温计时应注意什么?

（9）用铜-康铜热电偶测某介质温度时,测得电势 $E(T_0, t) = 2.5 \text{ mV}$,已知 $T_0 = 260 \text{ K}$,试求被测介质温度 t。

（10）若被测温度不变,而 K 分度热电偶冷端温度从原来的 40 ℃ 降到 10 ℃,求热电势改变了多少?

（11）已知 K 分度热电偶的热电势为 $E(100, 0) = 4.095 \text{ mV}$, $E(30, 20) = 0.405 \text{ mV}$, $E(20, 0) = 0.798 \text{ mV}$,求:① $E(100, 30)$; ② $E(100, 20)$。

第6章 湿度测量

6.1 概 述

空气湿度是表示空气干湿程度的物理量,是反映空气中水蒸气含量多少的尺度。在通风与空调工程中,空气湿度与温度是两个相关的热工参数,它们具有同等的重要意义。在很多部门中,如气象、科研、农业、暖通、纺织、机房、航空航天、电力等,都需要对湿度进行测量和控制。要想有效地控制湿度,只有对湿度进行准确的测量方能实现。

6.1.1 空气湿度的表示方法

常用来表示空气湿度的方法有绝对湿度、含湿量、相对湿度和露点温度。大多数湿度测量仪表都是直接或间接地测量空气中的相对湿度。

1. 绝对湿度

绝对湿度定义为 $1\,m^3$ 的湿空气在标准状态下(即 $0\,℃$,$1.013\,25\times10^5\,Pa$)水蒸气的含量。

2. 含湿量

含湿量定义为对应于 $1\,kg$ 干空气在湿空气中的水蒸气含量,其数学表达式为

$$d = 1\,000\,\frac{m_s}{m_w} \tag{6.1}$$

式中,d 为含湿量(g/kg);m_s 为湿空气中水蒸气的含量(kg);m_w 为湿空气中干空气的含量(kg)。

3. 相对湿度

相对湿度定义为湿空气中水蒸气分压力与同温度下饱和水蒸气压力之比,并用百分数表示,其数学表达式为

$$\varphi = \frac{p_s}{p_b} \times 100\% \tag{6.2}$$

式中,p_s 为湿空气中水蒸气分压力(Pa);p_b 为饱和水蒸气压力(Pa),是空气干球温度的单值函数。

饱和水蒸气压力 p_b(mbar,1 mbar = 100 Pa)可以根据干球温度 t_w(空气温度),利用下述函数关系求得

$$\lg p_b = 10.795\,74(1 - T_0/T) - 5.028\,1\lg(T/T_0)$$
$$+ 1.504\,75 \times 10^{-4}[1 - 10^{-8.296\,9(T/T_0-1)}]$$
$$+ 0.428\,73 \times 10^{-3}[10^{4.769\,55(1-T/T_0)} - 1] + 0.786\,14 \tag{6.3}$$

式中,$T_0 = 273.15\,K$;$T = T_0 + t_w$(单位为 K);t_w 为空气温度(℃)。

从相对湿度的定义可以得出,相对湿度 φ 的大小反映了空气中所含水蒸气的饱和程度,φ 值越小,空气的饱和程度越小,吸收水蒸气的能力越强,它不仅与空气中所含水蒸气量的多少有关,还与空气所处的温度有关。因此,即使空气中的水蒸气含量不变,如果空气的温度发生变化,那么空气的相对湿度也会随之改变。

4. 露点温度

保持压力一定,将含水蒸气的空气冷却,当降到某温度时,空气中的水蒸气达到饱和状态,开始从气态变为液态,称为结露,此时的温度称为露点,单位是 ℃。空气的露点温度只与含湿量有关。当含湿量不变时,露点温度也是定值。空气中的相对湿度越高,越容易结露,其露点温度也越高。因此,空气的露点温度可以作为空气中水蒸气含量多少的一个尺度。所以,空气的相对湿度又可以表示为

$$\varphi = \frac{p_{b1}}{p_b} \times 100\% \tag{6.4}$$

式中,p_{b1} 为湿空气在露点温度下的饱和水蒸气压力(Pa);p_b 为湿空气在干球温度下的饱和水蒸气压力(Pa)。

6.1.2 测量湿度的方法和仪表

目前,空气相对湿度的测量方法主要有以下三种:

(1)干湿球温度法。普通干湿球湿度计、电动干湿球湿度计等就是依据干湿球温度法测量空气湿度的仪表。

（2）露点法。露点湿度计、光电式露点湿度计、氯化锂露点湿度计等就是按露点法测量空气湿度的仪表。

（3）吸湿法。属于吸湿法测量湿度的仪表有毛发湿度计、氯化锂电阻式湿度计、金属氧化物膜式湿度传感器、电容式湿度传感器以及高分子湿度传感器。

6.2 干湿球温度法湿度测量

6.2.1 基本原理

干湿球温度法湿度测量是根据干湿球温度差效应原理来测定空气的相对湿度。所谓干湿球温度差效应是指在潮湿物体表面的水分蒸发而冷却的效应，冷却的程度取决于周围空气的相对湿度、大气压力 B 以及风速 c。

水蒸气分压力 p_s 与湿球温度 t_s 对应的饱和水蒸气压力 p_{bs} 之间满足下列函数关系：

$$p_s = p_{bs} - A(t_w - t_s)B \tag{6.5}$$

式中，A 为与风速有关的一个常数，$A = 0.00001\left(65 + \dfrac{6.75}{c}\right)$（$c$ 为风速，单位为 m/s）；B 为大气压力（单位为 mbar；1 mbar = 100 Pa）。

将式（6.5）代入式（6.4），得到

$$\varphi = \frac{p_{bs} - A(t_w - t_s)B}{p_b} \times 100\% \tag{6.6}$$

式中，p_b 和 p_{bs} 可分别根据空气的干球温度 t_w 和湿球温度 t_s 代入式（6.3）中求得。因此，在大气压力 B 与风速 c 一定的条件下，空气的相对湿度 φ 与空气的干湿球温度 t_w 和 t_s 具有确定的函数关系。只要测量出空气的干湿球温度 t_w 和 t_s，就可以通过计算得到空气的相对湿度 φ，或者根据 t_w 和 t_s 在焓-温图中查得 φ。干湿球温度的差值越大，空气的相对湿度就越小。

下面介绍两种常用的干湿球温度法的测湿仪表。

6.2.2 普通干湿球湿度计

普通干湿球湿度计是测定湿度的一种常用仪表，由两只完全相同的温度计构成，其中一只温度计为干泡温度计，另一只为湿泡温度计。将暴露于空气中的温度计称为干球温度计,它用来测量空气的环境温度,即干温值;另一只温度计的传感器则需用蒸馏水浸湿的纱布裹住,将纱布下端浸入蒸馏水中,称为湿球温度计,它用来测量湿球温度值。在测量过程中,湿温值一定低于干温值。因为湿润的纱布中的水分不断地向周围空气中蒸发并带走热量,使得湿球温度下降。因为水分蒸发速率与周围空气含水量有关,所以空气湿度越低,水分蒸发速率越高,导致湿球温度越低。由此可见,干球和湿球温度存在温度差,而此温度差又与湿度值构成一定的函数关系,通过干温与湿温间的温度差,得出湿度值。干湿球湿度计就是利用干湿球温度差及干球温度来测量空气相对湿度的。

普通干湿球湿度计的结构示意图如图6.1所示,它是将两支温度计安装在同一支架上,其中湿球温度计球部的纱布一端置入装有蒸馏水的杯中。安装时,要求温度计的球部离开水杯上沿至少3 cm,目的是使杯的上沿不会妨碍空气的自由流动,并使干湿球温度计球部周围不会有湿度增高的空气。为了不使蒸馏水被灰尘污染,水杯上应加由不锈钢材料制成的盖子。使用中,应注意向水杯中加水和防止水污染。

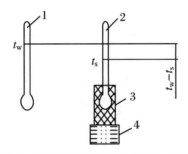

图6.1 普通干湿球湿度计的结构示意图
1. 干球温度计; 2. 湿球温度计; 3. 纱布; 4. 水杯

这里需要注意的是:湿球的纱布要常常换新且湿度计必须处于通风状态,即在湿球附近的风速必须达到2.5 m/s以上;只有纱布水套、水质、风速天平都满足一定要求时,才能达到规定的准确度。为了减小风速变化造成的测量误差,制作了通风湿度计,其上装有微型轴流风机,产生大于或等于2.5 m/s的固定风速,此表又称作阿斯曼湿度计。

6.2.3 电动干湿球湿度计

为了能自动显示空气的相对湿度和便于远距离传送信号,可采用电动干湿球湿度计。它是利用两支电阻温度计分别感受干湿球温度,把温度变化转换成电信号输出的湿度传感器。

如图 6.2 所示,电动干湿球湿度计的整个测量线路是由两个不平衡电桥连接在一起组成的一个复合电桥。图中左侧为干球温度的测量电桥,其中 R_w 为干球热电阻;图中右侧为湿球温度的测量电桥,其中 R_s 为湿球热电阻。干球电桥输出的不平衡电压是干球温度的函数,而湿球电桥输出的不平衡电压是湿球温度的函数。两电桥输出信号通过补偿可变电阻 R 连接,R 上的滑动点为 D。湿球电桥输出信号小于干球电桥输出信号。

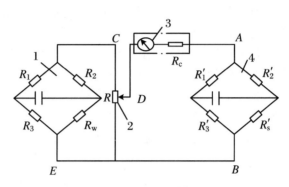

图 6.2　复合电桥测量回路

1. 干球温度测量电路;　2. 测量桥路补偿可变电阻;

3. 检流计;　4. 湿球温度测量桥路

当湿球电桥上输出的电压与干球电桥上输出的部分电压(R_{DE} 上的电压)相等时,检流计上无电流,此时称双电桥处于平衡状态。

在双电桥平衡时,D 点位置反映了干湿球电桥输出的电压差,也间接地反映了干湿球温差。故可变电阻 R 上的滑动点 D 的位置反映了相对湿度,根据计算和标定,可在 R 上标出相对湿度值。测量时,靠手动调节 R 的滑动点 D,使双电桥处于平衡状态,即检流计 3 中无电流,此时通过 R 上的指针读出相对湿度值。如果作为调节仪表,则可变电阻 R 作为相对湿度的给定值,通过旋钮改变 D 点位置,即改变了给定值。此时双电桥的不平衡信号则作为调节器的输入信号。

6.2.4　干湿球湿度计的主要缺点

(1) 由于湿球温度计潮湿物体表面水分的蒸发强度受周围风速的影响较大,风速高,蒸发强度大,湿球温度就低,因此,测量得到的相对湿度值就要比实际低;反之亦然。由于风速的变化会导致附加的测量误差,为了提高测量精度,就要有一套附加的风扇装置,使湿球部分保持在一定的风速范围内,以克服风速变化对测量值的影响。

(2) 测量范围只能在 0 ℃以上,一般为 10～40 ℃。

（3）为保证湿球表面湿润,需要配置盛水器或一套供水系统,而且还要经常保持纱布的清洁,否则会带来一定的附加误差,因此平时维护工作比较麻烦。

6.3 露点法湿度测量

6.3.1 基本原理

露点法测量相对湿度的基本原理是:先测定露点温度 t_1,然后确定对应于 t_1 的饱和水蒸气压力 p_{b1}。显然,p_{b1} 即为被测空气的水蒸气分压力,可用式(6.4)求出相对湿度。露点温度的测定方法是:先把一物体表面加以冷却,一直冷却到与该表面相邻近的空气层中的水蒸气开始在表面上凝结成水分为止。开始凝结水分的瞬间,其邻近空气层的温度,即为被测空气的露点温度。所以,保证露点法测量湿度精度的关键是如何精确地测定水蒸气开始凝结的瞬间空气温度。用于直接测量露点的仪表有经典的露点湿度计与光电式露点湿度计,前者对露点温度的测量一般不易测准,因此会造成较大的测量误差。下面介绍光电式露点湿度计。

6.3.2 光电式露点湿度计

光电式露点湿度计是使用光电原理直接测量气体露点温度的一种电测法湿度计。它的测量准确度高,而且可靠性高,适用范围广,尤其是对低温与低湿状态更加适用。光电式露点湿度计的工作原理如图 6.3 所示。

由图 6.3 可知,光电式露点湿度计的核心是一个可以自动调节且能反射光的金属露点镜及光学系统。当被测的采样气体通过中间通道与露点镜相接触时,如果镜面温度高于气体的露点温度,镜面的光反射性能较好,来自白炽灯光源的斜射光束经露点镜反射后,大部分射向反射光敏电阻,只有很少部分为散射光敏电阻所接受,二者通过光电桥路进行比较,将其不平衡信号经过平衡差动放大器放大后,自动调节输入半导体热电制冷器的直流电流值。半导体热电制冷器的冷端与露点镜相连,当输入制冷器的电流值变化时,其制冷量随之变化,电流越大,制冷量越大,露点镜的温度也越低。当降至露点温度时,露点镜面开始结露,来自光源的光束射到凝露的镜面时,受凝露的散射作用反射光束的强度减弱,而散射光的强度有所增加,经两组光敏电阻接受并通过光电桥路进行比较后,放大器与可调直流电源自动减小输入半导体热电制冷器的电流,以使露点镜的温度升高;当不结露时,又自动降低露点镜的温度,最后使露点镜的温度达到动态平衡时,即为被测气体的露点温度。然后通过安装在露点镜内的铂电阻及露点温度指示器即可直接显示被测的露点温度值。

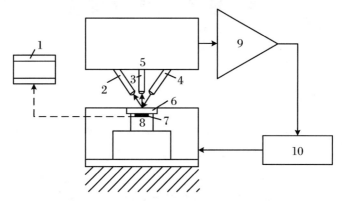

图6.3 光电式露点湿度计的工作原理图

1.露点温度指示器; 2.反射光敏电阻; 3.散射光敏电阻; 4.光源;

5.光电桥路; 6.露点镜; 7.铂电阻; 8.半导体热电制冷器;

9.放大器; 10.可调直流电源

光电式露点温度计要有一个高度光洁的露点镜面以及高精度的光学与热电制冷调节系统,这样的冷却与控制可以保证露点镜面上的温度值在$-0.05\sim0.05\ ℃$的误差范围内。

测量范围广与测量误差小是对仪表的两个基本要求。一个特殊设计的光电式露点湿度计的露点测量范围为$-40\sim100\ ℃$。典型的光电式露点湿度计的露点镜面可以冷却到比环境温度低$50\ ℃$。最低的露点能测到$1\%\sim2\%$的相对湿度。光电式露点湿度计不但测量精度高,而且还可以测量高压、低温、低湿气体的相对湿度。但采样气体不得含有烟尘、油脂等污染物,否则会直接影响测量精度。

6.3.3 氯化锂露点湿度计

氯化锂露点湿度计的测量原理是传感器并不是直接测量相对湿度,而是测量与空气露点温度有一定函数关系的平衡温度。通过平衡温度计算露点温度,再根据干球温度和露点温度计算相对湿度。氯化锂露点湿度测量的原理和氯化锂溶液吸湿后电阻减小的基本特性来测量空气的相对湿度,它是一种可以直接指示和调节空气相对湿度的测试仪表。

氯化锂露点湿度计由氯化锂(LiCl)湿度测头、铂电阻温度计以及电气线路等部分组成,仪表的主要部件是用作感湿的氯化锂湿度测头,其用途是测量空气的露点温度。仪表根据测得的露点温度及空气温度两个参数信号通过电气线路组合成一个湿度信号,可以从仪表上直接读出空气的相对湿度,并且有正比于空气相对湿度的标准直流电流信号输出。如果再加上调节电路部分,还可实现湿度的位式或连续调节。仪表的应用范围广,当空气温度在 55 ℃ 以下,相对湿度 $\varphi =$ 15%～100%时,都能进行测量,测量精度为 2%～4%。

图 6.4 中测头黄铜套内放置测温用的铂电阻温度计 1,外面套上玻璃丝布套 2,在玻璃丝布套上平行绕两根铂丝 3 作为加热电极,涂在测头上的氯化锂溶液使玻璃丝布浸透。测头的测湿作用利用了氯化锂盐的吸湿特性。

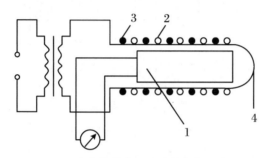

图 6.4　氯化锂露点湿度计的结构示意图

1. 铂电阻温度计；　2. 玻璃丝布套；　3. 铂丝；　4. 绝缘管

氯化锂具有强烈的吸收水分的特性。将它配成饱和溶液后,在每一点温度时都有相对应的饱和蒸汽压力。当它与空气相接触时,若空气中的水蒸气分压力等于或低于氯化锂盐的饱和蒸汽压,则氯化锂盐保持固态,不吸收空气中的水分;相反,若水蒸气分压力比氯化锂盐的饱和蒸气压高,氯化锂盐就会吸水并逐渐潮解成溶液。

图 6.5 所示为纯水与氯化锂饱和溶液的饱和蒸气压力曲线。图中曲线 1 是纯水的饱和蒸汽压力曲线,线上任意一点表示该温度下的饱和蒸汽压力数值,而位于曲线 1 下方的任一点表示该温度下的水蒸气呈未饱和状态的分压力。曲线 2 是氯化锂饱和溶液的饱和蒸汽压力曲线,线上的点也表示该温度下氯化锂盐溶液的饱和蒸汽压力数值,而位于曲线 2 上方的点表示所接触空气的水蒸气分压力高于该温度下氯化锂饱和溶液的饱和蒸汽压力,此时盐溶液将吸收空气中的水分;位于曲线 2 下方的点表示所接触空气的水蒸气压力低于该温度下氯化锂饱和溶液的饱和蒸汽压力,此时溶液向空气中蒸发水分。

当空气的相对湿度 φ 超过 12%时,测头内开始有电流流过,电流的热效应使测头的温度升高,导致氯化锂溶液的饱和蒸汽压力也升高。当此蒸汽压力尚小于大气中的水蒸气分压力时,氯化锂吸湿而潮解。由于两铂丝间涂有氯化锂,故两铂丝间的电阻随氯化锂潮解而减小。在外加电压的作用下,测头流过的电流增大,其温度继续升高,氯化锂的饱和蒸汽压力也随之升高,氯化锂吸湿量随之减少。吸湿量减少的结果是使两铂丝间的电阻值增加,电流减小,温度升高减慢。当测头温度升高至氯化锂的饱和蒸汽压力与空气中的水蒸气分压力相等时,氯化锂水分全部蒸发完毕,电阻值剧增,电流为零,测头温度下降,氯化锂又开始吸潮,金属丝间的电阻值又减小,电流增大,最后测头达到热平衡状态,并维持在一定的温度值。只要测出了这个维持不变的温度,也就知道了空气的水蒸气分压力。

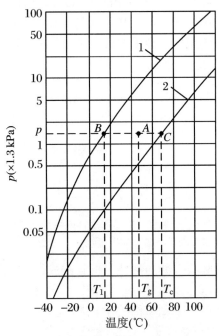

图 6.5 纯水与氯化锂饱和溶液的饱和蒸汽压力曲线

1. 纯水; 2. 氯化锂

假定在某种空气状态下,水蒸气分压力为 p,温度为 T_g,它在图 6.5 中即为 A 点。由 A 点向左作横坐标轴的平行线与纯水的饱和蒸汽压力曲线 1 交于 B 点,由 B 点向下引垂线与横坐标交于一点,得某一温度值为 T_1,显然 T_1 为空气的露点温度。由 A 点向右作横坐标轴的平行线与氯化锂饱和溶液的饱和蒸汽压力曲线 2 交于 C 点,再由 C 点向下引垂线交横坐标于一点,得某一温度值为 T_c,这就是氯化锂溶液的平衡温度,此时它的饱和蒸汽压力也等于 p。因此,如果将氯化锂溶液在上述空气中,设法使其温度上升到 T_c,使氯化锂溶液的饱和蒸汽压力等于 A 点空气的水蒸气分压力,则测出 T_c 的温度值,根据水与氯化锂饱和溶液的饱和蒸汽压力曲线的关系即可得到空气的露点。若指示仪表将测得的 T_c 值按 T_1 值刻度,则仪表就直接指示出被测空气的露点温度,即可计算出相对湿度。

设 T_g 为空气温度，T_1 为露点温度，则空气中水蒸气分压力 p 与饱和水蒸气压力 p_b 及热力学温度的关系可近似表示为

$$p = De^{-\frac{B}{T_1}} \tag{6.7}$$

$$p_b = De^{-\frac{B}{T_g}} \tag{6.8}$$

式中，T_1，T_g 分别为绝对露点温度和绝对干球温度；D，B 分别在确定温度范围内近似为常数。

因此，相对湿度为

$$\varphi = \frac{p}{p_b} \times 100\% = e^{-B\left(\frac{1}{T_1} - \frac{1}{T_g}\right)} \tag{6.9}$$

又 $T_1 = AT_c + C$（T_c 为平衡温度），故可得下列相对湿度表达式：

$$\ln \varphi = -B \frac{1}{AT_c + C} - \frac{1}{T_g} \tag{6.10}$$

式中，A，B，C 均为近似常数。

使用氯化锂露点湿度计时应注意，测头周围的空气温度（被测空气的温度）应在被测空气的饱和温度（即露点温度）与平衡温度之间。

6.4　氯化锂电阻式湿度测量

将某些盐类放在空气中，其含湿量与空气的相对湿度有关，而含湿量大小又会引起本身电阻的变化。因此，可以通过这种传感器将空气相对湿度转换为对其电阻值的测量。

氯化锂在大气中不分解、不挥发，也不变质，是一种具有稳定的离子型结构的无机盐，其吸湿量与空气相对湿度成一定的函数关系，随着空气相对湿度的增加，氯化锂的吸湿量随之增加，从而使氯化锂中导电的离子数也随之增加，最后导致它的电阻率降低而使电阻减小。当氯化锂的蒸汽压力高于空气的水蒸气分压力时，氯化锂才处于吸湿、放湿的平衡状态。氯化锂电阻式湿度计的传感器就是根据这一原理工作的。

6.4.1　氯化锂电阻式湿度传感器

氯化锂电阻式湿度传感器分梳状和柱状两种。梳状传感器是将梳状平行的金属铂丝粘在绝缘板上，柱状传感器是用两根平行的铂丝或铱丝绕在绝缘板上，在绝

缘表面再涂上氯化锂溶液,形成氯化锂薄膜层。梳状平行的金属箔或两根平行线圈并不接触,只靠氯化锂盐层导电构成回路。将传感器置于被测空气中,当相对湿度改变时,氯化锂溶液中的含水量也发生改变,氯化锂溶液层的电阻值就随空气中相对湿度的变化而变化,随之湿度传感器的两梳状金属箔片间的电阻值也发生变化,将此回路当作一桥臂接入交流电桥。电桥输出的不平衡电压与空气的相对湿度变化相对应,因此将此随湿度变化的电阻值输入显示或调节仪表进行标定后,只需测出电桥对角线上的电位差即可确定相应的空气相对湿度值。

为避免氯化锂电阻式湿度传感器上的氯化锂溶液发生电解,电极两端应接交流电,而决不允许使用直流电源。另外,氯化锂溶液的电阻值还受温度的影响,在使用中需注意温度的补偿。

氯化锂电阻式湿度计还可与调节器配合,对空气的相对湿度进行自动控制,其优点是结构简单、体积小、灵敏度高,可以测出 $\varphi = \pm 0.14\%$ 的变化,因此高精度的湿度调节系统常采用氯化锂电阻式湿度计作为传感器与调节器配合使用。氯化锂电阻式湿度计的缺点是:每个测头的湿度测量范围较小,一般只有 15%～20%;测头的互换性差;使用时间过长后,氯化锂测头会产生老化问题;耐热性差,不能用于露点以下,当测头在空气参数 $T = 45\,^\circ\text{C}$, $\varphi = 95\%$ 以上的高温区使用时更易损坏。

由于每种测湿传感器的量程较窄,一般相对湿度在 5%～95% 测量范围内,需要制成几种不同氯化锂浓度涂层的测头,即采用多片氯化锂感湿元件的组合来分别适应不同的相对湿度。一般将相对湿度 φ 从 5%～95% 分成四个测量范围:5%～38%,15%～50%,35%～75%,55%～95%。最高安全工作温度为 55 ℃。使用时按需要选择合适的测头,除应遵守其使用要求外,还需定期更换。

6.4.2　氯化锂温湿度变送器

图 6.6 所示为氯化锂温湿度变送器的框图。将氯化锂传感器 R_φ 接入交流测量电桥,此电桥将传感器电阻信号转换为交流电压信号 $u(\varphi)$,再经放大、检波电路转换为相对湿度相对应的直流电压 $U(\varphi)$。为了获得 DC 0～10 mA 的标准信号,需经电压-电流转换器,将 $U(\varphi)$ 转换成 DC 0～10 mA 信号 $I(\varphi)$,此 $I(\varphi)$ 即变送器的输出。

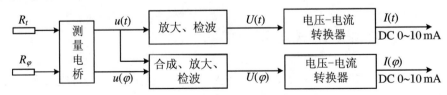

图 6.6　氯化锂温湿度变送器的框图

实践表明,氯化锂传感器的电阻值与其温度有关,为消除温度对测量精度的影响,采取温度补偿措施,即将温度传感器 R_t 接入另一交流电桥,其输出的交流信号接入湿度变送器中放大器的输入端,用以抵消温度对湿度测量的影响。温度信号也经变送器变送为 DC $0 \sim 10$ mA 信号 $I(t)$。温湿度变送器输出的标准信号便于远距离传送、记录和调节,测量和调节精度高,可用于自动湿度控制系统,以对房间内空气的相对湿度进行自动控制。

6.5 其他湿度传感器

6.5.1 金属氧化物膜式湿度传感器

Cr_2O_3,Fe_2O_3,Fe_3O_4,Al_2O_3,Mg_2O_3,ZnO 和 TiO_2 等金属氧化物的细粉,它们吸附水分后会有极快的速干特性,利用这种现象可以研制生产出多种金属氧化物膜式湿度传感器。

这类传感器的结构是在陶瓷基片上先制作钯银梳状电极,然后采用丝网印刷、涂布或喷射等工艺方法,将调制好的金属氧化物的糊状物加工在陶瓷基片及电极上,采用烧结或烘干方法使之固化成膜。这种膜可以吸附或释放水分子而改变其电阻值,通过测量电极间的电阻值即可检测相对湿度。这类传感器的特点是传感器电阻的对数值与湿度呈线性关系,具有测湿范围及工作温度范围宽的优点,使用寿命在两年以上,是一种有发展前景的湿度传感器。

表 6.1 列出了一些国产金属氧化物膜式传感器的基本参数。

表 6.1　国产金属氧化物膜式传感器的基本参数

项　目	BTS-208 型	CM8-A 型
湿度测量范围(%)	$0 \sim 100$	$10 \sim 98$
工作温度范围(℃)	$-30 \sim 150$	$-35 \sim 100$
湿度测量精度(%)	± 4	± 2
湿滞(%)	$2 \sim 3$	1
响应时间(s)	$\leqslant 60$	$\leqslant 10$
工作频率(Hz)	$100 \sim 200$	$40 \sim 1\,000$

续表

项　目	BTS-208 型	CM8-A 型
工作电压（V）	<20（AC）	1～5（AC）
湿度温度系数（%/℃）	0.12	0.12
稳定性（%/年）	<4	<1～2
成分及结构	氧化镁、氧化铬厚膜	硅镁氧化物薄膜

6.5.2　电容式湿度传感器

大约从 20 世纪 70 年代开始使用根据电容原理制成的湿度计，其变送器将相对湿度转换为 0～10 V 的直流标准信号，传送距离可达 1 000 m，性能稳定，维护简单。目前，它被认为是一种比较好的湿度变送器。它包括金属电容式湿度传感器和高分子电容式湿度传感器。这里主要介绍金属电容式湿度传感器。

金属电容式湿度传感器是通过电化学方法在金属铝表面形成一层氧化膜，进而在膜上沉积一薄层透气的金属膜。这种铝基体和金属膜便构成一个电容器。氧化铝吸附水气之后会引起介电常数的变化，湿度计就是基于这样的原理工作的。

传感器的核心部分是吸水的氧化铝层，其上布满平行且垂直于其平面的管状微孔，它从表面一直深入到氧化铝层的底部。氧化铝层具有很强的吸附水气的能力。对这样的空气、氧化膜和水组成的体系的介电性质的研究表明，在给定的频率下，介电常数随水气吸附量的增加而增大。氧化铝层吸湿和放湿程度随着被测空气的相对湿度的变化而变化，因而其电容量是空气相对湿度的函数。因此，利用这种原理制成的传感器被称为电容式湿度传感器。

氧化铝层上的电极膜可采用石墨和一系列金属，其中铂和金具有良好的化学稳定性。一般采用喷涂或真空镀膜法成膜。电极膜非常薄，能允许水蒸气直接穿过电极膜进入氧化铝层。传感器有两个接线柱与仪表相接，其中铝基的导线可用铝条咬合，并用环氧树脂黏结固定。

近年研制的高分子电容式湿度传感器与上述的电容式湿度传感器基本相似，只是吸湿的氧化铝层由吸湿的高分子薄膜代替，大多采用醋酸丁酸纤维作为高分子薄膜材料。

电容式湿度变送器具有许多优点，例如：① 工作温度和压力范围较宽（温度可达 50 ℃）；② 精度高、反应快（响应时间可达 1～2 s）；③ 不受环境条件的影响；④ 便于远距离指示和调节湿度。其缺点是目前价格较高。

6.5.3 高分子湿度传感器

这里简要介绍高分子电解质类聚苯乙烯磺酸锂湿度传感器。通过聚合物的化学反应,可将适当的功能团引入聚合物中,使所生成的新的聚合物具有某些"功能",这种聚合物称为功能性高分子聚合物。如果以聚苯乙烯作为基片,而在其表面上通过化学反应引入一个酸性基团,那么在聚苯乙烯的表面就形成了一层酸性阳离子交换树脂。聚苯乙烯是一种具有一定机械强度和绝缘性能的憎水性高分子聚合物,但在其表面所形成的酸性阳离子交换树脂却是亲水性的,这样就在憎水性的基片表面制备了一层亲水层。

为了提高亲水层的感湿特性,进一步把吸湿性很强的锂离子交换到酸性阳离子交换树脂——磺化聚苯乙烯上,于是就得到了感湿性很强的感湿膜——聚苯乙烯磺酸锂感湿膜。

聚苯乙烯磺酸锂是一种强电解质,具有极强的吸水性,吸水后离离,在其水溶液中就含有大量的锂离子。如果在其上制备一对金属电极,那么通电后锂离子可参与导电,被测湿度越高,其电阻值就越小。

这种湿度传感器的测湿范围较窄,在半对数坐标纸上绘出的特性曲线接近为直线。湿滞回差也较小,吸湿和脱湿时相对湿度指标的最大值为 3% ~ 4%,稳定性较好。这种湿度传感器的湿度温度系数较大,具有负温度系数。

 思考题与习题

(1) 空气湿度有哪几种表示方法?

(2) 空气相对湿度的测量方法有哪几种?

(3) 干湿球温度法和露点法各有什么特点? 试述它们的工作原理。

(4) 风速变化会导致普通干湿球温度计产生怎样的附加测量误差?

(5) 氯化锂露点湿度计的测量原理是什么? 如何确定测头的平衡温度?

(6) 氯化锂电阻式湿度传感器有哪几种形式? 各有什么特点?

(7) 金属氧化物膜式湿度传感器有什么特点?

(8) 金属电容式湿度传感器的工作原理是什么?

第7章 压力测量

压力是热工测量的重要参数之一。准确的压力测量是锅炉设备、供热及空调系统等运行安全及经济性的必要保障。在工业生产中,许多生产工艺过程经常要求在一定压力下或一定压力范围内运行,如锅炉的汽包压力、炉膛压力、烟道压力,化工生产中的反应釜压力、加热炉压力等。因此,准确地测量和控制压力是保证生产过程良好运行,达到优质高产、低能耗的重要环节。

7.1 压力的概念与表示方法

1. 压力的概念

工程技术中的压力也就是物理学中的压强,即垂直作用在物体单位面积上的力的大小,国际单位制中压力的单位是帕斯卡,用 Pa 表示。

2. 压力的表示方法

压力的表示方法以其参考零点压力的不同而不同,可以分为绝对压力和表压力。

(1) 压差。任意两个压力值的差称为压差,表达式为

$$\Delta p = p_1 - p_2$$

(2) 大气压力 p_0。地球表面上的空气柱重力所产生的压力称为大气压力。

(3) 绝对压力 p_a。它是以绝对真空为零点起算的压力。

(4) 表压力 p_g。它是以环境大气压力为零点起算的压力。

绝对压力 p_a、表压力 p_g 与当地大气压力 p_0 之间的关系为

$$p_a = p_g + p_0$$

(5) 正(表)压。又称为正压力,是指绝对压力高于大气压力的表压力,即

$$p_g = p_a - p_0$$

（6）负（表）压。又称疏空，是指绝对压力低于大气压力的表压力，也叫负压力。

（7）真空度 p_v。小于大气压力的绝对压力值称为真空度，表达式为

$$p_v = p_0 - p_a$$

（8）静态压力。它是指不随时间变化的压力，这是一个相对值，一般当每秒钟压力变化量小于所用压力计的分度值的 10% 时，就可认为此时所测的压力为静态压力。

（9）动态压力。随时间变化的压力称为动态压力。

压力关系示意图如图 7.1 所示。

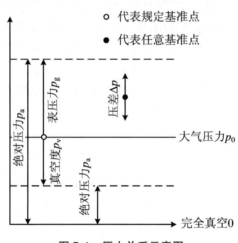

图 7.1 压力关系示意图

7.2 压力测量仪表的分类

按测量信号原理不同，压力测量仪表主要可分为以下三类：

（1）液柱式压力计。根据流体静力学原理，可将被测压力转换为液柱高度差进行测量。常用的液柱式压力计有 U 形管压力计、单管压力计和斜管微压计等。压力计结构简单，操作方便，性能稳定，精度较高，但抗冲击及动态响应性能差，测量范围有限。

（2）弹性式压力计。由于弹性元件受力变形，可将被测压力转换成位移实现测量。常见的有弹簧管压力计、波纹管压力计及膜盒式压力计等。这种压力计的测量范围很宽，从负压到正压都可以测量，目前电厂中最常用的为单圈弹簧管压

力表。

(3) 电气式压力计。利用敏感元件可将被测压力转换成各种电量信号,例如压阻式压力计、应变式压力计、电容式压差变送器、霍尔片压力变送器以及电感式压力变送器等。该方法具有较好的动态响应,量程大且线性好,可以进行压力信号的传输。

7.2.1 液柱式压力计

液柱式压力计是利用液柱所产生的压力与被测压力平衡,并根据液柱高度来确定被测压力大小的压力计。其测量原理是利用一定高度的液柱所产生的压力平衡被测压力,用相应的液柱高度显示被测压力。所用的液体称为封液,常用封液有水、酒精、水银等。液柱式压力计具有结构简单、显示直观、使用方便、精度较高、价格便宜等优点,但由于结构和显示上的原因,液柱式压力计的测压上限不高,一般显示的液柱高度上限为 2 m。当液柱内的封液为水银时,其测压上限可达到 2 000 mmHg(1 mmHg = 133.322 Pa)。液柱式压力计主要适用于小压力、真空及压差的测量。

液柱式压力计可分为 U 形管压力计、单管压力计、多管压力计、斜管微压计、补偿式微压计、差动式微压计、钟罩式压力计和水银气压计等。下面主要介绍 U 形管压力计、单管压力计和斜管微压计。

1. U 形管压力计

(1) 结构

U 形管压力计如图 7.2 所示,它的结构由三部分组成:U 形玻璃管、标尺及管内的工作液体(封液)。U 形管中两个平行的直管又称为肘管。精密的 U 形管压力计有游标对线装置、水准器、铅锤等。

(2) 工作原理

如图 7.2(a)所示,取 0-0,1-1 和 2-2 三个截面,在 2-2 截面建立左、右两个肘管的平衡面。设两侧测压管液体上面的流体密度分别为 ρ_1 和 ρ_2,工作液体的密度为 ρ。如图 7.2(b)所示,在当地大气压为 p_B 时,对等压面 2-2 处可列出如下平衡方程式:

$$p + \rho_1 g(H + h) = \rho_2 gH + \rho gh + p_B \tag{7.1}$$

$$p_g = p - p_B = (\rho_2 - \rho_1)gH + (\rho - \rho_1)gh \tag{7.2}$$

式中,H 为测压点距大气压力之间的垂直距离(m);p 为被测压力(Pa)。

如果用 U 形管压力计测量同一介质的两个压差,因 $\rho_1 = \rho_2$,故

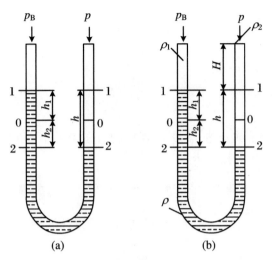

图 7.2　U 形管压力计

$$\Delta p = (\rho - \rho_2)gh \tag{7.3}$$

（3）使用中引起的测量误差

U 形管压力计在测量时要进行两次读数，读数时要注意液体表面的弯月面情况，要求读到弯月面顶部位置处。测量 U 形管中的工作液面高度差 h 时，必须分别读取两管内液面高度 h_1 和 h_2，然后再相加。若只读一侧管内液面的高度如 h_1，并用 $2h_1$ 代替 $h_1 + h_2$，则当两边管子截面 A_1，A_2 不等时，会带来误差 $\Delta h = 2h_1 - (h_1 + h_2) = h_1 - h_2$，此时可以通过 $h_2 = (A_1/A_2) \cdot h_1$，计算得到 $\Delta h = h_1(1 - A_1/A_2)$。

2. 单管压力计

单管压力计是 U 形管压力计的变形仪表，又称杯形压力计，它是由一个宽容器（杯形容器）、一支肘管、标尺、封液等构成的。标尺可以是单独的，也可以直接刻在肘管的玻璃上。作为实验室仪表，一般都是把分度线刻到肘管的玻璃上。单管压力计可以测量小压力、真空及压差等。

（1）结构

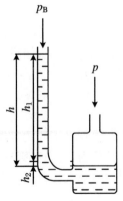

图 7.3　单管压力计

单管压力计如图 7.3 所示，右边杯形容器的内径 D 远大于左边管子的内径 d，由于右边杯形容器内工作液体体积的减小量始终与左边管内工作液体体积的增加量相等，所以右边液面的下降量将远小于左边液面的上升量

（即 $h_2 \ll h_1$），有

$$\frac{\pi}{4}D^2 h_2 = \frac{\pi}{4}d^2 h_1$$

即

$$h_2 = \frac{d^2}{D^2} h_1 \tag{7.4}$$

（2）工作原理

单管压力计的工作原理与 U 形管压力计的相同。根据流体静力学，将式(7.4)代入式(7.2)，得表压力为

$$p_g = \rho g h = \rho g (h_1 + h_2) = \rho g \left(1 + \frac{d^2}{D^2}\right) h_1 \tag{7.5}$$

由于 $D \gg d$，故 $\dfrac{d^2}{D^2}$ 可以忽略不计，则式(7.5)可写成

$$p_g = \rho g h_1 \tag{7.6}$$

（3）使用中引起的误差

单管压力计在测量正压力时，宽容器接被测压力，肘管通大气。测量负压力时，肘管接被测负压，宽容器通大气。测量压差时，宽容器接通压力较高一侧的管子，肘管接通压力较低一侧的管子。若工作液体的密度 ρ 一定，则测量管内的工作液体上升的高度即可得知被测压力的大小，也就是说单管压力计只需要一次读数便可得到测量结果。

单管压力计的型号为 TG，其精度等级可达 $0.02 \sim 1$ 级。当进行精密测量或用作标准仪器时，要进行密度和重力加速度的修正。

3. 斜管微压计

（1）结构

斜管微压计是一种测量微小压力的测量仪表，由杯形容器、肘管、弧形支架、标尺、封液等组成，如图 7.4 所示。它可以测量微小正压、负压及压差。它的一支肘管可以倾斜，方便使用。斜管微压计除用于检定和校验其他类型的压力表外，也被广泛应用于现场锅炉的烟、风道各段压力与通风空调系统各段压力的测量。

（2）工作原理

斜管微压计的工作原理与 U 形管压力计的相同。当被测压力与封液液柱产生的压力平衡时，则有

$$h_1 = l \sin \alpha$$

$$h = h_1 + h_2 = l \left(\sin \alpha + \frac{d^2}{D^2}\right)$$

若 $p > p_B$，则表压力为

$$p_g = \rho g h = \rho g l \left(\sin \alpha + \frac{d^2}{D^2} \right) \tag{7.7}$$

$$p_g = Al \tag{7.8}$$

式中,A 为系数,$A = \rho g \left(\sin \alpha + \dfrac{d^2}{D^2} \right)$,$d$,$D$,$\rho$ 均为定值,若倾斜角 α 也一定,则 A 为常数,所以读出 l 值即可求出压力值。

改变 α 值即可改变 A 值,以适应不同的测量范围,斜管微压计的使用范围为 $100 \sim 2\,500\ \text{Pa}$。

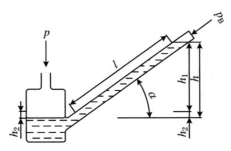

图 7.4　斜管微压计

(3) 使用中引起的误差

在测量微压时,为了提高灵敏度,可将单管微压计的测量管倾斜放置,但倾斜角 α 不可太小(一般不小于 $15°$),否则液柱内封液容易被冲散,读数较困难,增大误差,这种倾斜管液柱式压力计又称倾斜管微压计,它可以测量到 $0.98\ \text{Pa}$ 的微压。为了进一步提高微压计的精度,应选用密度小的酒精作为工作液体。

由于测量管是倾斜安装的,对于同样的液柱高度,微压计可使测量的液柱长度增加,因而就可使其灵敏度和精度有所提高。

由式(7.8)可知,影响其测量准确度的因素较多,如大气压力 p_B、重力加速度 g、温度、工作液体密度 ρ 和标尺分度等,其中任何一个因素发生变化,都会造成测量误差。为了减少毛细现象的影响,通常要求测量管的内径不小于 $10\ \text{mm}$;在测量过程中也要考虑读数引起的误差。

7.2.2　弹性式压力计

弹性式压力计是工业生产过程中使用最为广泛的一类压力计,具有结构简单、操作方便、性能可靠、价格便宜的优点,可以直接测量气体、液体(油、水等)、蒸汽等介质的压力。其测量范围很宽,从几十帕到几十吉帕,可测量正压、负压和压差。

弹性式压力计利用各种不同形状的弹性元件,在压力作用下使弹性元件变形,弹性元件受压(或受拉)后产生的形变(位移)可以通过传动机构带动指针指示压力,也可以通过某种电气元件组成变送器,实现压力信号的远传。

弹性式压力计的核心器件是弹性元件,弹性元件把被测量的压力转换成弹性位移信号输出。当结构、材料一定时,在弹性限度内弹性元件发生弹性形变而产生的弹性位移与被测量的压力值有确定的对应关系。弹性式压力计从应用上可分为抗震型、抗冲击型、防水型、防爆型和防腐型等。金属弹性式压力计的精度可达到0.16级、0.25级、0.4级。工业生产过程中使用的弹性式压力计,其精度大都是1.5级、2.0级、2.5级。

1. 弹簧管式压力表

(1) 弹性元件的结构形式

弹性式压力计中的弹性元件主要有膜片、膜盒、弹簧管、波纹管等。每种弹性元件在结构上又有不同的形式,如膜片分为平面膜片、波纹膜片和挠性膜片等。

(2) 弹簧管的测压原理

弹簧管式压力表可做成不同形状,但其核心元件是弹簧管。单圈弹簧管式压力表的传感器弯成圆弧形的空心管子。图7.5所示是单圈弹簧管受压后的变形情况,管子截面呈椭圆形或扁圆形,椭圆形的长半轴为 a,短半轴为 b,管子的开口端 A 固定在仪表接头座上,称为固定端,压力信号由接头座引入弹簧管内。管子的另一端 B 封闭,称为自由端,即位移输出端。

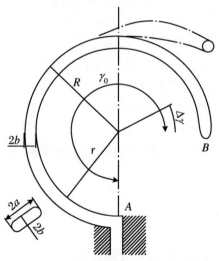

图 7.5　单圈弹簧管受压后的变形情况

当固定端通入被测压力时,弹簧管承受内压,因为压力顺着椭圆(或扁圆)截面的短轴方向,使椭圆(或扁圆)内表面积增大,受力沿着短轴方向,使短轴伸长,故管截面趋于圆形,使弹簧管产生向外挺直的扩张形变,迫使自由端产生位移(由 B 端移到 B' 端),使管子的总长度不变,只是中心角发生变化,即中心角随之减小。根据弹性形变原理可知,中心角的相对变化值 $\Delta\gamma/\gamma_0$ 与被测压力在弹性限度内呈如下比例关系:

$$\Delta\gamma/\gamma_0 = \frac{\gamma_0 - \gamma}{\gamma_0} = Kp \tag{7.9}$$

式中,γ_0 为原始中心角;γ 为任意压力作用下的中心角;p 为被测压力;K 为与弹性管材料、壁厚和几何尺寸等有关的系数。

(3)普通弹簧式压力表

普通单圈弹簧管式压力表的结构如图 7.6 所示,被测压力由接头 9 通入,迫使弹簧管 1 的自由端 B 向右上方扩张。自由端 B 的弹性变形位移由拉杆 2 使扇形齿轮 3 做逆时针偏转,进而带动中心齿轮 4 做顺时针偏转,使与中心齿轮同轴的指针 5 也做顺时针偏转,从而在面板 6 的刻度标尺上显示出被测压力 p 的数值。由于自由端的位移与被测压力之间具有比例关系,因此弹簧管式压力表的刻度标尺是线性的。游丝 7 用来克服因扇形齿轮和中心齿轮间的间隙而产生的仪表偏差。调整螺钉 8 的位置(即改变机械传动的放大系数),可以实现压力表量程的调整。

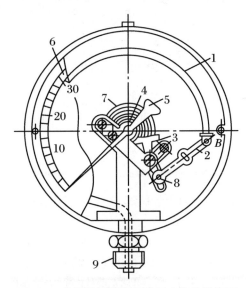

图 7.6 普通单圈弹簧管式压力表的结构图
1. 弹簧管; 2. 拉杆; 3. 扇形齿轮; 4. 中心齿轮; 5. 指针;
6. 画板; 7. 游丝; 8. 调整螺钉; 9. 接头

(4)电接点信号压力表

在化工生产过程中,常需要把压力控制在某一范围内,即当压力低于或高于某给定范围时,就会破坏正常工艺条件,甚至可能发生危险。此时就要采用带有报警或控制触点的压力表。将普通弹簧管式压力表稍加变化,便可改造成为电接点信号压力表,它能在压力偏离给定范围时及时发出信号,以提醒操作人员注意或通过中间继电器实现压力的自动控制。

图 7.7 所示为电接点信号压力表,此压力表指针上有动触点 2,表盘上另有两根可调节指针,上面分别有静触点 1 和 4。当压力超过上限给定数值时,动触点 2 和静触点 4 接触,红灯 5 的电路被接通,红灯发亮。当压力低到下限给定数值时,动触点 2 与静触点 1 接触,绿灯 3 的电路被接通。静触点 1 和 4 的位置可根据需要灵活调节。

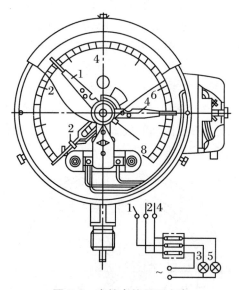

图 7.7 电接点信号压力表

1,4. 静触点; 2. 动触点; 3. 绿灯; 5. 红灯

当弹簧管自由端 B 的位移量较小时,直接显示存在困难,一般需要通过放大机构才能指示出来。

弹性元件的材料有铜、磷青铜、不锈钢等。弹簧管的材料因被测介质的性质和被测压力的高低而不同,一般当 $p < 20$ MPa 时,采用磷铜;当 $p > 20$ MPa 时,采用不锈钢或合金钢。但是,在选用压力表时,必须注意被测介质的化学性质。例如:测量氨气压力时,必须采用不锈钢弹簧管,而不能采用易被腐蚀的铜质材料;测量氧气压力时,则严禁沾有油脂,以免着火甚至爆炸。

目前,我国出厂的弹簧管式压力表量程有 0.1 MPa,0.16 MPa,0.25 MPa,0.4 MPa,0.6 MPa,1 MPa,1.6 MPa,2.5 MPa,4 MPa,6 MPa,10 MPa,16 MPa,25 MPa,40 MPa,60 MPa 等多种。

2. 膜式压力计

膜式压力计分膜片压力计和膜盒压力计两种,前者主要用于测量腐蚀性介质或非凝固、非结晶的黏性介质的压力,后者常用于测量气体的微压和负压。它们的敏感元件分别是膜片和膜盒。

(1) 膜片压力计

膜片可分为弹性膜片和挠性膜片两种。弹性膜片一般由金属制成,常用的弹性波纹膜片是一种压有环状同心波纹的圆形薄片,通入压力后,膜片将向压力低的一面弯曲,其中心产生一定的位移(即挠度),通过传动机构带动指针转动,指示出被测压力。挠度与压力的关系主要由波纹的形状、数目、深度和膜片的厚度、直径决定。压力对膜片边缘部分的波纹影响较大,其变形情况基本上决定了膜片的特性,而对中部波纹的影响较小。

图 7.8 所示为膜片压力计。当被测介质从接头传入膜室后,膜片下部承受被测压力,上部为大气压力,因此膜片产生向上的位移。此位移借固定于膜片中心的球铰链 5 及顶杆 6 传至扇形齿轮 8,从而使中心齿轮 9 及固定在其轴上的指针 10 转动,在刻度盘上就可以读出相应的压力值。

膜片压力计的最大优点是可用来测量黏度较大的介质压力。当膜片下盖采用不锈钢材料制作或膜片下盖内侧涂以适当的保护层(如 F-3 氟塑料)时,还可以用来测量某些腐蚀性介质的压力。

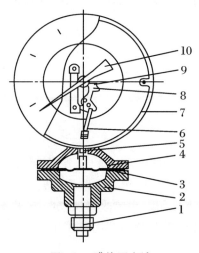

图 7.8 膜片压力计

1. 接头; 2. 膜片下盖; 3. 膜片; 4. 膜片上盖; 5. 球铰链;
6. 顶杆; 7. 表壳; 8. 扇形齿轮; 9. 中心齿轮; 10. 指针

（2）膜盒压力计

为了增大中心的位移,提高仪表的灵敏度,可以把两片金属膜片的周边焊接在一起,形成膜盒,甚至可以把多个膜盒串接在一起,形成膜盒组。

如图 7.9 所示,膜盒压力计的核心部件为膜盒部分,膜盒由两个同心波纹膜片焊接在一起,构成空心的膜盒。当被测介质从管接头 16 引入波纹膜盒时,波纹膜盒因受压扩张而产生位移。此位移通过弧形连杆 8,带动杠杆架 11 使固定在调零板 6 上的转轴 10 转动,通过连杆 12 和杠杆 14 驱使指针轴 13 转动,固定在转轴上的指针 5 在刻度板 3 上指示出压力值。

指针轴上装有游丝 15 用以消除传动机构之间的间隙。在调零板 6 的背面固定有限位螺钉 7,以避免膜盒过度膨胀而损坏。为了补偿金属膜盒受温度的影响,在杠杆架上连接着双金属片 9。在机座下面装有调零螺杆 1,旋转调零螺杆可将指针调至初始零位。

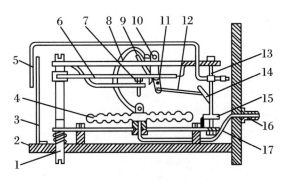

图 7.9 膜盒压力计

1. 调零螺杆; 2. 机座; 3. 刻度板; 4. 膜盒; 5. 指针; 6. 调零板; 7. 限位螺钉;
8. 弧形连杆; 9. 双金属片; 10. 转轴; 11. 杠杆架; 12. 连杆; 13. 指针轴;
14. 杠杆; 15. 游丝; 16. 管接头; 17. 导压管

3. 波纹管式压力计

波纹管是一种具有等间距同轴环状波纹,外周沿轴向有深槽形波纹状褶皱,而可沿轴向伸缩的薄壁管子。波纹管用金属薄管制成,受压时的线性输出范围比受拉时大,故常在压缩状态下使用。为了改善仪表性能,提高测量精度,便于改变仪表量程,在实际应用时,波纹管常和刚度比它大几倍的弹簧结合起来使用,其性能主要由弹簧决定。

波纹管式压力计在结构上可分为单波纹管(图 7.10)和双波纹管(图 7.11)两种,在压力的作用下,其膜面产生的机械位移量不是依靠膜面的弯曲形变,而是主要依靠波纹柱面的舒展或屈服来带动膜面中心作用点的移动。

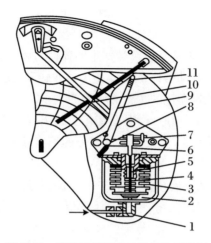

图 7.10 单波纹管压力计的结构示意图

1. 细铜管； 2. 测压室； 3. 波纹管； 4,8. 弹簧； 5. 传动导杆；
6. 滑块； 7. 调整螺钉； 9. 角形杠杆； 10. 记录笔； 11. 拉杆

图 7.11 所示为双波纹管压力计的结构示意图。当从高低压引入口引入压力 p_1，p_2，且 $p_1 > p_2$ 时，连接轴 1 固定在波纹管 B_1，B_2 上，连接轴 1 和波纹管 B_1，B_2 被刚性地连接在一起。B_1，B_2 通过阻尼环 11 与中心基座 8 间的环形间隙，以及中心基座上的阻尼旁路 10 相通。量程弹簧组 7 在低压室，其两端分别固定在连接轴

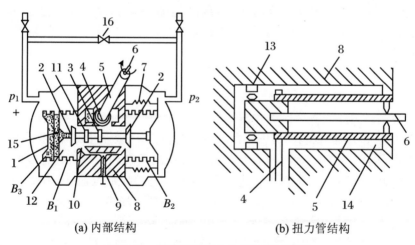

(a) 内部结构   (b) 扭力管结构

图 7.11 双波纹管压力计的结构示意图

1. 连接轴； 2. 单向受压的保护阀； 3. 挡板； 4. 摆杆； 5. 扭力管； 6. 芯轴；
7. 量程弹簧组； 8. 中心基座； 9. 阻尼阀； 10. 阻尼旁路； 11. 阻尼环； 12. 填充液；
13. 滚针轴承； 14. 玛瑙轴承； 15. 隔板； 16. 平衡阀

和中心基座上。接入被测压差后, B_1 被压缩,其中的填充液就通过环形间隙和阻尼旁路流向 B_1, B_2,波纹管 B_1, B_2 伸长,量程弹簧组 7 被拉伸,直至压差在 B_1, B_2 两个端面上形成的力与量程弹簧及波纹管产生的弹性力相平衡为止。这时连接轴系统向低压侧转移,挡板 3 推动摆杆 4,带动扭力管 5 转动,使一端与扭力管固定在一起的芯轴 6 发生扭转,此转角反映了被测压差的大小。

波纹管 B_3 有小孔和 B_1 相通,当温度变化引起 B_1, B_2 内填充液的体积变化时,由于 B_1, B_2 的体积基本不变,多余或不足部分的填充液就会通过小孔流进或流出 B_3,起到温度补偿的作用。

阻尼阀 9 起到控制填充液在阻尼旁路 10 中的流动阻力的作用,防止仪表迟延过大或压力变化频繁引起的振荡,单向受压的保护阀 2 保护仪表在压差过大或单向受压时不致损坏。

4. 弹性式压力计产生误差的因素

环境影响及仪表的结构、加工和弹性材料性能的不完善等因素,都会对压力测量带来误差。误差的形式有很多,包括:① 在相同压力下,同一弹性元件正反行程的变形量不一样而产生的迟滞误差;② 由于弹性元件变形落后于被测压力变化而引起的弹性后效误差;③ 由于仪表的各种活动部件之间有间隙,示值与弹性元件的变形不完全对应而产生的间隙误差;④ 仪表的活动部件运动时,相互间有摩擦力,也会产生误差;⑤ 环境温度的改变会引起金属材料弹性模量的变化而产生误差。基于以上各种误差的存在,一般的弹性式压力计要达到 0.1% 的精度是非常困难的。

7.2.3 电气式压力传感器和变送器

电气式压力检测仪表是利用压力敏感元件(简称压敏元件)将被测压力转换成各种电量信号,如电阻、频率、电荷量等信号实现测量的。该方法具有较好的静态和动态性能,量程大、线性好,便于进行压力的自动控制,尤其适用于压力变化快和高真空、超高压的测量。电气式压力检测仪表主要有压电式压力计、电阻式压力计等。

1. 压电式压力计

压电式压力计是基于某些电介质的压电效应原理制成的。其主要用于测量内燃机气缸、进排气管内的压力,航空领域的高超音速风洞中的冲击波压力,枪、炮膛中击发瞬间的膛内压力变化和炮口冲击波压力,以及瞬间压力峰值等。

（1）压电效应

一些晶体在受压时发生机械变形（压缩或伸长），则在其两个相对表面上就会产生电荷分离，使一个表面带正电荷，另一个表面带负电荷，并相应地有电压输出，当作用在其上的外力消失时，形变随之消失，其表面的电荷也随之消失，晶体又重新回到不带电时的状态，这种现象称为压电效应。压电式压力传感器就是利用压电效应把压力信号转换为电信号，达到测量压力的目的。

能产生压电效应的材料可分为两类：一类是天然或人造的单晶体，如石英、酒石酸钾钠；另一类是人造多晶体——压电陶瓷，如钛酸钡、铬钛酸铅。石英晶体的性能稳定，其介电常数和压电系数的温度稳定性很好，在常温范围内几乎不随温度变化。另外，它的机械强度高，绝缘性能好，但价格昂贵，一般只用于精度要求很高的传感器中。压电陶瓷受力作用时，在垂直于极化方向的平面上产生电荷，其电荷量与压电系数和作用力成正比，压电陶瓷的压电系数比石英晶体的大，且价格便宜，因此被广泛用作传感器的压电元件。

以石英晶体为例来说明压电效应及其性质。图 7.12(a) 所示是石英晶体的外形，它是一个正六面体。在晶体学中可以用三根互相垂直的轴来表示石英晶体的压电特性：纵向轴 z-z 称为光轴，经过正六面体棱线并与光轴垂直的 x-x 轴称为电轴。而垂直于正六面体棱面，同时与光轴和电轴垂直的 y-y 轴称为机械轴，如图 7.12(b) 所示。当外力沿电轴 x-x 方向作用于晶体时产生电荷的压电效应称为纵向压电效应，而沿机械轴 y-y 方向作用于晶体时产生电荷的压电效应称为横向压电效应。当外部力沿光轴 z-z 方向作用于晶体时，不会有压电效应产生。

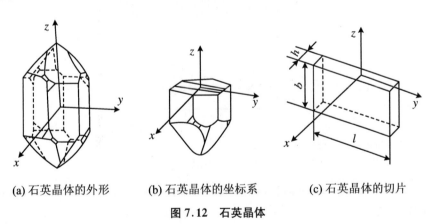

(a) 石英晶体的外形　　(b) 石英晶体的坐标系　　(c) 石英晶体的切片

图 7.12　石英晶体

从晶体上沿 y-y 轴方向切下一片薄片称为压电晶体切片，如图 7.12(c) 所示。当晶体片在沿 x 轴的方向上受到压力 F_x 作用时，晶体切片将产生厚度变形，并在与 x 轴垂直的平面上产生电荷 Q_x，它和压力 p 的关系为

$$q_x = k_x F_x = k_x A p \tag{7.10}$$

式中，q_x 为压电效应所产生的电荷量（C）；k_x 为晶体在电轴 x-x 方向受力的压电系数（C/N）；F_x 为沿晶体电轴 x-x 方向所受的力（N）；A 为垂直于电轴的加压有效面积（m^2）。

从式(7.10)可以看出，当晶体切片受到 x 方向的压力作用时，q_x 与作用力 F_x 成正比，而与晶体切片的几何尺寸无关。当受力方向和变形不同时，压电系数 k_x 也不同。

（2）压电式压力传感器

图 7.13 所示为一种压电式压力传感器的结构示意图。压电元件被夹在两块性能相同的弹性元件（膜片）之间，膜片的作用是把压力收集转换成集中力，再传递给压电元件。压电元件的一个侧面与膜片接触并接地，另一侧面通过引线将电荷量引出。弹簧的作用是使压电元件产生一个预紧力，可用来调整传感器的灵敏度。当被测压力均匀作用在膜片上时，压电元件就在其表面产生电荷。电荷量一般用电荷放大器或电压放大器放大，转换为电压或电流输出，其大小与输入压力成正比。

更换压电元件可以改变压力的测量范围。在配用电荷放大器时，可以用多个压电元件并联的方式提高传感器的灵敏度。在配用电压放大器时，可以用多个压电元件串联的方式提高传感器的灵敏度。

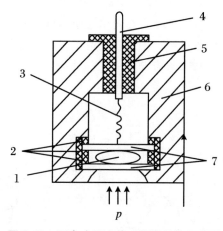

图 7.13 压电式压力传感器的结构示意图

1. 压电元件；2,5. 绝缘体；3. 弹簧；4. 引线；6. 壳体；7. 膜片

（3）特点

压电式压力传感器产生的信号非常微弱，输出阻抗很高，必须经过前置放大，把微弱的信号放大，并把高输出阻抗变换成低输出阻抗，才能为一般的测量仪器所接受。压电式压力传感器用于动态压力测量，被测压力变化的频率太低，环境温度和湿度的改变都会改变传感器的灵敏度，造成测量误差。另外，压电陶瓷的压电系

数是逐年降低的,故压电元件的传感器应定期校正其灵敏度,以保证测量精度。

2．电阻式压力计

（1）测量原理

测量原理主要是压阻效应,即金属或半导体材料在受力作用下,电阻值发生变化。电阻式压力计通过测量电路中阻值的变化,从而计算受力情况。

金属导体或半导体材料制成的电阻体,其电阻值在受到压力或拉力作用下,几何尺寸和电阻率都会发生变化,受力之间的电阻值可以表示为

$$R = \rho \frac{L}{A}$$

式中,ρ 为电阻的电阻率（$\Omega \cdot m$）;L 为电阻的轴向长度（m）;A 为电阻的横向截面面积（m^2）。

当电阻丝在拉力（压力）F 作用下时,长度 L 增加,截面积 A 减小,电阻率 ρ 也相应变化,所有这些都将引起电阻值的变化,其相对变化量为

$$\frac{\Delta R}{R} = \frac{\Delta \rho}{\rho} + \frac{\Delta L}{L} - \frac{\Delta A}{A} \tag{7.11}$$

对于半径为 r 的电阻丝,截面面积 $A = \pi r^2$,由材料力学可知

$$\frac{\Delta A}{A} = 2\frac{\Delta r}{r} = -2\mu \frac{\Delta L}{L} \tag{7.12}$$

式中,μ 为电阻材料的泊松比。

电阻轴向长度的相对变化量称为应变,一般用 ε 表示,即 $\varepsilon = \Delta L / L$。则电阻的相对变化量可写成

$$\frac{\Delta R}{R} = (1 + 2\mu)\varepsilon + \frac{\Delta \rho}{\rho} \tag{7.13}$$

对于金属材料,电阻率 $\Delta \rho / \rho$ 相对变化较小,影响电阻相对变化较大的因素是几何尺寸 $\Delta L / L$ 和 $\Delta A / A$ 的改变。对于金属材料,以应变效应为主,被称为金属电阻应变片,并制成应变片式压力计;对于半导体材料,以压阻效应为主,被称为半导体应变片,并制成压阻式压力计。

（2）应变片式压力计

应变片式压力计有很多种结构,其中 BPR-2 传感器的结构示意图如图 7.14 (a)所示。其特点是被测压力不直接作用在贴有应变片的弹性元件上,而是传到一个测力应变筒上。被测压力经膜片转换成相应大小的集中力,这个力再传给测力应变筒。应变筒的应变由贴在它上边的应变片测量。

应变筒的上端与外壳固定在一起,它的下端与不锈钢密封膜片紧密接触,两片康铜丝应变片 R_1 和 R_4 用特殊胶合剂贴紧在应变筒的外壁。R_1 沿应变筒的轴向

贴放,作为测量片;R_4沿径向贴放,作为温度补偿片。当被测压力 p 作用于不锈钢膜片而使应变筒做轴向受压变形时,沿轴向贴放的 R_1 随之产生轴向压缩应变,使 R_1 阻值减小;与此同时,沿径向贴放的 R_4 则产生拉伸变形,使 R_4 阻值增大,且 R_1 的减小量将大于 R_4 的增大量。应变片的测量电桥如图 7.14(b)所示,其中 $R_2 = R_3$ 为固定电阻,电阻 R_5 和滑动电阻 R_6 起调零作用。

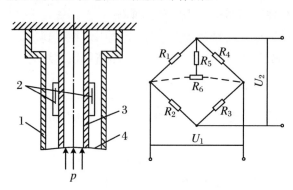

(a) 传感器结构示意图   (b) 应变片测量电桥

图 7.14   应变片式压力计
1. 外壳；2. 应变片；3. 应变筒；4. 密封膜片

此外,也可采用 4 片应变片组成电桥,每片处在同一电桥的不同桥臂上,温度升降将使这些应变片电阻同时增减,从而不影响电桥平衡。当有压力时,相邻两臂的阻值一增一减,使电桥有较大的输出。但尽管这样,应变片式压力计仍然有比较明显的温漂和时漂。因此,这种压力计多用于动态压力检测中。

3. 压阻式压力计

金属电阻应变片虽然有不少优点,但灵敏系数低是它的最大弱点。半导体应变片的灵敏系数比金属电阻高约 50 倍。压阻式压力计是利用半导体材料在外加应力作用下,电阻率发生变化,称之为压阻效应,其优点是可以直接测量很微小的应变。

(1) 工作原理

当外部应力作用于半导体时,压阻效应引起的电阻变化大小不仅取决于半导体的类型和载流子浓度,还取决于外部应力作用于半导体晶体的方向。如果沿所需的晶轴方向(压阻效应最大的方向)将半导体切成小条制成半导体应变片,让其只沿纵向受力,则外部应力与半导体电阻率的相对变化关系为

$$\frac{\Delta\rho}{\rho} = \pi\sigma \tag{7.14}$$

式中,π 为半导体应变片的压阻系数(Pa^{-1});σ 为纵向所受应力(Pa)。

由胡克定律可知,材料受到的应力和应变之间的关系为

$$\sigma = E\varepsilon \tag{7.15}$$

将式(7.15)代入式(7.14),得

$$\frac{\Delta\rho}{\rho} = \pi E\varepsilon \tag{7.16}$$

式(7.16)说明半导体应变片的电阻变化率 $\Delta\rho/\rho$ 正比于其所受的纵向应变 ε。

将式(7.16)代入式(7.13),得

$$\frac{\Delta R}{R} = (1 + 2\mu + \pi E)\varepsilon \tag{7.17}$$

设 $K = 1 + 2\mu + \pi E$,定义 K 为应变片灵敏系数。对于半导体应变片,压阻系数 π 很大,为 50~100,故半导体应变片以压阻效应为主,其电阻的相对变化率等于电阻率的相对变化,即 $\Delta R/R = \Delta\rho/\rho$。

(2) 压阻式传感器

利用具有压阻效应的半导体材料可以做成粘贴式的半导体应变片,并进行压力检测。随着半导体集成电路制造工艺的不断发展,人们利用半导体制造工艺的扩散技术,将敏感元件和应变材料合二为一制成扩散型压阻式传感器。由于这类传感器的应变电阻和基底都是用半导体材料——硅制成的,所以又称为扩散硅压阻式传感器。它既有测量功能,又起弹性元件的作用,形成了高自振频率的压力传感器。在半导体基片上还可以很方便地将一些温度补偿、信号处理和放大电路等集成在一起,构成集成传感器或变送器。所以,扩散硅压阻式传感器一经出现就受到人们的普遍重视,发展很快。

图 7.15(a)所示是扩散硅压阻式传感器的结构示意图,它的核心部分是一块圆形的单晶硅膜片,既是压敏元件,又是弹性元件。在硅膜片上,用半导体制造工艺中的扩掺杂法做成四个阻值相等的电阻,构成平衡电桥,相对桥臂电阻对称布置,再用压焊法与外引线相连。膜片用一个圆形硅固定,用两个气腔隔开。膜片的一侧是高压腔,与被测对象相连接;另一侧是低压腔,当测量表压时,低压腔和大气相连通;当测量压差时,低压腔与被测对象的低压端相连。当膜片两边存在压差时,膜片发生变形,产生应力,从而使扩散电阻的阻值发生变化,电桥失去平衡,输出相应电压。如果忽略材料的几何尺寸变化对阻值的影响,则该不平衡电压大小与膜片两边的压差成正比。为了补偿温度效应的影响,一般还在膜片上沿对压力不敏感的径向增加一个电阻,这个电阻只感受温度变化,不承受压力,可接入桥路作为温度补偿电阻,以提高测量精度。

由于硅膜片是各向异性材料,它的压阻效应大小与作用力方向有关,所以在硅膜片承受外力时,必须同时考虑其纵向(扩散电阻长度方向)压阻效应和横向(扩散电阻宽度方向)压阻效应。鉴于硅膜片在受压时的形变非常微小,其弯曲的挠度远

远小于硅膜片厚度,而膜片一般是圆形的,因而其压力分布可近似为弹性力学中的小挠度圆形板。

设均匀分布在硅膜片上的压力为 p,则膜片上各点的应力与其半径 r 的关系为

$$\sigma_r = \frac{3p}{8h^2}\left[r_0^2(1+\mu)^2 - r^2(3+\mu)\right] \tag{7.18}$$

$$\sigma_\tau = \frac{3p}{8h^2}\left[r_0^2(1+\mu)^2 - r^2(1+3\mu)\right] \tag{7.19}$$

式中,σ_r,σ_τ 为半导体应变片所承受的径向、切向应力(Pa);h 为硅膜片厚度(m);r_0 为膜片工作面半径(m);r 为应力作用半径,即电阻距硅膜片中心的距离(m);μ 为泊松比,硅的泊松比为 0.35。

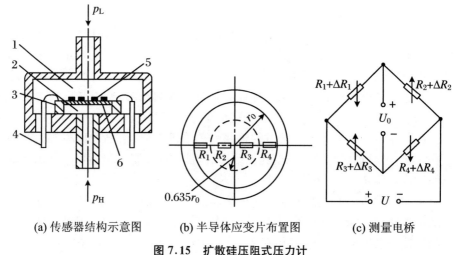

(a) 传感器结构示意图　　(b) 半导体应变片布置图　　(c) 测量电桥

图 7.15　扩散硅压阻式压力计

1. 低压腔;　2. 高压腔;　3. 硅杯;　4. 引线;　5. 扩散电阻;　6. 硅膜片

由式(7.18)和式(7.19)可见,应力 σ_r 和 σ_τ 达到最大值,随着 r 的增加,σ_r 和 σ_τ 逐渐减小。当 $r=0.63r_0$ 或 $r=0.812r_0$ 时,σ_r 和 σ_τ 分别为零。此后随着 r 的进一步增加,σ_r 和 σ_τ 进入负值区,直至 $r=r_0$ 时,σ_r 和 σ_τ 均分别达到负最大值。这说明均匀分布压力 p 所产生的应力是不均匀的,且存在正应力区和负应力区。利用这一特性,在硅膜片上选择适当的位置布置电阻,如图 7.15(b)所示。使 R_1 和 R_4 布置在负应力区,R_2 和 R_3 布置在正应力区,让这些电阻在受力时其阻值有增有减,并且在接入电桥的四阻臂中,使阻值增加的两个电阻与阻值减小的两个电阻分别相对,如图 7.15(c)所示。这样不但提高了输出信号的灵敏度,又在一定程度上消除了阻值随温度变化而变化带来的不良影响。

7.3 压力变送器

压力变送器主要由测压元件传感器(也称压力传感器)、测量电路和过程连接件三部分组成。它能将测压元件传感器感受到的气体、液体等物理压力参数转变成标准的电信号(如 DC 4～20 mA 等),以供给指示警报仪、记录仪、调节器等二次仪表进行测量、指示和过程调节,也可以测量压力或压差。常用的有电容式压力变送器、霍尔式压力变送器、电感式压力变送器等。

7.3.1 电容式压力变送器

电容式压力变送器由电容器组成,电容器的电容量由两个极板的大小、形状、相对位置和电介质的介电常数决定。

1. 基本原理

两平行板组成的电容器,如不考虑边缘效应,其电容量为

$$C = \frac{\varepsilon S}{d} \tag{7.20}$$

式中,C 为平行极板的电容量(F);d 为平行极板间的距离(m);ε 为平行极板间的介电常数(F/m);S 为极板面积(m^2)。

电容式压力、压差变送器是通过弹性膜片的位移引起电容量的变化,从而测出压力、压差的。图 7.16 是差动式电容压力变送器的结构示意图,左右对称的不锈钢基座上下两边外侧焊上了波纹密封隔离膜片,不锈钢基座内有玻璃绝缘层,不锈钢基座和玻璃绝缘层中心开有小孔。玻璃层内侧的凹形球面上除边缘部分外均镀有的金属膜作为固定电极,中间被夹紧的弹性膜片作为可动测量电极,上、下面固定电极和测量电极组成了两个电容器,其信号经引线引出。测量电极将空间分隔成上、下两个腔室,其中充满硅油。当隔离膜片感受到两侧压力的作用时,具有不可压缩性和流动性的硅油将压差信号传递到弹性测量膜片的两侧,从而使膜片产生位移 Δd,如图 7.16 中的虚线所示,此时 $p_2 > p_1$。一个电容的极距变小,电容量则增大;而另一个电容的极距变大,电容量则减小。每个电容的电容变化量分别为

$$\Delta C_1 = \frac{\varepsilon S}{d - \Delta d} - \frac{\varepsilon S}{d} = C_0 \frac{\Delta d}{d - \Delta d} \tag{7.21}$$

$$\Delta C_2 = \frac{\varepsilon S}{d + \Delta d} - \frac{\varepsilon S}{d} = C_0 \frac{\Delta d}{d + \Delta d} \tag{7.22}$$

所以,差动电容的变化量为

$$\Delta C = \Delta C_1 - \Delta C_2 = 2C_0 \frac{\Delta d}{d} \left[1 + \left(\frac{\Delta d}{d} \right)^2 + \cdots \right] \tag{7.23}$$

由式(7.23)可以看出,差动式电容压力变送器与单极板电容压力变送器相比,非线性得到很大改善,灵敏度也提高近一倍,并减小了由于介电常数受温度影响而引起的不稳定性。该方法不仅可用于测量压差,而且若将一侧抽成真空,还可用于测量真空度和微小的绝对压力。

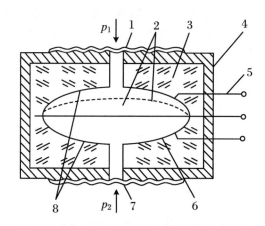

图 7.16 差动式电容压力变送器的结构示意图

1,7.隔离膜片； 2.可动极板； 3.玻璃绝缘层； 4.基座； 5.引线； 6.硅油； 8.固定极板

2. 电容式压力变送器的特点

电容式压力变送器的测量范围为 $-1 \times 10^7 \sim 5 \times 10^7$ Pa,可在 $-46 \sim 100$ ℃的环境温度下工作,其优点是:

(1) 需要输入的能量极低。

(2) 灵敏度高,电容的相对变化量可以很大。

(3) 结构可做到刚度大而质量小,因而固有频率高。又由于无机械活动部件,损耗小,所以可在很高的频率下工作。

(4) 稳定性好,测量准确度高,其准确度可达 $\pm 0.25\%$。

(5) 结构简单、抗振、耐用,能在恶劣的环境下工作。

其缺点是:分布电容影响大,必须采取相应措施减小其影响。

7.3.2 霍尔式压力变送器

霍尔式压力变送器是基于"霍尔效应"制成的,它把在压力作用下产生的弹性元件的位移信号转变成电势信号,通过测量电势进而获得压力的大小。它具有结构简单、体积小、重量轻、功耗低、灵敏度高、频率响应宽、动态范围(输出电势的变化)大、可靠性高、易于微型化和集成电路化等优点,但其信号转换效率较低,对外部磁场敏感,抗震性较差,受温度影响也较大,使用时应注意进行温度补偿。

1. 霍尔效应

电流 I(y 轴方向)垂直于外磁场 B(z 轴方向)通过导体或半导体薄片时,导体中的载流子(电子)在磁场中受到洛伦兹力(其方向由左手定则判断)的作用,其运动轨迹有所偏离,如图 7.17 中带箭头的虚线所示。这样,薄片的左侧因电子的累积而带负电荷,相对的右侧带正电荷,于是在薄片 x 轴方向的两侧表面之间就产生了电位差。这一物理现象称为霍尔效应,其形成的电势称为霍尔电势,能够产生霍尔效应的器件称为霍尔元件。当电子积累所形成的电场对载流子的作用力 F_E 与洛伦兹力 F_0 相等时,电子积累达到动态平衡,其霍尔电势 V_H 为

$$V_H = K_H I B f\left(\frac{L}{b}\right)\Big/h \tag{7.24}$$

式中,V_H 为霍尔电势(mV);K_H 为霍尔常数;B 为垂直作用于霍尔元件的磁感应强度(T);I 为通过霍尔元件的电流,又称控制电流(mA);h 为霍尔元件的厚度(m);L 为霍尔元件的长度(m);b 为霍尔元件的宽度(m)。

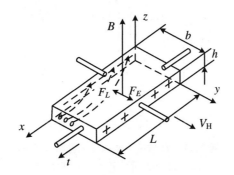

图 7.17 霍尔效应原理图

式(7.24)表明,当霍尔片材料、结构确定时,霍尔电动势的大小正比于控制电流 I 和磁感应强度 B 的乘积。由于半导体(尤其是 N 性半导体)的霍尔常数 K_H 要比金属的大得多,因此霍尔元件主要由硅(Si)、锗(Ge)、砷化铟(InAs)等半导体材料制成。此外,元件的厚度 d 对灵敏度的影响也很大,元件越薄,灵敏度就越高,所以霍尔元件一般都比较薄。

由式(7.24)还可看出,当控制电流的方向或磁场的方向改变时,输出电动势的方向也将改变。但当磁场与电流同时改变方向时,霍尔电动势并不改变原来的方向。

2. 霍尔压力变送器

图 7.18 为霍尔压力变送器的结构示意图。弹簧管一端固定在接头上,另一端(即自由端)装有霍尔元件。在霍尔元件的上、下方垂直安放两对磁极,一对磁极所产生的磁场方向向上,另一对磁极所产生的磁场方向向下,这样可使霍尔元件处于两对磁极所形成的一个线性不均匀的差动磁场中。为得到较好的线性分布,将磁极端面做成特殊形状的磁靴。

在无压力引入情况下,霍尔元件处于上、下两磁钢中心即差动磁场的平衡位置,霍尔元件两端通过的磁通方向相反、大小相等,所产生的霍尔电势代数和为零。当被测压力 p 引入弹簧管固定端时,与弹簧管自由端相连接的霍尔元件由于自由端的伸展而在非均匀磁场中运动,从而改变霍尔元件在非均匀磁场中的平衡位置,也就是改变了磁感应强度 B,根据霍尔效应,霍尔元件便产生相应的霍尔电势。由于沿霍尔元件偏移方向磁感应强度的分布呈线性增长状态,所以霍尔元件的输出电势与弹簧管的变形伸展也为线性关系,即与被测压力 p 呈线性关系。霍尔压力变送器实质上是一个位移-电势的变换元件。

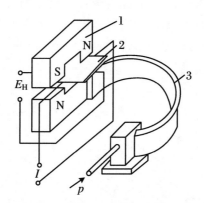

图 7.18　霍尔压力变送器的结构示意图
1. 磁钢；　2. 霍尔元件；　3. 弹簧管

另外还有霍尔微压变送器,它的弹性元件采用的是膜盒,上述两种霍尔变送器的输出信号均为 DC 0~20 mV。由于霍尔电势对温度变化比较敏感,一般实际使用时都需要增加温度补偿措施。

7.3.3　电感式压力传感器

电感式压力传感器利用电磁感应原理,通过线圈内磁通介质的磁导率变化,把弹性元件的位移量转换为电路中电感量的变化或互感量的变化,再通过测量线路转变为相应的电流或电压信号。

图 7.19(a)所示为气隙式电感压力传感器的原理示意图。线圈 2 由恒定的交流电源供电后产生磁场,衔铁 1、铁芯 3 和气隙组成闭合磁路,由于气隙的磁阻比铁芯和衔铁的磁阻大得多,故线圈的电感量 L 可表示为

$$L = \frac{N^2 \mu_0 S}{2\delta} \qquad (7.25)$$

式中,N 为线圈的匝数;μ_0 为空气的磁导率;S 为气隙的截面面积;δ 为气隙的宽度。

弹性元件与衔铁相连,弹性元件感受到压力而产生位移,使气隙宽度 δ 发生变化,从而使电感量 L 发生变化。

在实际工作中,N,μ_0,S 都是常数,电感 L 只与气隙宽度 δ 有关。由于 L 和 δ 呈反比关系,因此,为了得到较好的线性特性,必须把衔铁的工作位移限制在较小的范围内。若 δ_0 为传感器的初始气隙,$\Delta\delta$ 为衔铁的工作位移,则一般取

$$\Delta\delta = (0.1 \sim 0.2)\delta_0$$

当弹性元件的位移较大时,可采用图 7.19(b)所示的螺管式电感压力传感器,它由绕在骨架上的线圈 2、沿着线圈轴向移动并与弹性元件相连的铁芯 3 组成。它实质上是一个调感线圈。

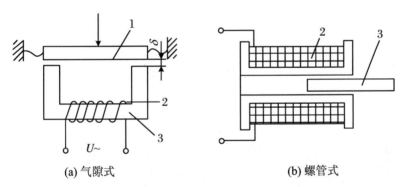

图 7.19 电感式压力传感器的原理示意图
1. 衔铁; 2. 线圈; 3. 铁芯

(a) 气隙式   (b) 螺管式

这种传感器结构简单,但驱动衔铁或铁芯的压力比较大,线圈电阻的温度不易补偿,所以实际应用较少,而往往采用图 7.20 所示的差动式电感传感器,其中(a)为差动气隙式,(b)为差动螺管式,它们实际上是由共用一个衔铁或铁芯的两个简单传感器组合而成的,它们不但克服了上述简单传感器的缺点,而且增大了线性工作范围。

在各种电感式压力传感器中,以差动式电感传感器的应用最广泛。图 7.21 所示为差动式电感传感器的工作原理示意图。两个二级绕组对称地分布在一级绕组

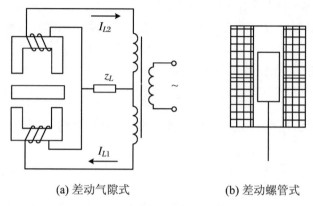

(a) 差动气隙式 (b) 差动螺管式

图 7.20 差动式电感传感器

的两边,它们的电气参数相同,几何尺寸一致,并按电势反向串联在一起。圆柱形铁芯一端与感应压力的弹性元件相连,使之在线圈架中心沿轴向移动。当一级绕组接上频率、幅度一定的交流电源后,二级绕组即产生感应电压信号。由于差动变压器输出的是两个二级绕组的感应电压之差,因此输出电压的大小和正负则反映了被测压力的大小和正负。当被测压力为零时,铁芯处于中间位置,输出为零;当弹性元件感受压力产生位移,引起铁芯位置改变,进而使互感发生变化时,两个二级绕组的感应电压也随之发生相应的变化,两者之差反映了被测压力的大小和正负。

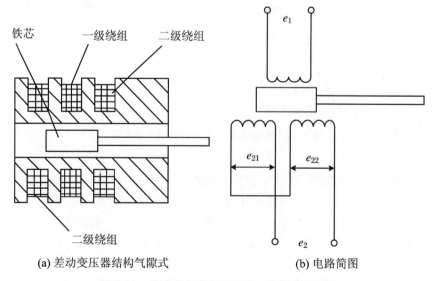

(a) 差动变压器结构气隙式 (b) 电路简图

图 7.21 差动式电感变压器的工作原理示意图

电感式压力传感器的特点是灵敏度高、输出功率大、结构简单、工作可靠,并且它的二次仪表为毫伏或自动平衡电子差动仪,也可以把输出信号转换为统一的电流或电压信号,与电动单元组合仪表连用。电感式压力传感器产生误差的主要原因是外界环境温度的变化,使用时应考虑温度补偿的问题;对电源电压和频率的波动反应较慢,不适合测量高频脉动压力。还有线圈的电气参数、几何参数不对称与导磁材料的不对称、不均质等产生的误差,其结构比较笨重,精度等级一般为 0.5～1 级。

7.4　压力和压差测量仪表的安装

压力测量系统由取压口、压力信号导管、压力表及一些附件组成,各个部件安装正确与否以及压力表是否合格等,对测量准确度都有一定的影响。

7.4.1　取压口的形状与位置

取压口是被测对象上引取压力信号的开口,其本身不应破坏或干扰流体的正常流束形状。为此,取压口的孔径大小、开口方向、位置及孔口形状都有较严格的要求。

1. 取压口的位置选取原则

(1) 取压口不得选择在管道弯曲、分叉及流束形成涡流的地方。

(2) 当管道中有突出物(如温度计套管等)时,取压口应取在突出物的来流方向一侧(即突出物之前)。

(3) 取压口处在管道阀门、挡板之前或之后时,其与阀门、挡板的距离应分别大于 $2D$ 和 $3D$(D 为管道直径)。

(4) 测量低于 0.1 MPa 的压力时,取压口标高应尽量接近测量仪表,以减少由于液柱而引起的附加误差。

(5) 测量汽轮机润滑油压时,取压口应选择在油管路末端压力较低处。

(6) 测量凝汽器真空时,取压口应选择在喉部的中心处。

(7) 粉煤锅炉一次风压的取压口不宜靠近喷燃器,否则将受炉膛负压的影响而不准确。

(8) 二次风压的取压口,应在二次风调节门和二次风喷嘴之间。由于这段风道很短,因此测点应尽量离二次风喷嘴远一些,同时各测点到二次风喷嘴的距离应相等。

(9) 测量炉膛压力时,取压口一般在锅炉两侧喷燃室火焰中心上部。取压口处的压力应能反映炉膛内的真实情况。若测点过高,接近过热器,则负压偏大;若测点过低,距火焰中心近,则压力不稳定,甚至出现正压(对负压锅炉而言)。

(10) 锅炉烟道上的烟气压力测点,应选择在烟道左右两侧的中心线上。

2. 取压口的开口方位原则

(1) 流体为液体介质时,取压口应开在管道横截面的下测部分,以防止介质中析出的气泡进入压力信号管道,引起测量的延迟,但也不宜开在最低部,以防沉渣堵塞取压口;如果介质是气体,取压口应开在管道横截面的上侧,以免气体中析出的液体流入压力信号管道,产生测量误差,但对于水蒸气压力测量,由于压力信号导管中总是充满凝结水,所以应按液体压力测量办法处理。

(2) 测量含尘气体压力时,取压口开口方位应不易积尘、堵塞,并且要在便于吹洗导管的地方,必要时应加装除尘装置。

3. 取压口的处理原则

(1) 取压口直径不宜过大,特别是对于小管径管道的测压。
(2) 取压口轴线最好与流束垂直。
(3) 孔径不能有毛刺或倒角。

7.4.2 压力信号导管的选择与安装

压力信号导管是连接取压口与压力表的连通管道。为了不致因阻力过大而产生测量动作延迟,压力信号导管的总长度不应超过 60 m。导管内径也不能太小,可根据被测介质性质及导管长度进行选择,如表 7.1 所示。

表 7.1 压力信号导管内径选择

被测介质	压力值(Pa)	导管内径(mm)		
		长度小于 15 m	长度小于 30 m,大于 15 m	长度大于 30 m
烟气	>50	19	19	19
热空气	<7.8×10^3	12.7	12.7	12.7
气粉混合物	<9.8×10^3	25.4	38	38
油	<2.0×10^6	10	13	15
水蒸气	<1.2×10^7	8	10	13

应防止压力信号导管内积水（当被测介质为气体时）或积气（当被测介质为水或水蒸气时），以避免产生测量误差及延迟。因此，对于水平敷设的压力信号导管，应有 1% 以上的坡度，以免导管中积气或积水。必要时还应在压力信号导管的适当部位，如最低点或最高点，设置积水或积气容器，以便积存并定期排放出积水或积气。

当压力信号管路较长并需通过露天或热源附近时，还应在管道表面敷设保温层，以防管道内介质气化或冻结。为检修方便，对测量高温高压介质的压力信号导管，靠近取压口处还应设置隔离阀门（一次阀门）。

7.4.3　压力表的选择与安装

关于压力表的选择，应考虑被测介质的性质、压力的大小、仪表的安装条件、使用环境以及测量准确度要求等因素。

压力表必须经检定合格后方可安装，且应垂直于水平面安装。压力表的安装地点应便于观测、检修、避免震动或高温，还应便于进行压力信号导管的定期冲洗及压力表的现场校验，因此一般应设置三通阀。

测量蒸汽压力时，在靠近压力表处，一般还应装设 U 形管或环形管冷凝器，以聚集一些起缓冲作用的冷凝液，防止压力表因受高温介质的直接作用而损坏。

测量剧烈波动的介质压力或含有高频脉冲扰动的介质压力时，由于波动频繁，对仪表传动机构的磨损很大或造成电气接点频繁动作，因此就地安装的压力表特别是电接点压力表，在仪表前应装设缓冲器（或阻尼器）。

对于过分脏污、高黏度、结晶或腐蚀性介质的压力测量，应加装有中性介质的隔离罐，以保护压力表。

7.5　压力仪表的检验

工业压力仪表常采用示值比较法进行校验，常用的标准仪表有标准 U 形管液柱式压力计、补偿式微压计、活塞式压力计及标准弹簧管式压力表（校验 9.8×10^4 Pa 以上压力）。此外，校验压力变送器时还需标准电源、标准电流表和标准电阻箱。校验时，标准器的综合误差应不大于被校表基本误差绝对值的 1/3。压力源常采用压力校验台、压力-真空校验台、手操压力泵等。

7.5.1 弹簧管压力表的校验

1. 外观检查

(1) 外形。检查压力表外壳、玻璃是否有损坏,刻度盘是否清楚,指针是否在零位,压力表是否有铅封;新制造的压力表涂层应均匀光洁、无明显脱落现象;压力表应有安全孔,安全孔上需有防尘装置(不准被测介质逸出表外的压力表除外);观察表壳颜色,确定此表是否禁油,以确定检定方法;轻轻摇动压力表,看表内是否有零件、金属碰击声。

(2) 标志。分度盘上应有制造单位或商标、产品名称、计量单位和数字、计量器具制造许可证标志和编号、准确度等级、出厂编号等标志,此外真空表上还应有"−"号或"负"字。

(3) 读数部分。表玻璃应无色透明,不应有妨碍读数的缺陷或损伤;分度盘应平整光洁,各标志应清晰可辨;仪表指针平直完好,不掉漆,嵌装规整,与铜套铆合牢固,与表盘或玻璃不蹭不刮;指针指示端应能覆盖最短分度线长度的 $1/3 \sim 2/3$;指针指示端的宽度应不大于分度线的宽度。

(4) 测量上限量值数字应符合如下系列之一:1×10^n,1.6×10^n,2.5×10^n,4×10^n,6×10^n。

(5) 分度值应符合如下系列之一:1×10^n,2×10^n,5×10^n。

(6) 零位。带有止销的压力表,在无压力或真空时,指针应紧靠止销,缩格应不得超过允许误差绝对值;没有止销的压力表,在无压力或真空时,指针应位于零位标志内,零位标志应不超过允许误差绝对值的 2 倍。

(7) 仪表接头螺纹无滑扣,仪表六方或四方接头的平面应完好,无严重滑方现象。

(8) 电接点压力表的接点装置外观完好,接点无明显斑痕、缺陷,并在其明显部位标有电压和接点容量值。拨针器应好用,信号引出端子应完好,螺丝齐全并有完好的外盖。

2. 校验点的选择

校验点一般不少于 5 个,并应均匀分布在全量程内,其中包括零点和上限值。若使用中不能达到上限值,则可从实际出发,仅校验足够使用的最大范围即可,但在校验报告中应予以说明。

3. 校验步骤

（1）将标准表和被校表垂直安装在校验台上，如图 7.22 所示，安装时，接头内应放置密封垫，以防止泄漏。油液压力由加油泵产生，其数值可由安装在校验台上的标准压力表读数。

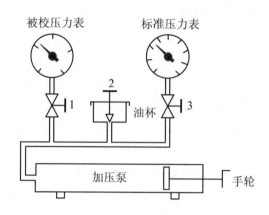

图 7.22　压力校验台原理图

（2）将阀门 1,2,3 全部打开，使压力为零，观察仪表指针位置。

（3）关闭阀门 1,3，打开阀门 2，将加压泵手轮缓慢摇出，使油杯中的油吸入加压泵，然后打开阀门 1,3，关闭阀门 2，缓慢摇动加压泵手轮，均匀升压（或降压），当指示值达到测量上限后，切断压力源，耐压 3 min（重新焊接的压力表耐压 10 min），逐渐平稳地升压，然后按原检定点平稳地降压（或升压）进行回校。

检验时，在每一校验点上，标准表应对准刻度线，读被校表。被校表的示值应读两次，轻敲前后各读一次，其差值为轻敲位移。在同一检定点，上升和下降时轻敲表壳后的读数之差为回程误差（变差）。被校表的基本误差、回程误差和轻敲位移（轻敲位移应小于允许误差绝对值的一半）应符合规定。

对于电接点压力表，可用拨针器将两个信号的设定指针拨到上限及下限以外的位置，然后进行示值校验。示值校验合格后，再进行信号误差校验，其方法是将上限和下限设定指针分别定于三个以上不同的校验点上，校验点应在测量范围的 20%～80% 之间选定，缓慢地升压或降压，直至发出信号的瞬时为止，标准表的示值与信号指针示值间的误差不应超过允许误差的 1.5 倍。

7.5.2　压力变送器的校验

压力变送器的校验及接线如图 7.23 所示。校验时，首先缓慢增减输入信号，观察电流的输出情况,输出电流应在 4~20 mA 范围内平稳变化。

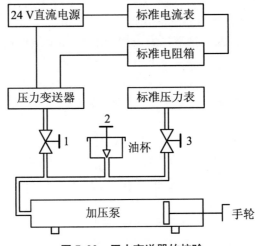

图 7.23　压力变送器的校验

校验及调整步骤如下:

(1) 零点调整。接通电源,在输入零压力的情况下,调整零点调整(ZERO)按钮(或螺钉),使输出电流为 4 mA。

(2) 量程调整。用压力校验台(或加压泵)输入变送器满量程对应的压力,调整量程调整(SPAN)按钮(或螺钉),使输出电流为 20 mA。量程调整后,须重新校正零点。

(3) 零点迁移。根据迁移量的大小,用压力校验台加压到所需的压力,调整零点调整(ZERO)按钮(或螺钉),使输出电流为 4 mA。若不能达到 4 mA,则应切断电源,拨下放大器板,改变零点迁移插头的位置(根据需要,插在正或负迁移的位置上),装上放大器板,接通电源,再调整零点调整按钮(或螺钉),完成零点迁移的调整。

(4) 再检查量程和零点。必要时进行微调,直至在误差允许的范围内。

(5) 线性调整。输入所调量程压力的中间值,记下输出信号的理论值与实际值之间的偏差 δ,则调整量为 $|6a\delta|$,其中 a 为量程下降系数,$a=$ 最大允许量程/调校量程。

若为负的偏差值,则将满量程输出加上 $|6a\delta|$;若为正的偏差值,则将满量程输出减去 $|6a\delta|$;调整线性微调器,使满量程符合计算需求。如量程下降系数为 4,量程中点理论值 - 实际值 $= -0.05$ mA 时,调整线性微调器,使满量程输出增加 $|6a\delta| = |6\times4\times(-0.05)|$ mA $= 1.2$ mA,即满量程输出为 21.2 mA。然后重新调整量程和零点。

（6）阻尼调整。在放大器板上有阻尼调整电位器，仪表出厂校验时一般调到最小位置（逆时针极限位置，阻尼时间约为 0.2 s），需要调整时，可顺时针调整阻尼电位器，使阻尼时间满足测量要求。

（7）准确度校验。均匀选择几个校验点进行校验，一般选择 4、8、12、16、20 mA 5 个校验点，按线性关系计算出它们所对应的压力值，再按正反行程进行校验，并做好记录。根据校验记录，计算出该变送器的基本误差和变差，并与允许误差做比较，给出校验结论。

 思考题与习题

（1）试述压力的定义。何谓大气压力、绝对压力、表压力、负压力和真空度？

（2）一个密闭的容器在海口市抽成真空度为 30 kPa，将其安全运抵吉林市后，这时真空值是否有变化？为什么？

（3）判断下述几种测压仪表中哪种在测压时示值不受重力加速度的影响：

① U 形管、单管、斜管液体压力计；

② 弹簧管式压力表；

③ 波纹管式压力计。

（4）试分析影响液柱压力计测量准确度和灵敏度的主要因素有哪些。

（5）有一容器用工作液为水银的 U 形管压力计测得压力如图 7.24 所示，水银柱高度 $h = 200$ mm，已知大气压力为 101 325 Pa，求容器内的绝对压力和表压力（水银在 20 ℃时的密度为 13 545 kg/m³）。

（6）用充注水银的 U 形管压力计测量某容器内的气体压力，在水银柱上加注一段水柱，水柱高 $h_1 = 500$ mm，水银柱高 $h_2 = 800$ mm，如图 7.25 所示。求容器内气体的压力（水在 20 ℃时的密度为 998.2 kg/m³）。

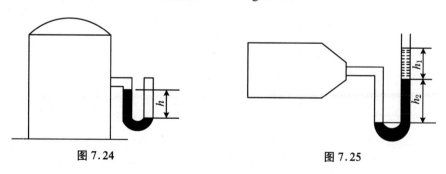

图 7.24　　　　　　　　　　　　　图 7.25

（7）U 形管压力计两肘管的内径分别为 $d_1 = 6$ mm，$d_2 = 6.5$ mm，管内工作液为水，被测压力作用于较细肘管，使水柱从零位下降 195 mm。如果以该值的 2 倍作为被测压力值,试确定由没有读取较粗肘管的水柱从零位的升高值所造成的测量误差。

(8) 用单管压力计测量某压力,当工作液是密度 $\rho_1 = 810 \ kg/m^3$ 的染色酒精时,其示值为 $h_1 = 3.9 \ mm$,如果改用工作液密度为 $\rho_2 = 850 \ kg/m^3$ 的酒精,问此时的示值为多少?

(9) 单管压力计的宽容器内径 $D = 50 \ mm$,肘管的内径 $d = 5 \ mm$,试计算:

① 未考虑宽容器液面变化所产生的误差;

② 为了使该误差不超过 0.25%,设肘管的内径不变,问宽容器的内径应为多少?

(10) 如果某反应器最大压力为 0.8 MPa,允许最大绝对误差为 0.01 MPa。现用一只测量范围为 0~1.6 MPa、准确度等级为 1 级的压力表来进行测量,那么是否符合工艺要求? 若其他条件不变,换用测量范围为 0~1.0 MPa 的压力表,结果又如何? 试说明其理由。

(11) 何谓压电效应? 压电式压力计的特点是什么?

(12) 差动式电容压力变送器的优点是什么?

(13) 应变片式压力计和压阻式压力计的工作原理是什么? 二者有何异同点?

第8章 流速测量

气流速度是热力机械中工质运动状态的重要参数之一,常用的流速测量仪表主要有各种测压管、热线风速仪及激光多普勒测速仪等。

8.1 测压管测量流速的大小

随着现代科学技术的发展,测量气流速度的方法越来越多,目前最常用的方法还是空气动力测压法,其典型仪表就是各种测压管。测压管可分为总压管、静压管、动压管、方向管和复合管,它是利用气流速度和压力的关系测量速度的。

8.1.1 测量原理

在气流速度小于声速时,伯努利方程给出了同一流线上气流速率和气流其他状态参数的关系。若气流速度低,不考虑其可压缩性,由伯努利方程得

$$p + \frac{1}{2}\rho v^2 = p^*$$

即

$$v = \sqrt{\frac{2}{\rho}(p^* - p)} \tag{8.1}$$

式中,p^*,p 分别为气流的总压和静压。

当气流速度比较高时,需要考虑其可压缩性,可压缩气体等熵流动的伯努利方程为

$$\frac{k}{k-1}\frac{p}{\rho} + \frac{v^2}{2} = \frac{k}{k-1}\frac{p^*}{\rho^*}$$

即

$$v = \sqrt{2\frac{k}{k-1}\left(\frac{p^*}{\rho^*} - \frac{p}{\rho}\right)} \tag{8.2}$$

利用气体绝热过程的状态方程,可得

$$v = \sqrt{2\frac{k}{k-1}RT\left[\left(\frac{p^*}{\rho}\right)^{\frac{k-1}{k}}-1\right]} \tag{8.3}$$

也可表示为

$$v = \sqrt{2\frac{k}{k-1}RT\left[1-\left(\frac{p}{\rho^*}\right)^{\frac{k-1}{k}}\right]} \tag{8.4}$$

考虑气体压缩性对流速的影响,引入马赫数 Ma 可得

$$p^* = p\left(1+\frac{k-1}{2}Ma^2\right)^{\frac{k}{k-1}} \tag{8.5}$$

把上式右侧展开,得到

$$p^* - p = \frac{\rho v^2}{2}\left(1+\frac{1}{4}Ma^2+\frac{2-k}{24}Ma^4+\cdots\right) = \frac{\rho v^2}{2}(1+\varepsilon) \tag{8.6}$$

$$v = \sqrt{\frac{2(p^*-p)}{\rho(1+\varepsilon)}} \tag{8.7}$$

式中,ε 为气体的压缩性修正系数,它表示气体的压缩效应的影响。

一般情况下测量气流速率时,$Ma>0.3$ 以后,应考虑气体的压缩效应,因此

$$v = \sqrt{\frac{2}{\rho}(p^*-p)} = \sqrt{\frac{2}{\rho}(p^{*'}-p')\xi}$$

式中,$p^{*'}$,p' 分别为动压管和静压管的读数;ξ 为动压管的校准系数,即 $\xi = \dfrac{p^*-p}{p^{*'}-p'}$。

考虑气体的压缩效应时,应为

$$v = \sqrt{\frac{2(p^{*'}-p')\xi}{\rho(1+\varepsilon)}} \tag{8.8}$$

8.1.2　测压管

设计测压管最主要的要求是:尽一切可能地保证总压孔和静压孔所接受到的压力是真正被测点的总压和静压。

1. 毕托管(动压测量管)

如图 8.1 所示,从流体绕流考虑,N 点的流动状态既受上游毕托管头部绕流的影响,又受下游毕托管立杆绕流的影响。通过实验研究发现,当静压孔 N 开在某一适当位置时,这两种影响有可能互相抵消,使得该处的压力恰好等于未插入毕托

管时的静压。

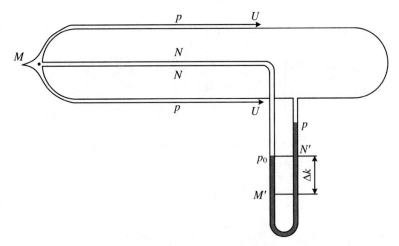

图 8.1 毕托管工作原理图

在毕托管设计中,既要考虑静压孔的位置,又要考虑静压孔的数量和形状、毕托管的头部形状、总压孔的大小、探头与立杆的连接方式等,它们都会影响毕托管的测量结果。

毕托管有多种形式,测量原理都是相同的。图 8.2 所示为三种基本毕托管的结构图。毕托管是一个弯成 90°的同心管,主要由感测头、管身及总压和动压引出管组成。感测头端部呈锥形、圆形或椭圆形,总压孔位于感测头端部,与内管连通,用来测量总压。在外管表面靠近感测头端部的适当位置有一圈小孔,称为静压孔,用来测量静压,它的总压孔和静压孔不是在同一点上,甚至不在流道的同一界面上,所以得到的读数有可能不能准确地反映气流速率的大小,而应加以修正。

2. S 形毕托管

图 8.3 所示为 S 形毕托管。它由两根相同弯曲的金属细管焊接而成,而总压、静压分别由管口迎着气流方向和背着气流方向的管子引出,校准系数 $\xi < 1$。其优点是结构简单、制造容易、横截面积小,缺点是不敏感、偏流角小、轴向尺寸大,可用于测量含尘浓度较高的空气流速,但不适于在轴向速度变化较大的场合应用。

3. 笛形动压管

笛形动压管可以测出多点压力而得到平均风速,适用于大尺寸流道内的测量。如图 8.4 所示,按一定规律开孔的笛形管垂直安装在流道内,小孔迎着气流方向,得到气流的平均总压。静压孔开在流道壁面上,笛形管的直径 d 要尽量小,常取

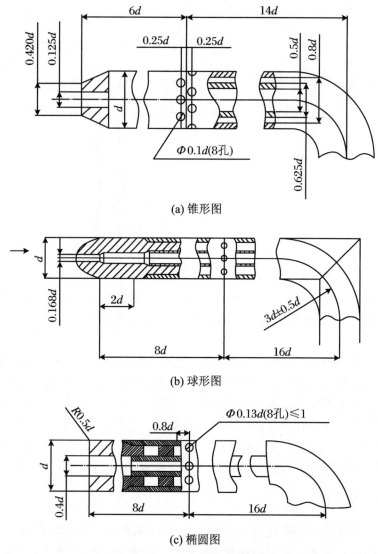

(a) 锥形图

(b) 球形图

(c) 椭圆图

图 8.2　基本毕托管结构图

$d/D = 0.04 \sim 0.09$，总压孔的面积一般不应超过笛形管内截面的 30%。

　　测量中发现总压孔处误差比较小，而静压孔处误差比较大。原则上说，只要适当选择位置，毕托管头部绕流和立杆绕流给静压孔带来的影响可以相互抵消，但是，流体绕流固体的状况，除了几何因素以外，还与流动因素有关，如来流的横向流速梯度、雷诺数、湍流度等。这样，要保证静压孔不受头部和立杆绕流的影响就很困难。静压孔的形状、大小、孔数以及加工的质量也会影响毕托管测得真正的静压。这些因素不能完全避免。因此,对于精确测量来说,毕托管在使用之前,需要经过标定。

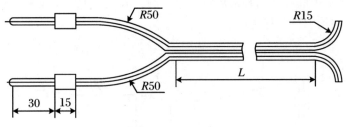

图 8.3　S 形毕托管

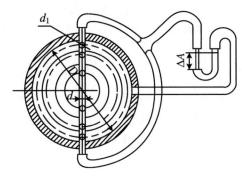

图 8.4　笛形动压管

8.1.3　测压管的标定

测压管在出厂前或使用一段时间之后都需要进行校验,以保证其准确度在一定范围之内,用于校验的实验装置称为风洞。

1. 风洞的原理和结构

风洞具有一定形状的管道,在管道中造成具有一定参数的气流,被校验测压管与标准测压管仪表在其中进行对比实验。

风洞的结构如图 8.5 所示,主要由风机段 1、扩散段 2、测量段 3、细收缩段 4、工作段 5、粗收缩段 6 和稳定段 7 组成。

风机段 1 包括由可调速直流电动机驱动的轴流风机及导流器,它可产生具有一定参数气流的动力。稳定段 7 包括蜂窝器、阻尼网和一定长度的直管段。气流由稳定段 7 导入,经导直整流形成流场稳定的气流。工作段 5 是校验中速测压管的直管段。经粗收缩段 6 的气流进入工作段 5,工作段 5 的流场均匀度小于 2%,

流场稳定度小于 1%。测量段 3 是校验高速测压管的直管段。经细收缩段 4 的气流进入测量段 3,测量段 3 的流场均匀度小于 2%,流场稳定度小于 1%。为减小能量损失,气流经扩散段 2 由轴流风机排出风洞。风机段 1 入口设有导流装置,以保证测量段 3 的均匀性和稳定度。

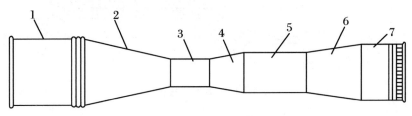

图 8.5　风洞的结构简图

1. 风机段；　2. 扩散段；　3. 测量段；　4. 细收缩段；　5. 工作段；　6. 粗收缩段；　7. 稳定段

2. 测压管的校验

被校验的测压管与标准测压管读数进行对比实验,以标准表读数为真值作被校验仪表的校验曲线。由于风速与被测气流的温度、湿度以及大气压力等因素有关,进行对比实验时,应同时测出这些量作为参考因素。

8.2　流动方向的测量

速度是矢量,不仅有大小,还有方向。方向测量可以分为平面和三维空间气流的检测。本节主要介绍平面气流的测量。平面气流的测量包括气流方向和气流速率的测量。测量气流速率的依据是不可压缩流体对某些规则形状物体的绕流规律;流动方向是通过测量流速在不同方向的变化得到的,可以通过在测压管得到不同方向的压力来反映速度的变化。

为了准确测出气流的方向,可用方向管或复合管对气流方向的变化来测量,并要求对气流的变化越敏感越好,这恰恰与总压管、静压管测量压力时的要求相反。一般用修正方向特性、总压特性和速度特性的方法修正流体的运动方向。

8.2.1　测量原理

以三孔测压管为例说明方向测量的原理。如图 8.6 所示,由三孔圆心组成一个三角形,两侧孔为方向孔,中间孔为总压孔,总压孔的圆心在方向孔与总压孔的角平分线上。把三孔测压管垂直插入均匀平行的气流中,三孔都迎着气流方向,调整方向孔 1 和 3 的压力,当两孔的压力相等时,在三个孔决定的平面内,过测压管截面的圆心和气流方向平行的方向,就是测压管的气动轴线。

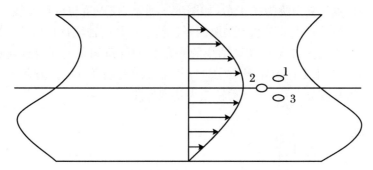

图 8.6　管道内轴线与气流方向一致的图示

8.2.2　圆柱三孔复合测压管

圆柱三孔复合测压管的结构如图 8.7 所示,在一个圆柱体上沿径向钻三个小孔,中间的孔 2 为总压孔,其压力由圆柱体的内腔引出,两侧的孔 1,3 为方向孔,其压力由焊接在孔上的针管引出。这种测压管结构简单,制造容易,使用方便,应用广泛。

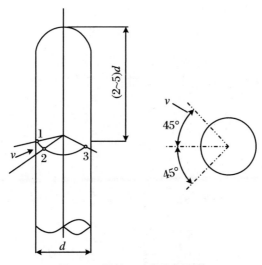

图 8.7　圆柱三孔复合测压管

1,3. 方向孔；　2. 总压孔

　　为了保证安装测压管的位置及方向,通常都在测压管上焊接一方向块,焊接时尽量使方向块的平面与总压孔 2 的轴线相平行,方向块的平面就作为测压管的原始位置,即几何轴线。

　　在使用时,几何轴线和气动轴线分别对应于坐标架刻度盘上的一个读数,几何曲线与气动轴线的夹角称为校正角,如图 8.8 所示,校正角与校正曲线一样,是在校正风洞上得到的。由于工艺上的原因,气动轴线、几何轴线及总压孔 2 的轴线三者不一定平行。气流方向与气动轴线的夹角称为气流偏角。气流偏角正负的规定:气流方向在基准方向的左侧,取正号;气流方向在基准方向的右侧,取负号。α 以几何轴线为基准方向,α_C 以气动轴线为基准方向。

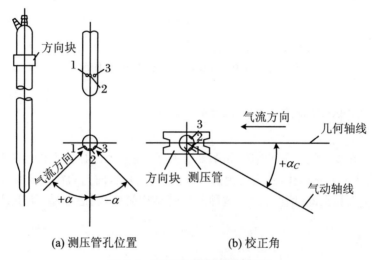

(a) 测压管孔位置　　　　　　　　(b) 校正角

图 8.8　测压管孔位置及校正角

　　每根测压管一般应有方向特性、总压特性和速度特性三条校准曲线。常见形式的校准曲线的基本原理都相同。下面推荐一组特性曲线。

　　方向特性

$$X_a = \frac{p_1 - p_3}{2p_2 - p_1 - p_3} = f_1(\alpha) \tag{8.9}$$

总压特性

$$X_0 = \frac{p^* - p_3}{2p_2 - p_1 - p_3} = f_2(\alpha) \tag{8.10}$$

速度特性

$$X_V = \frac{p^* - p}{2p_2 - p_1 - p_3} = f_3(\alpha, Ma) \tag{8.11}$$

式中,p^* 和 p 分别为校准风洞中的总压和静压;p_1, p_2, p_3 分别为被校测压管孔 1,

2,3 测量到的压力。

速度特性 X_V 受气流马赫数 Ma 的影响较大，但当 $Ma<0.3$ 时，可不考虑马赫数 Ma 的影响，即

$$X_V = \frac{p^* - p}{2p_2 - p_1 - p_3} = f_3(\alpha) \tag{8.12}$$

当 $Ma>0.3$ 时，可采用 $p_3/p_2 = f(p/p^*, \alpha)(\alpha>0)$ 或 $p_1/p_2 = f(p/p^*, \alpha)$ $(\alpha\leqslant 0)$，相应的校准曲线如图 8.9 所示，其中 α 角箭头所指方向就是气流流动的方向。

理论分析和实验都表明，中心角为 45° 时，方向孔对气流方向的变化最敏感，所以，方向孔在垂直于测压管轴线的平面内径向开孔，夹角为 90°，总压孔开在两个方向孔夹角的角平分线上，为了消除测压管端部对测量的影响，侧孔应离开端部一定的距离。

圆柱三孔复合测压管只适用于测量平面气流。当俯仰角不为零时，它不影响气流在上述平面内方向的测量，但会影响测量气流的总压和静压的大小。例如，当俯仰角大于 50° 时，测得的静压误差将大于 1%。

8.2.3 两管形方向管

在只需要测量气流方向的场合，可用两根针管制成两管形方向管。其斜角在 45°～60° 之间，两管要尽量对称，以斜角向外的较常用。如图 8.9(a) 所示，两方向孔的距离小，测量结果受气流横向速度梯度的影响也小，当刚性较差时，方向管的使用方法大致与复合管相同。

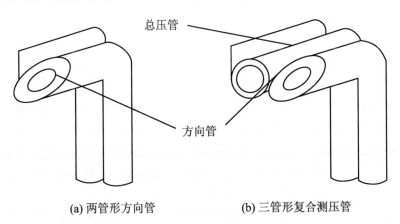

总压管

方向管

(a) 两管形方向管   (b) 三管形复合测压管

图 8.9 测压管

8.2.4　三管形复合测压管

三管形测压管比圆柱三孔测压管的头部小,可用于气流马赫数 Ma 更高、横向速度梯度更大的场合。

把三根弯成一定形状的小管焊接在一起,就组成了三管形复合测压管。如图8.10(b)所示,两侧方向管的斜角要尽可能相等;斜角可以向外斜,也可以向内斜;总压管可以在两方向管之间,也可以在它们的上方或下方。在相同条件下,外斜的测压管要比内斜的灵敏度高。总压孔和方向孔尽量垂直迎着气流方向,若不知道气流方向偏于哪一侧,则总压管应安排在两个方向管之间,但这样容易增加方向孔的测量误差。为了加强测压管道刚度,可以焊上加强筋。为了避免对流场的干扰,各测压孔到杆柄和加强筋的距离要分别大于 6 倍和 12 倍管子外径。

三管形复合测压管的特性和校准曲线与圆柱形三孔复合测压管的类似,其不足是:刚性较差;由于方向管斜角的存在,气流较易产生脱流,在偏流角较大时,压力的示值不易稳定得到。

8.3　热线风速仪

热线风速仪可以用来测量脉动气流的速度,其探头尺寸小,响应速度快,是一种将流速信号转变为电信号的测速仪器,测量如果与数据处理系统连用,可以简化繁琐的数据整理工作。

8.3.1　工作原理

热线风速仪是以热丝或热膜(前者大都用钨丝、铂丝制成,后者常用铂丝、铬丝制成)为探头直接暴露在被测的气流中,并把它接入平衡电桥作为一个桥臂,用电流供给热丝进行加热,热丝在气流中的散热量与流速的大小有关,此散热量导致热丝温度变化,进而引起热线电阻的变化,这样就把流速信号转变成电信号,通过测量电信号从而达到测量气体流速的目的。

热线风速仪是利用通电的热线探头在流场中会产生热量损失来进行测量的,如果流过热线的电流为 I,热线电阻为 R,则热线产生的热量是

$$Q_1 = I^2 R \tag{8.13}$$

当热线探头置于流场中时,流体对热线有冷却作用。忽略热线的导热损失和辐射损失,可以认为热线是在对流换热状态下工作的。根据牛顿冷却公式,热线损失的热量为

$$Q_2 = hF(t_w - t_f) \tag{8.14}$$

式中,h 为热线的表面传热系数;F 为热线的换热面积;t_w 为热线温度;t_f 为流体温度。

在热平衡条件下,有 $Q_1 = Q_2$,因此可写出热线的能量守恒方程,即

$$I^2 R = hF(t_w - t_f) \tag{8.15}$$

热线电阻 R 是温度的函数;对于一定的热线探头和流体条件,h 主要与流体的运动速度有关;在 t_f 一定的条件下,流体的速度只是电流和热线温度的函数,即

$$v = f(I, t_w) \tag{8.16}$$

因此,只要固定 I 和 t_w 两个参数中的任何一个,都可以获得流速 v 与另一个参数的单值函数关系。若电流 I 固定,则 $v = f(t_w)$,可根据热线温度 t_w 来测量流速 v,此为热线风速仪的恒流工作方式;若保持热线温度 t_w 为定值,则 $v = f(I)$,可根据流经热线的电流 I 来测量流速,此为热线风速仪的恒温工作方式或恒电阻工作方式,如图 8.10 和图 8.11 所示。此外,还可以始终保持 $t_w - t_f$ 为常数,同样可以根据热线电流 I 来测量流速,这叫恒电流工作方式。无论采用哪种工作方式,都需要对流体实际温度 t_f 与偏离热线标定时的流体温度 t_0 进行修正,这种修正可通过适当的温度补偿电路自动实现。

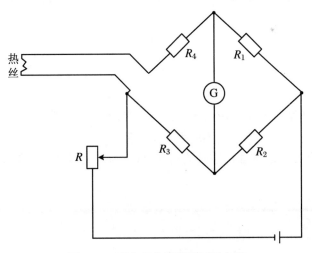

图 8.10 定电阻热线风速测量电路

热线风速仪的基本原理是基于热线对气流的对流换热,所以它的输出和气流的运动方向有关。当热线轴线与气流速度的方向垂直时,气流对热线的冷却能力

最大,即热线的热耗最大;若二者的夹角逐渐减小,则热线的热耗也逐渐减小。根据这一现象,原则上可确定气流速度的方向。

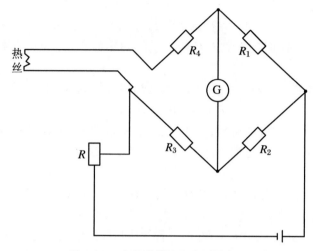

图 8.11　定电流热线风速测量电路

8.3.2　热线方程

假定热线为无限长且表面光滑的圆柱体,流体流动方向垂直于热线,由传热学可知

$$h = \frac{Nu\lambda}{d} \tag{8.17}$$

式中,Nu 为努赛尔数;λ 为流体的导热系数;d 为热线的直径。

由于热线的直径极小,即使流速很高,例如 $Ma = 1$,以 d 为特征尺寸的雷诺数 Re_d 也很小,热丝散热属于层流对流换热,根据传热学的经验公式,有

$$Nu = a + bRe_d^n \tag{8.18}$$

式中,a,b 均为与流速物理性质有关的常数;n 为与流速有关的常数。

$$Re_d = \frac{vd}{\nu} \tag{8.19}$$

式中,ν 为流体的运动黏度。

将式(8.18)和式(8.19)联立,得到

$$h = a\frac{\lambda}{d} + b\frac{\lambda d^{n-1}}{\nu^n}v^n \tag{8.20}$$

将式(8.20)代入式(8.15),可得

$$I^2 R = \left(aF \frac{\lambda}{d} + bF \frac{\lambda d^{n-1}}{\nu^n} v^n \right) (t_w - t_f) \tag{8.21}$$

当热线已经确定,那流体的导热系数 λ 和黏度 ν 已知时,上式可化简为

$$I^2 R = (a' + b'v^n)(t_w - t_f) \tag{8.22}$$

式中,a',b' 分别为与流体参数和探头结构有关的常数,二者之间的关系为

$$a' = aF \frac{\lambda}{d} \quad b' = bF \frac{\lambda d^{n-1}}{\nu^n} \tag{8.23}$$

另外,热线电阻 R 随温度变化的规律为

$$R = R_0 [1 + \beta (t_w - t_f)] \tag{8.24}$$

$$I^2 = \frac{(a' + b'v^n)(t_w - t_f)}{R_0 [1 + \beta (t_w - t_f)]} \tag{8.25}$$

对于恒流工作方式,目前还没有对热丝的热惯性找到简单易行的补偿方法,这种方式很少用于流速测量。恒温工作方式的控制线路较简单,精度较高,可广泛用于流速的测量,尤其是用于脉动气流的测量。

在恒温工作方式下,由于热线温度 t_w 维持恒定,并且对流体温度 t_f 偏离 t_0 进行了修正,因此可采用如下形式:

$$I^2 = a'' + b''v^n \tag{8.26}$$

式中,a'',b'' 均为流体温度有别于 t_0 时的附加修正系数的常数。

在测量线路中,热线探头是惠斯顿电桥的一臂。实际测量时,测量的不是流过热线的电流 I,而是电桥的桥顶电压 U,如图 8.12 所示。

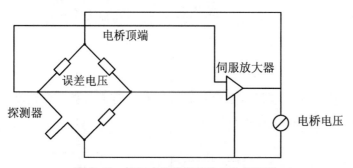

图 8.12　恒温式热线风速仪工作原理图

这时有

$$E^2 = A + Bv^n \tag{8.27}$$

式中,A,B 分别为与 a'',b'' 性质相似的常数。

式(8.27)称为克英公式,指数 n 的推荐值为 0.5。克英公式是对热线风速仪在恒温工作方式下测量流速的工作原理的一种近似描述,但这是讨论热线应用的一个基础。

8.4　激光多普勒测试仪

激光多普勒测速仪采用非接触测量,具有不干扰流场的流线、测速范围广、测量精度高、动态响应快的优点,另外它对具有较强损伤性(酸性、碱性、高温等)的流体,湍流和层流边界层流速的测量显示出传统方法无法比拟的优点。然而,激光多普勒测速法需要激光穿透流体,信号随流体运动的微粒散射传播,这限制了它的应用范围,目前还主要应用于实验室中。

8.4.1　多普勒效应

多普勒效应来源于物理学中的一个著名的声学效应。当观察者(可以是人,也可以是某种接收器)向声源运动(相向运动)时,观察者所接收到的声波频率比静止时收到的频率高,声源好像发出高音调;相反,当观察者远离声源而去(背向运动)时,观察者接收到的声波频率比静止时收到的频率低,声源好像发出低音调。反之,当声源运动、观察者不动时,也有同样的效应。

1. 波源静止,观察者相对于介质运动

有一个波源(例如声波)S,O 为观察者,波源和观察者都静止时,两个相邻等相位面之间的距离是一个波长 λ,波的频率为 f,即

$$\lambda = vT\cos\alpha = \frac{v\cos\alpha}{f} \tag{8.28}$$

(1) 若波源 S 静止,观察者 O 以速度 $v\cos\alpha$ 向着波源相向运动,波运动的速度为 u,如图 8.13 所示,则有

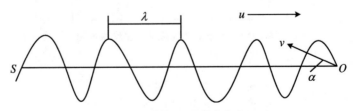

图 8.13　波源静止,观察者相向运动

$$f_1 = \frac{u + v\cos\alpha}{\lambda} = \frac{u + v\cos\alpha}{\dfrac{u}{f}} = f\frac{u + v\cos\alpha}{u} \tag{8.29}$$

由此可见,观察者所接收的频率大于波源的频率。

（2）若波源 S 静止,观察者 O 以速度 $v\cos\alpha$ 远离波源背向运动,则有

$$f_2 = \frac{u - v\cos\alpha}{\lambda} = \frac{u - v\cos\alpha}{\dfrac{u}{f}} = f\frac{u - v\cos\alpha}{u} \tag{8.30}$$

由此可见,观察者所接收的频率小于波源的频率。

2. 观察者不动,波源相对于介质运动

（1）波源 S 向观察者 O 运动,如图 8.14 所示,可得波长的变化为

$$\lambda_1 = \lambda - \overline{SC} = uT - v\cos\alpha T = (u - v\cos\alpha)T \tag{8.31}$$

由此可得频率的变化为

$$f_1 = \frac{u}{\lambda_1} = \frac{u}{\dfrac{u - v\cos\alpha}{f}} = f\frac{u}{u - v\cos\alpha} \tag{8.32}$$

由此可见,观察者所接收到的频率升高。

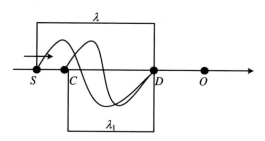

图 8.14　波源向观察者运动

（2）波源以速度 $v\cos\alpha$ 远离观察者运动,如图 8.15 所示,由于 $\overline{SC} = v\cos\alpha$,故

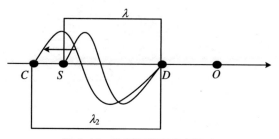

图 8.15　波源远离观察者运动

$$\lambda_2 = \lambda + \overline{SC} = uT + v\cos\alpha\,T = (u + v\cos\alpha)T \tag{8.33}$$

由此可得频率的变化为

$$f_2 = \frac{u}{\lambda_2} = \frac{u}{\dfrac{u + v\cos\alpha}{f}} = f\frac{u}{u + v\cos\alpha} \tag{8.34}$$

由此可见,观察者所接收到的频率降低。

8.4.2　激光多普勒测速原理

激光测速的原理是多普勒效应。当频率为 f 的激光照射到随流体运动着的粒子时,激光被照射到的粒子散射,其散射光的频率 f' 将发生变化。散射光与入射激光的频率差 $|f - f'|$ 与流速 v 成正比,只要测得这个频率差,就可求得流速。

由发射源 S 输出两束强度相同的光,其中一束被加了个频移,如图 8.17(a) 所示。即经过 M 发射,再经透镜 L_1,光线 K_{f1} 与 K_{f2} 聚焦于 A,如图 8.17(b) 所示。

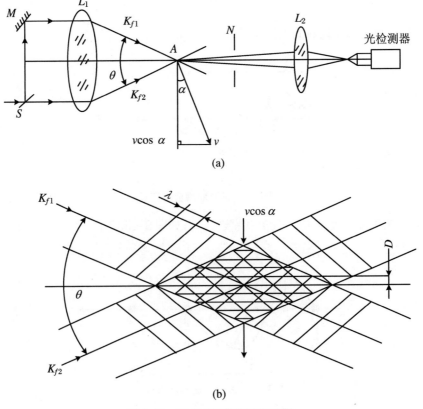

图 8.16　激光多普勒测速原理图

在探测体内,由于光的干涉现象,光的强度被调整而产生干涉条纹。干涉条纹的距离 D 是由激光的波长和两光束的角度决定的,即

$$D = \frac{\lambda}{2\sin\dfrac{\theta}{2}} \tag{8.35}$$

在测量区域内形成一组固定的干涉条纹。差拍信号的测量利用光干涉的现象。来自同一光源的两束相干光,当它们以 θ 角相交时,在交叉部位产生明暗相间的干涉条纹。当微粒以速度 $v\cos\alpha$ 通过干涉条纹区时,在明纹处散射光强度增大,在暗纹处散射光强度减弱。这样,散射光强度的变化频率为 $v\cos\alpha/D$,它恰好就是光检测器所接收到的差拍信号,即

$$\frac{v\cos\alpha}{D} = \frac{2v\cos\alpha\sin\dfrac{\theta}{2}}{\lambda} = |f - f'| \tag{8.36}$$

由此可见,可以通过测出散射光强度的变化频率来确定流速分量 $v\cos\alpha$。

光电探测器把发光强度的波动转化成电信号,即多普勒脉冲。多普勒脉冲在信号处理器中被过滤和放大,然后经过频率分析(诸如快速傅里叶变换)确定多普勒频率。

干涉条纹的距离提供了粒子运动距离的信息,多普勒频率提供了时间信息。由于速度等于距离除以时间,即距离乘以频率,从而可以获得粒子的速度信息。

思考题与习题

(1) 为什么测量气体速度时一般要考虑气体的可压缩性?

(2) 速度方向的测量原理是什么? 测压管测得的是一点的速度方向还是流场的速度方向?

(3) 热线风速仪的工作原理是什么? 误差主要由哪几部分组成?

(4) 何为多普勒效应? 激光多普勒测速仪的测速原理是什么?

(5) 一支毕托管放在直径为 0.15 m、内有高压气体流过的管道中心,当气流最大时,毕托管的压差为 250 kPa,根据下列已知数据:气体密度为 5.0 kg/m³,气流黏度为 5.0 Pa·s,试计算:

① 最大流速;

② 最大质量流量;

③ 最大流量时的雷诺数。

第9章 流量测量

9.1 概　　述

在工业生产工程中,流量是非常重要的参数,流量测量是实现自动化检测和控制的重要环节。随着科学技术的发展,人们对流量测量的要求越来越高。

流量是一个动态量,其测量过程与流体的流动状态、物理性质、工作条件及流量计前后直管段的长度等因素有关。测量对象遍及高、低黏度以及强腐蚀的流体,可以是单相流、双相流和多相流;测量条件有高温高压、低温低压;流动状态有层流、湍流和脉动流等,因此在确定流量的测量方法、选择合适的流量仪表时,需要综合考虑上述因素的影响,才能达到理想的测量要求。

9.1.1　流量的定义及表示方法

流体在单位时间内通过流道某一截面的量称为流体的瞬时流量,简称流量;在一段时间内,比如在时间 t_1 到 t_2 内,对瞬时流量积分得到 $t_2 - t_1$ 时间内流体流过的总量,称为累积流量;累积流量除以流通时间,就可得到平均流量。

按计量流体数量的不同方法,流量可分为质量流量 q_m 和体积流量 q_V,二者满足

$$q_m = \rho q_V$$

式中,ρ 为被测流体的密度。

在国际单位制中,q_m 的单位为 kg/s,q_V 的单位为 m³/s。因为流体的密度 ρ 随流体的状态参数的变化而变化,故在给出体积流量的同时,需要指明流体所处的状态,特别是对于气体,其密度随压力、温度变化比较显著,为了便于比较,常把工作状态下的体积流量换算成标准状态下(温度为 20 ℃,绝对压力为 101 325 Pa)的体积流量,用 q_{VN} 表示。

9.1.2 流量测量方法

流体流动的动力学参数,如流速、动量等都直接与流量有关,因此这些参数造成的各种物理效应,均可作为流量测量的物理基础。目前,已投入使用的流量计有100多种。流量计有各种不同的分类方法,按工作原理不同,一般归纳为容积法、速度法和质量流量法三种。

1. 容积法

利用容积法制成的流量计相当于一个具有标准容积的容器,它连续不断地对流体进行度量,在单位时间内,度量的次数越多,即流量越大,这种测量方法受流动状态的影响较小,因而适用于测量高黏度、低雷诺数的流体,但不宜用于测量高温、高压以及脏污介质的流体,其流量测量上限比较小。椭圆齿轮流量计、腰轮流量计、刮板流量计等都属于容积式流量计。

2. 速度法

根据流体的连续性方程,由于体积流量等于截面上的平均流速与截面面积的乘积,如果再有流体密度的信号,便可得到质量流量。在速度法流量计中,节流式流量计历史悠久,技术最为成熟,是目前工业生产和科学实验中应用最为广泛的一种流量计。此外,属于速度式流量计的还有涡轮流量计、电磁流量计等。

3. 质量流量法

无论是容积法,还是速度法,都必须给出流体的密度才能得到质量流量,而流体的密度受流体的状态参数影响,这就不可避免地给质量流量的测量带来误差。解决这个问题的一种方法是,同时测量流体的体积流量和密度或根据测量得到流体的压力、温度等状态参数对流体密度的变化进行补偿。当然,理想的方法是直接通过测量得到流体的质量流量,这种方法的物理基础是测量与流体质量流量有关的物理量(如动量、动量矩等)。这种方法与流体的成分和参数无关,具有明显的优越性,但目前生产的这种流量计结构都比较复杂,价格昂贵,因而限制了它的应用。

应当指出,无论哪一种流量计,都有一定的适用范围,对流体的特性和管道条件都有特定的要求。目前生产的各种容积法和速度法流量计,都要求满足以下条件:

(1)流体必须充满管道内部,并连续流动。

（2）流体在物理和热力学上是单相的，流经测量元件时不发生相变。

（3）流体的速度一般在声速以下。

9.2　节流式差压流量计

差压式流量计是根据安装在管道中的流量检测元件所产生的压差 Δp 来测量流量的仪表，其应用非常广泛，使用量一直居流量仪表的首位，它可以用来测量液体、气体或蒸汽的流量。

差压式流量计中使用最为广泛的就是节流式差压流量计，节流装置按其标准化程度，可以分为标准型和非标准型两大类。所谓标准型是指按照标准文件（如节流装置国际标准 ISO 5176 或我国标准 GB/T 2624）进行节流装置的设计、制造、安装和使用，无需实际流体校准和单独标定即可确定输出信号（压差）与流量的关系，并估算其测量误差。标准型节流装置由于具有结构简单并已标准化、使用寿命长和适用范围广的优点，在流量测量仪表中占据重要地位。非标准型节流装置是指成熟程度较低、尚未标准化的节流装置。

9.2.1　节流装置测量原理及流量方程

现以不可压缩流体流经孔板为例，分析流体流经元件时的压力及速度变化情况。在充满流体的管道中放置一个固定的、有孔的局部阻力件（节流元件），可以形成流束的局部收缩。对一定结构的节流元件，其前后的静压差与流量呈一定的函数关系，如图 9.1 所示。

截面 1 位于节流元件上游，该截面处流体未受节流元件影响，静压力为 p_1'，平均流速为 $\bar{v}_1$，流束截面的直径（即管内径）为 D，流体的密度为 ρ_1。

截面 2 为流束的最小截面处，它位于标准孔板出口以后的地方，对于标准喷嘴和文丘里管，则位于其喉管内。此处流体的静压力最低为 p_2'，平均流速最大为 $\bar{v}_2$，流体的密度为 ρ_2，流束直径为 d'。对于孔径为 d 的标准孔板，$d' < d$；对于标准喷嘴和文丘里管，$d' = d$。

在节流元件前，流体向中心加速，至截面 2 处流束截面收缩到最小，流动速度最大，静压力最低，然后流束扩张，流动速度下降，静压有所升高，直至在截面 3 处流束又充满管道。由于产生了涡流区，致使流体能量损失，故在截面 3 处静压力 p_3' 不等于原先的数值 p_1'，而产生了压力损失 Δp。

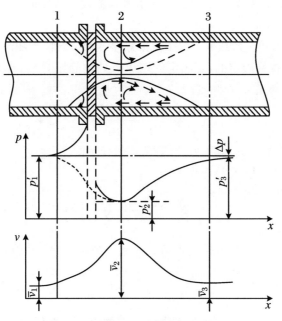

图 9.1　孔板附近流束变化及压力分布

设管道水平放置,则有 $z_1 = z_2$;对不可压缩流体,有 $\rho_1 = \rho_2 = \rho$;再将能量损失记为 $s_w = \xi \dfrac{\bar{v}_2^2}{2}$,则对于截面 1 和 2,根据伯努利方程可得

$$\frac{p_1'}{\rho} + \frac{c_1 \bar{v}_1^2}{2} = \frac{p_2'}{\rho} + \frac{c_2 \bar{v}_2^2}{2} + \xi \frac{\bar{v}_2^2}{2} \tag{9.1}$$

式中,p_1',p_2' 分别为管道截面 1,2 处流体的静压力(Pa);c_1,c_2 分别为管道截面 1,2 处的动能修正系数;$\bar{v}_1$,$\bar{v}_2$ 分别为管道截面 1,2 处流体的平均速度(m/s);ρ 为不可压缩流体的平均密度(kg/s);ξ 为阻力系数。

由流体的连续性方程可得

$$v_1 \frac{\pi D^2}{4} \rho = \bar{v}_2 \frac{\pi d'^2}{4} \rho \tag{9.2}$$

式中,D,d' 分别为管道截面 1,2 处的直径(m)。

联立式(9.1)和式(9.2),解得平均流速 $\bar{v}_2$ 为

$$\bar{v}_2 = \frac{1}{\sqrt{c_2 + \xi - c_1 \left(\dfrac{d'}{D}\right)^4}} \sqrt{\frac{2}{\rho}(p' - p_2')} \tag{9.3}$$

对式(9.3)进行如下处理:

(1) 引入节流装置的重要参数直径比,即 $\beta = d/D$。

(2) 引入流束的收缩系数 μ。其表示流束的最小收缩面积和节流元件开孔面积之比，即 $\mu = d'^2 / d^2$。

(3) 引入取压修正系数 ψ。由于流束最小截面 2 的位置随流量变化而变化，而实际取压点的位置是固定的，用固定的取压点处的静压力 p_1，p_2 代替 p'_1，p'_2 时，必须引入一个取压修正系数 ψ，即

$$\psi = \frac{p'_1 - p'_2}{p_1 - p_2} \tag{9.4}$$

式中，ψ 为取压修正系数，取压方式不同，ψ 值也不同。

经过以上处理，式(9.3)变为

$$\overline{v}_2 = \frac{\sqrt{\psi}}{\sqrt{c_2 + \xi - c_1 \mu^2 \beta^4}} \sqrt{\frac{2}{\rho}(p_1 - p_2)} \tag{9.5}$$

若用节流元件的开孔面积 $\frac{\pi}{4} d^2$ 替代 $\frac{\pi}{4} d'^2$，则流体的体积流量为

$$q_V = \frac{\sqrt{\psi}}{\sqrt{c_2 + \xi - c_1 \mu^2 \beta^4}} \frac{\pi}{4} d'^2 \sqrt{\frac{2}{\rho}(p_1 - p_2)} \tag{9.6}$$

注意：公式中的 d 和 D 是在工作条件下的直径。在任何其他条件下，所测得的值均需根据测量时实际的流体温度和压力对其进行修正。

记静压力差 $\Delta p = p_1 - p_2$，设节流元件的开孔面积 $A_0 = \frac{\pi}{4} d^2$，并定义流量系数为

$$\alpha_0 = \frac{\mu \sqrt{\psi}}{\sqrt{c_2 + \xi - c_1 \mu^2 \beta^4}} \tag{9.7}$$

则流体的体积流量为

$$q_V = \alpha_0 A_0 \sqrt{\frac{2}{\rho} \Delta p} \tag{9.8}$$

目前国际上多用流出系数 C 来代替流量系数 α_0，流出系数 C 定义为实际流量值与理论流量值的比值。所谓理论流量值，是指在理想工作条件下的流量值。理想条件主要包括：

(1) 无能量损失，即 $\xi = 0$。

(2) 用平均流速代替瞬时流速，无偏差，即 $c_1 = c_2 = 1$。

(3) 假定在孔板处流束收缩到最小，则有 $d' = d$，$\mu = 1$。

(4) 假定截面 1 和截面 2 所在位置恰好为差压计两个固定取压点的位置，则固定点取压值 p_1，p_2 分别等于 p'_1，p'_2，即 $\psi = 1$。

因此理论流量值 q_{V0} 为

$$q_{v0} = \frac{A_0}{\sqrt{1-\beta^4}} \sqrt{\frac{2}{\rho} \Delta p} \tag{9.9}$$

流出系数 C 的表达式为

$$C = \frac{q_v}{q_{v0}} = \frac{\alpha_0}{E} \tag{9.10}$$

式中,E 为渐近速度系数,$E = \dfrac{1}{\sqrt{1-\beta^4}}$。

用流出系数 C 表示的体积流量公式为

$$q_v = \frac{C}{\sqrt{1-\beta^4}} A_0 \sqrt{\frac{2}{\rho} \Delta p} \tag{9.11}$$

用流出系数 C 表示的质量流量公式为

$$q_m = \frac{C}{\sqrt{1-\beta^4}} A_0 \sqrt{\frac{2}{\rho} \Delta p} \tag{9.12}$$

对于可压缩流体,由于密度随压力或温度的变化而变化,不再满足 $\rho_1 = \rho_2 = \rho$。此时,如果仍用不可压缩流体的流出系数 C,则算出的流量偏大。为方便起见,流量方程仍取不可压缩流体流量方程的形式,只是规定公式中的 ρ 取节流元件前流体的密度 ρ_1,流量系数 α_0 和流出系数 C 也仍取不可压缩时的数值,同时把流体可压缩性的全部影响集中用一个流束膨胀修正系数 ε 来考虑。显然,不可压缩流体的 $\varepsilon = 1$,可压缩流体的 $\varepsilon < 1$。因此,可压缩流体的流量公式为

$$q_v = \frac{C_\varepsilon}{\sqrt{1-\beta^4}} A_0 \sqrt{\frac{2}{\rho_1} \Delta p} \tag{9.13}$$

$$q_m = \frac{C_\varepsilon}{\sqrt{1-\beta^4}} A_0 \sqrt{2\rho_1 \Delta p} \tag{9.14}$$

式中,ε 为可压缩流体的流束膨胀修正系数,简称膨胀系数。

9.2.2　标准节流装置的结构

1. 标准孔板(图 9.2)

(1) 标准孔板的开孔直径 d 是一个非常重要的尺寸,在任何情况下都要满足 $d > 12.5$ mm,对制成的孔板,应至少取 4 个大致相等的角度测得直径的平均值,且要求任意一个直径与直径平均值之差不超过直径平均值的 0.05%。根据所用标准孔板的取压方式,直径比 $\beta = d/D$ 应满足 $0.20 \leqslant \beta \leqslant 0.75$。

(2) 节流孔的厚度 e 应满足 $e = 0.05D \sim 0.02D$。孔板厚度 E 应满足 $E =$

$e \sim 0.05D$,而当 $50 \text{ mm} \leqslant D \leqslant 64 \text{ mm}$ 时,孔板厚度 E 只要不大于 3.2 mm 即可。在各处测得的 e 值偏差和 E 值偏差均应不大于 $0.001D$。

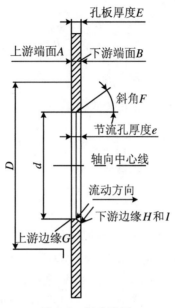

图 9.2　标准孔板

（3）孔板上游端面 A 的平面度（即连接孔板表面上任意两点的直线与垂直于轴线的平面之间的斜度）应小于 0.5%,上游端面 A 的表面粗糙度值必须满足 $Ra \leqslant 10^{-4} d$。孔板的下游侧应有一个扩散的圆锥表面,该表面的表面粗糙度值无需达到上游端面 Ra 的要求,圆锥面的斜面角度为 $F = 45° \pm 15°$。

（4）上游边缘 G 应是尖锐的,即边缘半径不大于 $0.000\,4D$,无卷口,无毛边,无目测可见的任何异常。

（5）标准孔板的进口圆筒部分应与管道同心安装;孔板必须与管道轴线垂直,其偏差不得超过 $\pm 1°$。

标准孔板结构简单、加工方便、价格便宜,但对流体造成的压力损失较大,测量准确度较低,所以一般只适用于洁净流体介质的测量。此外,测量高温、高压介质在大管径管道中的流动时,孔板易出现变形现象。

2. 标准喷嘴

喷嘴的轴向截面由圆弧形收缩部分与圆筒形喉部所组成。标准喷嘴是一种以管道轴线为中心线的旋转对称体,有 ISA 1932 喷嘴和长径喷嘴两种类型。

3. 文丘里管

文丘里管是轴向截面由入口收缩部分、圆筒形喉部和圆锥形扩散段所组成的节流元件。按收缩段的形状不同，又分为经典文丘里管和文丘里喷嘴。

9.2.3 取压

1. 取压方式

取压装置是取压的位置与取压口结构形式的总称。

表 9.1　节流装置不同取压方式的取压位置

	角接取压	法兰取压	D 和 $D/2$	理论取压	损失取压
L_1	均取等于取压口孔径	25.4 mm	D	D	$2.5D$
L_2	（或取压宽度）的一半	25.4 mm	$D/2^*$	$0.34D \sim 0.84D$	$8D$

注：＊表示下游取压口中心与节流元件前段面间的距离。

根据节流装置取压口位置，可将取压方式分为理论取压、角接取压、法兰取压、D 和 $D/2$ 取压（又称径距取压）与损失取压（又称管接取压）五种，如图 9.3 所示。表 9.1 列出了不同取压方式的取压位置，其中 L_1 和 L_2 分别表示上、下游取压口轴线与节流元件前、后端面间距离的名义值。

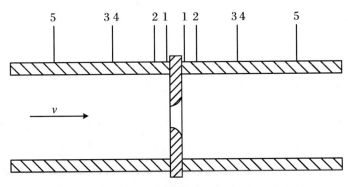

图 9.3　节流装置的取压方式
1. 角接取压；　2. 法兰取压；　3. D 和 $D/2$ 取压；　4. 理论取压；　5. 损失取压

D 和 $D/2$ 取压法与理论取压的下游取压点均在流束的最小截面区域内，而流束的最小截面是随流量而变的，在流量测量范围内流量系数不是常数，且无均压作用,因而很少采用。但 D 和 $D/2$ 取压方式特别适合大管道的过热蒸汽测量。对于损失取压法,管道的开孔比较简单,但它实际测定的是流体流经节流元件后的压力损失,由于压差较小,不便于检测,一般也不采用。目前广泛采用的是角接取压法,其次是法兰取压法。角接取压法的优点是具有均压作用,准确度和灵敏度高。法兰取压法结构比较简单,容易装配,计算也方便,但准确度比角接取压法低一些。

各标准节流元件的取压方式如下:

(1) 标准孔板。可以采用角接取压、法兰取压、D 和 $D/2$ 取压等方式。一块孔板可以采用不同的取压方式,当在同一个取压装置上设置不同取压方式的取压口时,为了避免相互干扰,在孔板一侧的几个取压口的轴线不得处于同一轴向平面内。

(2) 标准喷嘴。ISA 1932 喷嘴采用角接取压,而长径喷嘴采用 D 和 $D/2$ 取压,其上游取压口轴线与喷嘴前端平面部间的距离 $L_1 = 1D^{+0.2D}_{-0.1D}$;下游取压口轴线与喷嘴前端平面部间的距离 $L'_1 = 0.50D \pm 0.01D$,但在任何情况下都不得设置在喷嘴出口的下游处。

(3) 文丘里管。经典文丘里管上游取压口位于距收缩段与入口圆筒相交平面的 $(1/2)D$ 处,文丘里喷嘴上游取压口与标准喷嘴相同。它们的下游取压口分别在距圆筒形喉部起始端的 $0.5D$ 处和 $0.3d$(d 为孔径)处。

2. 取压装置

下面以标准孔板为例,介绍两种典型的取压装置。

(1) 角接取压装置。角接取压装置有环室取压(图 9.4 的上半部分)和单独钻孔取压(图 9.4 的下半部分)两种。它们可位于管道、管道法兰上,或位于图 9.4 所示的夹持环上。节流元件前后的静压是从前后环室和节流元件前后端面之间所形成的连续环隙处取得的,其值为整个圆周上静压的平均值。环室有均压作用,压差比较稳定,所以被广泛采用。但当管径超过 500 mm 时,环室加工比较麻烦,可以采用单独钻孔取压。

环隙通常在整个圆周上穿通管道,连续而不中断。否则,每个夹持环应至少有四个开孔与管道内部连通。每个开孔的中心线彼此互成等角度,且每个开孔的面积至少为 12 mm²。若采用单独钻孔取压,则取压口的轴线应尽可能以 90° 角与管道轴线相交。单独钻孔时,取压口直径或环隙宽度 a 规定如下:

① 对于清洁流体和蒸汽,当 $\beta \leqslant 0.65$ 时,$0.05D \leqslant a \leqslant 0.03D$;当 $\beta > 0.65$ 时,$0.01D \leqslant a \leqslant 0.02D$。

② 对于清洁流体,1 mm $\leqslant a \leqslant$ 10 mm。

③ 用环隙取压口测量蒸汽时,1 mm $\leqslant a \leqslant$ 10 mm。

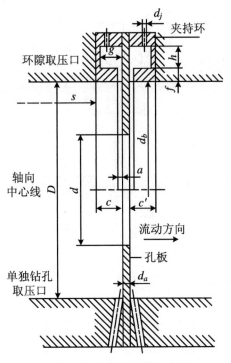

图 9.4 角接取压装置示意图

④ 用单独钻孔取压口测量蒸汽和液化气体时，$4\ \text{mm} \leqslant a \leqslant 10\ \text{mm}$。夹持环的内径 d_b 必须等于或大于管道直径 D，以保证它不致突入管道内。环室缝隙厚度应满足 $f \geqslant 2a$。

为使环室起到均压作用，环腔的横截面积应大于或等于环隙与管道连通的开孔面积的一半，即满足 $gh \geqslant \pi Da/2$。

取压口应为圆筒形，其直径 d_j 应取 $4\sim10\ \text{mm}$，长度应大于或等于 $2d_j$，轴线应尽可能与管道轴线垂直。

（2）法兰取压装置。法兰取压装置即为设有取压孔的法兰，其结构如图 9.5 所示。上、下游的取压孔必须垂直于管道轴线。上、下游取压孔的直径 d_b 相同，d_b 值应小于 $0.13D$，同时应小于 $13\ \text{mm}$。可以在孔板上、下游规定的位置上同时设有几个法兰取压孔，但在同一侧的取压孔应按等角距配置。上、下游取压口的 L_1 和 L_2 名义上都等于 $24.5\ \text{mm}$，但在下列数值之间时，无需对流量系数进行修正：

① 当 $\beta > 0.60$ 和 $D > 150\ \text{mm}$ 时，L_1 和 L_2 的值均应在 $24.9\sim25.9\ \text{mm}$ 之间。

② 当 $\beta \leqslant 0.60$ 和 $150\ \text{mm} \leqslant D \leqslant 1\ 000\ \text{mm}$ 时，L_1 和 L_2 的值均应在 $24.4\sim26.4\ \text{mm}$ 之间。

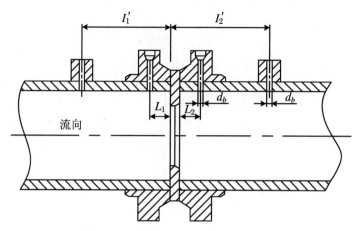

图 9.5　法兰取压、D 和 $D/2$ 取压示意图

9.2.4　节流装置前后直管段

节流装置前后的管段经目测应是直的。节流元件计算用的管道直径,在节流元件上、下游侧 $2D$ 长度范围内必须实测。其方法为在上游侧 $0, (1/2)D, D$ 和 $2D$ 处,与管道轴线垂直的截面上各取大致相等的等角距离的 4 个内径的单测值。此 16 个单测值的平均值为计算用的管道内径,并要求任意单测值与平均值间的偏差不得大于 $\pm 0.3\%$。下游侧的直管段也应如此,但要求较低,任意单测值与平均值间的偏差不得大于 $\pm 2\%$。

在节流元件上游至少 $10D$ 和下游至少 $4D$ 的长度范围内,管道的内表面应清洁,并符合表 9.2~表 9.4 列出的标准孔板、ISA 1932 喷嘴和文丘里喷嘴管道内壁相对粗糙度 K/D 上限值的规定。在表 9.2~表 9.4 中,K 值为等效绝对粗糙度,以长度单位表示,它取决于管壁峰谷高度、分布、尖锐度及其他因素。国家标准就是在满足相对粗糙度条件下用实验方法得到的流出系数。由于绝对粗糙度 K 与管道直径 D 在单位都为 m 时,两者相差较大,故下表中 K/D 均放大了 10^4 倍。

表 9.2　孔板上游管道的相对粗糙度上限值

β	$\leqslant 0.30$	0.32	0.34	0.36	0.38	0.40	0.45	0.50	0.60	0.75
$10^4 K/D$	25.0	18.1	12.9	10.0	8.3	7.1	5.6	4.9	4.2	4.0

表 9.3　ISA 1932 喷嘴上游管道的相对粗糙度上限值

β	≤0.35	0.36	0.38	0.40	0.42	0.44	0.46	0.48	0.50	0.60	0.70	0.77	0.80
$10^4 K/D$	25	18.6	13.5	10.6	8.7	7.5	6.7	6.1	5.6	4.5	4.4	3.9	3.9

表 9.4　文丘里喷嘴相对粗糙度上限值

β	≤0.35	0.36	0.38	0.40	0.42	0.44	0.46	0.48	0.50	0.60	0.70	0.777
$10^4 K/D$	25.0	18.5	13.5	10.6	8.7	7.5	6.7	6.1	5.6	4.5	4.0	3.9

9.2.5　标准节流装置的适用条件

节流装置的流量与压差的关系,是在特定的流体和流动条件下,以及在节流元件上游侧 D 处已形成典型的湍流流速分布并且无涡旋的条件下通过实验获得的。任何一个因素的改变,都将影响确定的流量和压差关系,因此标准节流装置对流体条件、流动条件、管道条件和安装要求等都做了明确的规定。

1. 流体条件和流动条件

(1) 只适用于圆管中单相(或近似单相,如具有高分散度的胶体溶液)、均质的牛顿流体。

(2) 流体必须充满管道,且其密度和黏度已知。

(3) 流速小于声速,且流速稳定或只随时间轻微而缓慢地变化。

(4) 流体在流经节流元件前,应达到充分湍流且其流速与管道轴线平行,不得有漩涡。

(5) 流体在流经节流装置时不发生相变。

2. 管道条件和安装要求

节流装置前后直管段 l_1 和 l_2 上游侧第一个和第二个局部阻力件间的直管段 l_0 以及压差信号管路,如图 9.6 所示。

节流装置应安装在两端有恒定横截面积和圆筒形直管段之间,且在此管段内无流体的流入或流出。节流元件上、下游侧最短直管段长度与节流元件上、下游侧阻力件、节流元件的形式和直径比 β 值有关,其具体要求见表 9.5。使用表 9.5 时应遵循以下原则:

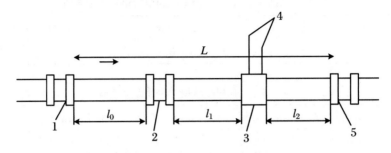

图 9.6　节流元件上、下游的直管段

1. 节流元件上游侧第二个局部阻力件；　2. 节流元件上游侧第一个局部阻力件；

3. 节流装置；　4. 压差信号管；　5. 节流元件下游侧第一个局部阻力件

表 9.5　节流元件上、下游的最小直管段相对长度

上游侧第一局部阻力件形式						上游侧阻力件形式
阻力件	一个 90°弯头或只有一个直管流动的三通	在同一平面内有多个 90°弯头	空间弯头（在不同平面内有多个 90°弯头）	导径管[大变小，2D→D，长度≥3D；小变大，(1/2)D→D，长度≥(3/2)D]	全开截止阀	全开闸阀	节流元件下游侧最小直管段长度 l_2（左面所有的局部阻力件形式）
β	最小直管段相对长度 l_1/D						最小直管段相对长度 l_2/D
≤0.2	10(6)	14(7)	34(17)	16(8)	18(9)	12(7)	4(2)
0.25	10(6)	14(7)	34(17)	16(8)	18(9)	12(7)	4(2)
0.30	10(6)	16(8)	34(17)	16(8)	18(9)	12(7)	5(2.5)
0.35	10(6)	16(8)	36(18)	16(8)	18(9)	12(7)	5(2.5)
0.40	14(7)	18(9)	36(19)	16(8)	20(10)	12(7)	6(3)
0.45	14(7)	18(9)	38(19)	18(9)	20(10)	12(7)	6(3)

续表

β	最小直管段相对长度 l_1/D						最小直管段相对长度 l_2/D
0.50	14(7)	20(10)	40(20)	20(10)	22(11)	12(7)	6(3)
0.55	16(8)	22(11)	44(22)	20(10)	24(12)	14(7)	6(3)
0.60	18(9)	26(13)	48(24)	22(11)	26(13)	14(7)	7(3.5)
0.65	22(11)	32(16)	54(27)	24(12)	28(14)	16(7)	7(3.5)
0.70	28(14)	36(18)	62(31)	26(13)	32(16)	20(8)	7(3.5)
0.75	36(18)	42(21)	70(35)	28(14)	36(18)	24(10)	8(4)
0.80	46(23)	50(25)	80(40)	30(15)	44(22)	30(12)	8(4)

（1） l_0 的确定。在上游，第一个阻力件与第二个阻力件间的直管段长度 l_0，按第二个阻力件的形式和 $\beta = 0.7$（不论实际的 β 值是多少）取表 9.5 中所列数值的一半。

（2）表 9.5 中所列阀门应全开，所以调节流量的阀门应安装在节流装置的下游。

（3）附加不确定度的确定。实际应用时，建议采用比所规定的长度更长的直管段。

9.3　速度式流量计

速度式流量计是通过测量管道内流体流动速度来测量流量的。为了保证测量精度，对管道内流体的速度分布有一定的要求，速度式流量计前后必须有足够长的直管段或加装整流器。速度式流量计种类很多，本节主要介绍涡轮流量计、电磁流量计和靶式流量计。涡轮流量计在石油计量中应用广泛，并且发展前景良好。电磁流量计因具有可测量脏污、腐蚀性介质及悬浊性液固两相流体的流量等独特优点而得到越来越多的应用。靶式流量计应用于工业流量的测量中，主要用于解决高黏度、低雷诺数流体的流量测量。

9.3.1　涡轮流量计

1. 工作原理和流量方程

涡轮流量计是基于流体动量矩守恒原理工作的。如图 9.7 所示，被测流体经导直后沿平行于管道轴线的方向以平均速度 v 冲击叶片,使涡轮转动,在一定范围内,涡轮的流速与流体的平均流速成正比,通过磁电转换装置将涡轮转速变成电脉冲信号,经放大后送给显示记录仪表,即可以推导出被测流体的瞬时流量和累积流量。

涡轮叶片与流体流向成 90° 角,流体的平均速度 v 与叶片的相对速度 v_1 和切向速度 v_2 的关系如图 9.7 所示,则切向速度为

$$v_2 = v\tan\theta \tag{9.15}$$

式中,v_2 为切向速度(m/s);v 为被测流体的平均流速(m/s);θ 为流体流向与涡轮叶片的夹角。

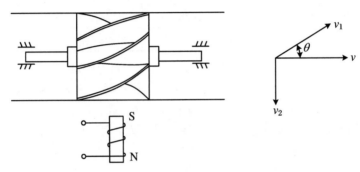

图 9.7　涡轮流量计测量原理示意图

当涡轮稳定旋转时,叶片的切向速度为

$$v_2 = 2\pi Rn \tag{9.16}$$

式中,n 为涡轮的转速;R 为涡轮叶片的平均半径。

磁电转换器所产生的脉冲频率为

$$f = nZ \tag{9.17}$$

式中,Z 为涡轮叶片的数目。

联立式(9.15)~式(9.17),可得涡轮流量计的体积流量公式为

$$q_V = vA = \frac{2\pi RA}{Z\tan\theta} = \frac{1}{\xi}f \tag{9.18}$$

式中,A 为涡轮形成的流通截面积(m²);ξ 为涡轮流量计的流量系数,$\xi = \dfrac{Z\tan\theta}{2\pi RA}$。

2. 涡轮流量计的结构

涡轮流量计一般由涡轮变送器和显示仪器组成,也可做成一体式涡轮流量计。变送器的结构如图 9.8 所示,主要包括壳体、导流器、轴、轴承组件、涡轮和磁电转换器。

（1）涡轮。涡轮是检测流量的传感器,其结构由摩擦力很小的轴和轴承组件支撑,与壳体同轴。叶片数视口径大小而定,通常为2~8片。叶片有直板叶片、螺旋叶片和丁字形叶片等几种。涡轮的几何形状及尺寸对传感器的性能有较大影响,因此要根据流体性质、流量范围、使用要求等进行设计。涡轮的动态平衡很重要,直接影响仪表的性能和使用寿命。为提高对流速变化的响应性,涡轮的质量要尽可能小。

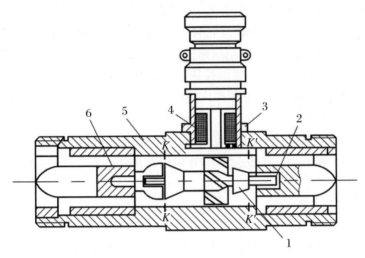

图 9.8　涡轮流量变送器

1. 涡轮；2. 支承；3. 永久磁钢；4. 感应线圈；5. 壳体；6. 导流器

（2）导流器。导流器由导向环(片)及导向座组成,使流体在进入涡轮前先导直,以免因流体的漩涡而改变流体与涡轮叶片的作用角度,从而保证流体计的准确度。在导流器上装有轴承,用以支撑涡轮。

（3）轴和轴承组件。变送器失效通常是由轴和轴承组件引起的,因此它决定着传感器的可靠性和使用寿命。其结构设计、材料选用以及定期维护至关重要。在设计时应考虑轴向推力的平衡,流体作用于涡轮上的力使涡轮转动,同时也给涡轮一个轴向推力,使轴承的摩擦转矩增大。为了抵消这个轴向推力,在结构上采取各种轴向推力平衡措施,主要有：

① 采用反推力方法实现轴向推力自动补偿。从涡轮轴体的几何形状可以看出,当流体流过 $K\text{-}K$ 和 $K'\text{-}K'$ 截面时,流速变大而静压力下降,以后随着流通面积的逐渐扩大而静压力逐渐上升,因而在收缩截面 $K\text{-}K$ 和 $K'\text{-}K'$ 之间就形成了不等静压场,并对涡轮产生相应的作用力。由于该作用力沿涡轮轴向的分力与流体的轴向推力反向,故可以抵消流体的轴向推力,减小轴承的轴向负荷,进而可提高变送器的寿命和准确度。

② 采用中心轴打孔的方式,通过流体实现轴向力自动补偿。另外,减小轴承磨损是提高测量准确度、延长仪器寿命的重要环节。目前常用的轴承主要有滚动轴承和滑动轴承(空心套轴承)两种。滑动轴承虽然摩擦力矩很小,但对脏污流体及腐蚀性流体的适应性较差,寿命较短。因此,目前仍广泛应用滚动轴承。为了彻底解决轴承磨损问题,我国目前正在研制生产无轴承的涡轮流量变送器。

(4) 磁电转换器。磁电转换器由感应线圈和永久磁钢组成,安装在流量计壳体上,它可分成磁阻式和感应式两种。磁阻式磁电转换器将永久磁钢放在感应线圈内,涡轮叶片由导磁材料制成。当涡轮叶片旋转通过磁钢下面时,磁路中的磁阻改变,使得通过线圈的磁通量发生周期性变化,因而在线圈中感应出电脉冲信号,其频率就是转动叶片的频率。感应式是在涡轮内腔放置磁钢,涡轮叶片由非导磁材料制成。磁钢随涡轮旋转,在线圈内感应出电脉冲信号。由于磁阻式比较简单、可靠,并可以提高输出信号的频率,所以使用较多。

除磁电转换方式外,也可用光电元件、霍尔元件、同位素等方式进行转换。为提高抗干扰能力和增大信号传送距离,在磁电转换器内装有前置放大器。

3. 流量系数

流量系数 ξ 的含义是单位体积流量通过磁电转换器所输出的脉冲数,它是涡轮流量计的重要特性参数。对于一定的涡轮结构,流量系数为常数。因此流过涡轮的体积流量 q_V 与脉冲频率 f 成正比。但应注意,式(9.18)是在忽略各种阻力矩的情况下导出的。实际上,作用在涡轮上的力矩,除推动涡轮旋转的主动力矩外,还包括以下三种阻力矩:

(1) 由流体黏滞摩擦力引起的黏性摩擦阻力矩。

(2) 由轴承引起的机械摩擦阻力矩。

(3) 由于叶片切割磁力线而引起的电磁阻力矩。

因此,在整个流量测量范围内流量系数不是常数,它与流量间的关系曲线如图9.9所示。由图9.9可见,在流量很小时,即使有流体通过变送器,涡轮也不转动,只有当流量大于某个最小值,克服了各种阻力矩时,涡轮才开始转动。这个最小流量值被称为始动流量值,它与流体的密度呈平方根关系,所以变送器对密度较大的流体敏感。在小流量时,流量系数变化很大,这主要是由于各种阻力矩之和在主动力矩中占较大比例。当流量大于某一数值后,其值才近似为一个常数,这就是涡轮流量计的工作区域。当然,由于轴承寿命和损失等条件的限制,涡轮也不能转得太快,所以涡轮流量计和其他流量仪表一样,也有测量范围的限制。

4. 影响涡轮流量测量精度的因素

(1) 密度的影响。由于变送器的流量系数 ξ 一般是在常温下用水标定的,所以密度改变时应该重新标定。因为液体介质的密度受温度、压力的影响很小,所以可以忽略温度、压力变化的影响。对于气体介质,由于密度受温度、压力影响较大,除影响流量系数外,还直接影响仪表的灵敏度。图 9.9 所示为气体涡轮流量计变送器在不同压力下的流量系数特性曲线,从中可见,工作压力对流量系数具有较大的影响,使用时应时刻注意其变化。虽然涡轮流量计时间常数很小,很适于测量由于压缩机冲突引起的脉动流量,但是用涡轮流量计测量气体流量时,必须对密度进行补偿。

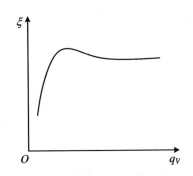

图 9.9　涡轮流量计变送器的特性曲线

(2) 黏度的影响。涡轮流量计的最大流量和线性范围一般是随着黏度的增大而减小。对于液体涡轮流量计,流量系数通常是用常温水标定的,因此实际应用时,只适于与水具有相似黏度的流体,水的运动黏度为 10^{-6} m^2/s,当实际流体运动黏度超过 5×10^{-6} m^2/s 时,则需要重新标定。

(3) 仪表的安装方式要求与校验情况相同。一般要求水平安装。仪表受来流流速分布畸变和旋转流等影响较大。例如,由于泵和管道弯曲会引起流体的旋转,而改变了流体和涡轮叶片的作用角度,这样即使是稳定的流量,涡轮的转数也会改变。因此,除在变送器结构上装有导流器外,还必须保证变送器前后有一定的直管段,一般入口直管段的长度取管道内径的 20 倍以上,出口可取 5 倍以上,否则需用整流器整流。

9.3.2　电磁流量计

电磁流量计是一种测量导电性流体流量的仪表。其测量原理基于电磁感应原理。由于具有压力损失小,可测量脏污、腐蚀性介质及悬浊性液固两相流体的流量等独特优点,现已广泛应用于酸、碱、盐等腐蚀性介质,以及化工、冶金、矿山、造纸、食品、药业等工业部门的泥浆、纸浆、矿浆等脏污介质的流量测量中。

1. 工作原理

根据法拉第电磁感应定律,导电液体在磁场中运动切割磁力线时,导体两端将产生感应电动势,其方向由右手定则确定,可表示为

$$U_{AB} = BDv \tag{9.19}$$

式中,U_{AB} 为两电极间的感应电势(V);D 为管道内径(m);B 为磁场的磁感应强度(T);v 为液体在管道中的平均流速(m/s)。

由此可得电磁流量计的体积流量公式为

$$q_V = \frac{\pi D}{4B} U_{AB} \tag{9.20}$$

2. 励磁方式

励磁方式即产生磁场的方式。励磁方式一般有三种,即直流励磁、交流励磁和低频方波励磁。

(1) 直流励磁。直流励磁方式用直流电产生磁场或采用永久磁铁,它能产生一个恒定的均匀磁场。

(2) 交流励磁。对于电解性液体,一般采用工频交流励磁传感器励磁绕组供电,即利用正弦波工频(80 Hz)电源给电磁流量计传感器激磁绕组供电,其磁感应强度 $B = B_m \sin \omega t$,此时,电磁流量计两个电极的感应电势为

$$U_{AB} = B_m Dv \sin \omega t \tag{9.21}$$

式中,B_m 为交流励磁磁感应强度的幅值(T);ω 为励磁电流的角频率(s^{-1})。对应的流量公式为

$$q_V = \frac{\pi D}{4B_m \sin \omega t} U_{AB} \tag{9.22}$$

(3) 低频方波励磁。低频方波励磁兼具直流励磁和交流励磁的优点。从图 9.10 可见,在半个周期内,磁场是稳定的直流磁场,它具有直流励磁的特点,受电磁干扰影响很小。从整个时间过程看,方波信号又是一个交变的信号,所以它能克服直流励磁易产生的极化现象。因此,低频方波励磁是一种比较好的励磁方式,目前已在电磁流量计中广泛应用。

3. 电磁流量计的结构

电磁流量计由传感器、转换器和显示仪表三部分组成。

(1) 电磁流量计的传感器主要由励磁系统、测量管道、绝缘衬里、电极、外壳和

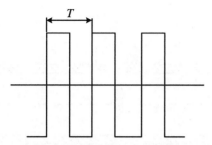

图 9.10 低频方波励磁的电流波形

干扰调整机构等构成,其具体结构随着测量导管口径大小的不同而不同。

(2) 电磁流量计的转换器的作用是把电磁流量传感器输出的毫伏级电压信号放大,并转换成与被测介质的体积流量成正比的标准电流、电压或频率信号,以便与仪表及调节器配合,实现流量的指示、记录、调节和计算。

4. 电磁流量计的特点

电磁流量计的主要优点如下:

(1) 传感器结构简单。

(2) 适于测量各种特殊液体的流量。

(3) 电磁流量计在测量过程中不受被测介质的温度、黏度、密度以及电导率(在一定范围内)的影响。

(4) 测量范围广。

(5) 电磁流量计无机械惯性,反应灵敏,可以测量脉动流量,也可以测量正、反两个方向的流量。

9.3.3 靶式流量计

1. 工作原理及流量原理

靶式流量计的测量元件是一个放在管道中心的圆形靶,流体流动时,质点冲击在靶上,使靶产生微小的位移,此微小位移(或流体对靶的作用力)反映了流量的大小,其工作原理如图 9.11 所示。

流体对靶的作用力有以下三种:

(1) 流体对靶的直接冲力。在靶板正面中心处,其值等于流体的动压力。

(2) 靶的背面由于存在"死水区"和漩涡而造成"抽吸效应",使该处的压力减小,因此靶的前后存在静压差,此静压差对靶产生一个作用力。

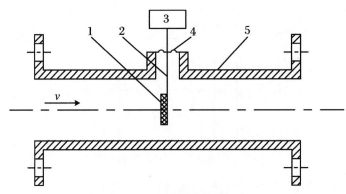

图 9.11　靶式流量计原理图

1. 靶；　2. 杠杆；　3. 力平衡转换器；　4. 密封膜片；　5. 管道

（3）流体流经靶时，由于流体流通截面缩小，流速增加，流体与靶的周边产生黏滞摩擦力。

在流量较大时，前两种力起主要作用，而且它们是在同一流动现象中产生的，二者方向一致，可看作一个力，用 F 表示，其值为

$$F = \frac{K}{2}\rho v^2 A_0 \tag{9.23}$$

式中，ρ 为流体密度（kg/m³）；v 为环形截面处流体的平均速度（m/s）；A_0 为圆形靶面积（m²）；K 为比例系数。

设管道内径为 D，截面面积为 A，靶直径为 d，则

$$q_V = \rho v(A - A_0) = \frac{\pi}{4}\rho v(D^2 - d^2) \tag{9.24}$$

将式（9.23）与式（9.24）联立，得到作用力与流量的关系式，即

$$q_V = \sqrt{\frac{1}{K}} \sqrt{\frac{\pi}{2}} \frac{D^2 - d^2}{d} \sqrt{\rho F} \tag{9.25}$$

记 $\alpha = \sqrt{\dfrac{1}{K}}$ 为靶式流量计的流量系数，则

$$q_V = 1.253\alpha \frac{D^2 - d^2}{d} \sqrt{\rho F} \tag{9.26}$$

于是将流量信号转变成力的信号，实际上，靶式流量变送器中除靶体以外，主要是一套力-电或力-气的转换装置。

2. 流量系数和压力损失

由流量方程可知，当被测介质密度及靶的几何尺寸确定后，流量计的精度主要取决于流量系数 α 的精度。流量系数 α 与靶的形状、管道直径 D、靶的直径 d 及

雷诺数 Re 等因素有关。实验证明，对于圆盘形靶，当流量超过某一界限时，α 趋于恒定，此时的管道雷诺数称为临界雷诺数 Re_g，它决定了流量计的测量下限。当雷诺数低于 Re_g 时，由于黏滞摩擦力的影响相对增大，α 将随雷诺数的变化而变化。

国产靶式流量计的 Re_g 可低至 2 000 左右，比节流元件要求的最小雷诺数低得多，此为靶式流量计适于测量高黏度、小流量的原因。靶式流量计的压力损失一般低于节流式流量计，约为孔板压力损失的一半。

3. 刻度换算

当工作状态与被测流体的标定状态或与标定流体不同时，需要进行刻度换算。通常也是用水和空气分别对液体和气体靶式流量计进行标定。无特殊说明时，其标定状态被认为是标准状态。

对于液体，由于密度为常数，只需修正由被测流体和标定流体不同而造成的影响即可，得到刻度换算公式为

$$q_V = q_{V0} \frac{\alpha}{\alpha_0} \sqrt{\frac{\rho}{\rho_0}} \tag{9.27}$$

式中，q_V 为靶式流量计在工作状态下被测流体的流量（$\mathrm{m^3/s}$）；q_{V0} 为靶式流量计在标定状态下标定流体的流量（$\mathrm{m^3/s}$）；α 为靶式流量计在工作状态下被测流体的流量系数；α_0 为靶式流量计在标定状态下标定流体的流量系数；ρ 为被测流体在工作状态下的密度（$\mathrm{kg/m^3}$）；ρ_0 为标定流体在标定状态下的密度（$\mathrm{kg/m^3}$）。

通常可近似认为 $\alpha = \alpha_0$，则式（9.27）变为

$$q_V = q_{V0} \sqrt{\frac{\rho}{\rho_0}} \tag{9.28}$$

对于气体，由于具有可压缩性，还要考虑由于标定（或刻度）状态和实际工作状态不同而造成的影响，即温度和压力的影响，可直接使用式（9.27）计算，也可由流体不同和状态不同分两步修正，计算公式为

$$q_V = q_{V0} \sqrt{\frac{p_0 T \rho_0}{p T_0 \rho_0'}} \tag{9.29}$$

式中，p_0 为标定状态下的绝对压力（Pa）；p 为工作状态下的绝对压力（Pa）；T_0 为标定状态下的热力学温度（K）；ρ_0' 为被测气体在标定状态下的密度（$\mathrm{kg/m^3}$）。

9.3.4　涡街流量计

涡街流量计是一种新型流量计，输出与流速成正比的脉冲频率信号，可实现信

号的远距离传输,具有准确度高、量程大、流体的压力损失小、对流体性质不敏感等优点。

1. 工作原理

涡街流量计是利用流体力学中的卡门涡街原理在管道中垂直于流体流动方向放置一个非线性柱体(漩涡发生体),当流体流量增大到一定程度以后,流体在漩涡发生体两侧交替产生两列规则排列的漩涡,如图 9.12 所示。两列漩涡的旋转方向相反,且从发生体上分离出来,平行但不对称,这两列漩涡被称为卡门涡街,简称涡街。

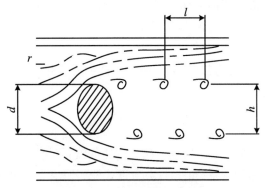

图 9.12　稳定漩涡发生情况

由于漩涡之间的相互作用,漩涡列一般不稳定,若两列平行漩涡的距离为 h,同一列中先后出现的两个漩涡的间隔距离为 l,当满足 $\mathrm{sh}\dfrac{\pi h}{l}=1$ 时,则漩涡的形成是稳定的,即涡列稳定,其中 sh 为双曲函数。从上述稳定判据中进一步计算涡列稳定的条件为 $\dfrac{h}{l}=0.281$。稳定的单侧漩涡产生的频率 f(Hz)和漩涡发生体两侧的流体速度 v_i(m/s)之间有如下关系:

$$f = St\,\frac{v_i}{d} \tag{9.30}$$

式中,St 为斯特劳哈尔数,其量纲为 1;d 为漩涡发生体迎着来流截面的最大宽度(m)。

St 又被称为流体产生漩涡的相似特征数,主要与漩涡发生体的形状和雷诺数有关。例如,对于圆柱形漩涡发生体,St-Re 的函数关系如图 9.13 所示,所以,对于圆柱形漩涡发生体,$St=0.2$。在发生体的几何形状确定后,在一定雷诺数范围内,St 为常数。

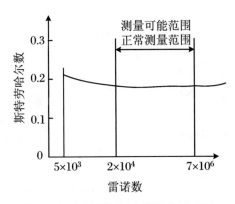

图 9.13 正常范围内与雷诺数的关系

由流动的连续性可知

$$S_1 v_1 = S_v$$

式中，S_1 为漩涡发生体两侧的流通面积(m^2)；S 为管道横截面积(m^2)；v 为管道内流体的平均流速(m/s)。

由以上两式可知，体积流量 q_V 可表示为

$$q_V = Sv = \frac{\pi}{4}D^2 v = \frac{\pi}{4}D^2 \frac{Stf}{d} = \frac{f}{K} \tag{9.31}$$

式中，$K = \dfrac{4d}{\pi D^2 St}$ 称为涡街流量计系数。

式(9.31)说明，当管道内径和漩涡发生体的几何形状与尺寸确定，且满足一定雷诺数要求时，K 为常数，体积流量 q_V 与频率 f 成正比，可见测出漩涡的频率就可知体积流量，体积流量测量不受流体的物理参数如温度、压力、黏度、密度及组分等的影响。

表 9.6 典型漩涡发生体的形状和特点

漩涡发生体名称	横截面形状	St	特　　点
圆柱体		0.20	漩涡强度较弱，压损较大，St 最大，漩涡强度较弱，需要采用边界控制措施才能形成稳定的漩涡
矩形柱体		0.17	漩涡强烈且稳定，压力损失大，St 较大，可在内部或尾部检测漩涡

漩涡发生体名称	横截面形状	St	特　　点
三角形柱体		$0.14\sim0.16$	漩涡强度适中且稳定,压力损失小,St 最小,St 在较宽的 Re 下为常数,可在内部或尾部检测漩涡
梯形柱或 T 形柱		0.166	漩涡强度适中且稳定,刚度好,压力损失适中,可用于压差检测,应用范围广

2. 漩涡发生体

漩涡发生体是涡街流量计的核心部件。常见的漩涡发生体有圆柱形、棱柱形、T 柱形、三角形等。由相似定理证明可得:在几何相似的涡街体系中,只要保持流体动力学相似(即雷诺数相等),则斯特劳哈尔数 St 必然相等。漩涡发生体的形状和尺寸对涡街流量计的性能有决定性作用。它的设计一方面与漩涡频率的检测手段有关,另一方面要使漩涡尽量沿柱体长度方向产生,且同时与柱体分离,这样才便于得到稳定的涡列,而且信噪比高,容易检测。一般情况下,柱体长度有限,靠近管道轴线处流速高,靠近管壁处流速低,沿柱长方向各处的漩涡不容易同步产生,合理的几何形状有利于同步分离。表 9.6 列出了典型漩涡发生体的形状和特点,其中三角形和梯形柱漩涡发生体的优点很多,应用较为广泛。

3. 漩涡频率检测器

漩涡频率的检测是通过漩涡检测器来实现的。伴随漩涡的形成和分离,漩涡发生体的周围流体会同步发生流速、压力变化和下游尾流周期振荡,依据这些现象可以进行漩涡分离频率的检测。流体漩涡频率检测的出发点是检测器安装方便,耐高温高压。由于发生体结构的多样化,相对应地,漩涡频率检测的方法也多种多样。目前使用的漩涡检测器主要有以下三种形式:

(1) 圆柱形漩涡检测器。如图 9.14 所示,它是一根中空的长管,管中空腔由隔板分成两部分。管的两侧开两排小孔。隔板中间开孔,孔上绕有铂电阻丝。铂丝通常被通电加热到高于流体温度 10 ℃左右。当流体绕过圆柱时,在下侧产生漩涡,由于漩涡的作用使圆柱体的下部压力高于上部,部分流体从下面小孔被吸入,从上部小孔被吹出。结果使下部漩涡被吸在圆柱表面,越转越大,而没有漩涡的一侧由于流体的吹除作用,将使漩涡不易发生。下侧漩涡生成之后,它将脱离圆柱表面而向下游运动,这时柱体的上侧将重复上述过程并生成漩涡。如此,柱体的上、下两侧交替地生成并放出漩涡。与此同时,在柱体的内腔自下而上或自上而下产生的脉冲流通过被加热的电阻丝。空腔内流体的运动,交替对电阻丝产生冷却作用,电阻丝的阻值发生变化,从而输出和漩涡的生成频率一致的脉冲信号,再送入频率检测电路,由式(9.31)即可求出流量。

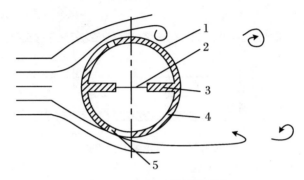

图 9.14　圆柱形漩涡检测器

1. 圆柱形检测器;　2. 铂电阻丝;　3. 中间隔板;　4. 空腔;　5. 导压孔

（2）棱柱形漩涡检测器。由图 9.15 所示的棱柱形漩涡检测器可以得到更稳定、更强烈的漩涡。埋在棱柱体正面的两个热敏电阻组成电桥的两壁,并以恒流源供以微弱的电流进行加热。在产生漩涡的一侧,因流速变低,使热敏电阻的温度升高,阻值减小。因此,电桥失去平衡,产生不平衡输出。随着漩涡的交替形成,电桥将输出一个与漩涡频率相等的交变电压信号,该信号通过放大、整形及数/模转换送至计算器和指示器进行计算和显示。

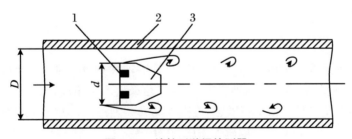

图 9.15　棱柱形漩涡检测器

1. 热敏电阻;　2. 圆管道;　3. 棱柱

（3）T 柱形漩涡检测器。如图 9.16 所示,流体通过 T 柱形漩涡发生体出现漩涡时,使粘贴在 T 柱形漩涡发生体两侧的敏感元件交替地受到漩涡的作用,输出相应频率的电信号。它是在漩涡发生体后设置一个信号电极,信号电极又处在磁感应强度为 B 的永久磁场中,被测流体流经发生体产生漩涡,振动的漩涡列作用于信号电极,使其产生与漩涡相同频率的振动。根据法拉第电磁感应定律,导体在磁场中运动切割磁力线,在信号电极上会产生感应电动势 E,即 $E = Bdv$,感应电动势的变化频率等于漩涡频率,因此可以通过检测感应电动势的频率和大小来测量流量。

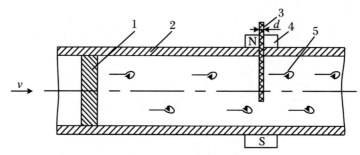

图 9.16　T 柱形漩涡检测器

1. 漩涡发生体;　2. 测量管道;　3. 信号电极;　4. 永久磁铁;　5. 漩涡

4. 涡街流量计的安装

按被测介质、环境、使用要求等选择合适类型与结构的涡街流量计。涡街流量计是速度式流量计,漩涡的规律性易受上游侧的湍流、流速分布畸变等因素的影响。因此,对现场管道安装条件要求十分严格,应遵照使用说明书的要求执行。

(1) 安装方向。涡街流量计在管道上可以水平、竖直或倾斜安装,测量液体和气体时应分别采取防止气泡和液滴干扰的措施。测量液体时,还必须保证待测流体充满整个管道。如果是竖直安装,应使液体自下而上流动,以保证管路中总是充满液体。

(2) 直管段长度。涡街流量计的直管段长度要求为:上游不小于 $15D$,下游不小于 $10D$,直管段内部要求光滑。

(3) 安装漩涡发生体时,应使其轴线与管道轴线垂直。对于三角柱、梯形或柱形发生体,应使其底面与管道轴线平行,其夹角最大不应超过 $5°$。

(4) 涡街流量计对振动很敏感,传感器的安装地点应注意避免机械振动,尤其要避免管道振动。否则应采取减振措施,在传感器上、下游 $2D$ 处分别设置防振座并加装防振垫。

(5) 仪表的流向标志应与管内液体的流动方向一致。

5. 涡街流量计的特点

(1) 漩涡的频率只与流速有关,在一定雷诺数范围内,几乎不受流体性质(压力、温度、黏度和密度等)变化的影响,故不需单独标定。

(2) 测量精度高,误差为 1%,重复性为 0.5%,不存在零点漂移的问题。

（3）压力损失小，测量范围可达 100∶1，宽于其他流量计，故涡街流量计特别适合大口径管道的流量测量。

9.4 其他形式的流量计

9.4.1 转子流量计

在工业生产中经常会遇到小流量的测量，因其流体的流速低，要求测量仪表具有较高的灵敏度，这样才能保证一定的精度。转子流量计解决了这一问题。转子流量计具有结构简单、使用方便、价格便宜、量程比大、刻度均匀、直观性好等特点，可测量各种液体和气体的体积流量，并将所测得的流量信号就地显示或变成标准电信号或气信号远距离传送。

1. 工作原理

图 9.17 所示为转子流量计的工作原理图，它主要由转子（浮子）、锥形管及支撑连接部分组成。工作时，被测流体（气体或液体）由锥形管下部进入，沿着锥形管向上运动，流过转子与锥形管之间的环隙，再从锥形管上部流出。

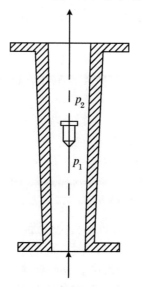

图 9.17 转子流量计的工作原理图

转子受到三个力的作用,即重力、流体对转子的浮力和转子所受的压差力,压差力是指转子下面流体推动转子的压力和转子上方空气向下对转子的压力之差。当转子稳定在某一高度 h,即处于平衡状态时,转子上所受的向上作用力与转子上所受的向下作用力相等。向上的作用力包括转子的浮力和由于转子的节流作用而产生的压差 Δp,即作用在转子最大横截面上产生的压差;向下的作用力是转子的重力。

当忽略流体对转子的摩擦力,且转子平衡时,有下列平衡关系:

$$重力 = 浮力 + 压差力$$

即

$$\rho_f V_f g = \rho V_f g + \Delta p A_f \tag{9.32}$$

式中,ρ_f 为转子的材料密度(kg/m^3);V_f 为转子的体积(m^3);g 为重力加速度(m/s^2);Δp 为转子上的压差(Pa),$\Delta p = p_1 - p_2$;A_f 为转子的最大横截面积(m^3)。

将式(9.32)变换为

$$\Delta p = \frac{1}{A_f} V_f g (\rho_f - \rho)$$

从伯努利方程可以推导出流体流过节流元件前后所产生的压差与体积流量之间的关系为

$$q_V = \alpha A_0 \sqrt{2 \frac{\Delta p}{\rho}} \tag{9.33}$$

式中,α 为流量系数,与转子的形状、尺寸有关;A_0 为转子与锥形管壁之间环形通道的面积。

将式(9.32)和式(9.33)合并,得到体积流量 q_V,即

$$q_V = \alpha A_0 \sqrt{\frac{2g V_f}{A_f}} \sqrt{\frac{\rho_f - \rho}{\rho}} \tag{9.34}$$

由于锥形管的锥角 φ 较小,所以 A_0 和转子在锥形管中的高度 h 近似呈比例关系,即

$$A_0 = Ch \tag{9.35}$$

式中,C 为与锥形管锥度有关的比例系数。

由此得到体积流量与转子高度的关系为

$$q_V = \alpha Ch \sqrt{\frac{2g V_f}{A_f}} \sqrt{\frac{\rho_f - \rho}{\rho}} \tag{9.36}$$

由式(9.36)可知,由于转子在锥形管中位置的升高,造成转子与锥形管间环隙增大,即流通面积增大。随着环隙的增大,流过此环隙的流体流速变慢,因而流体作用在转子上的力变小。当转子再次受力平衡时,转子又稳定在一个新的高度上。转子在锥形管中的平衡位置的高低与被测介质的流量大小相对应。根据这个高

度,就可测得流体流过转子流量计的流量,这就是转子流量计测量流量的基本原理。

实验证明,流量系数 α 与雷诺数 Re 和转子流量计的结构有关。当被测流体黏度与标定流体的黏度相差不大,或在流量系数 α 为常数的流量范围内,可以不考虑 α 的影响,即认为 $\alpha = \alpha_0$(标定流量系数)。

2. 关于刻度校正

转子流量计在出厂刻度时所用介质是水或空气,在实际使用时,被测介质可能不同,即使被测介质相同,但由于温度和压力不同,这时介质的密度和黏度也会发生变化,因此需对刻度进行校正。

(1) 非水液体流量的刻度换算。如果原刻度是以水为介质刻度的,当介质的温度与压力改变时,如果黏度相差不大,则只要对密度 ρ 进行校正就可以了,其校正系数为

$$K_1 = \sqrt{\frac{(\rho_f - \rho)\rho_0}{(\rho_f - \rho_0)\rho}}$$

式中,ρ_0 为仪表原刻度时的介质密度(kg/m^2);ρ_f 为转子材料密度(kg/m^2);ρ 为在工作状态下被测介质的密度(kg/m^2)。校正后被测介质的流量 q 为

$$q = K_1 q' \tag{9.37}$$

式中,q' 为仪表原刻度时的流量值。

(2) 气体(非空气)流量的刻度换算。气体流量计通常采用空气在标定状态下进行标定。由于气体的密度受温度、压力变化的影响比较大,因此不同的气体在非标定状态下的测量都要进行刻度换算。对于气体,$\rho_f \gg \rho_0$,$\rho_f \gg \rho$,可得

$$q_V = q_{V0} \sqrt{\frac{\rho_0}{\rho}} \tag{9.38}$$

用转子流量计测量非标定状态下的非空气流量时,可直接用式(9.38)计算。但要注意 ρ 为被测流体在工作状态下的密度,实际使用起来不方便。为此,可以将流体密度和所处状态分开修正,即先在标定状态下对被测流体的密度进行修正,然后再进行状态修正,计算公式为

$$q_V = q_{V0} \sqrt{\frac{p_0 T \rho_0}{p T_0 \rho'_0}} \tag{9.39}$$

式中,p_0 为标定状态下的绝对压力(Pa);p 为工作状态下的绝对压力(Pa);T_0 为标定状态下的热力学温度(K);ρ'_0 为被测气体在标定状态下的密度(kg/m^3)。

例 9.1　一气体转子流量计,厂家用 $p_0 = 101\ 325$ Pa,$t_0 = 20$ ℃ 的空气标定,现用来测量 $p = 350\ 000$ Pa,$t = 27$ ℃ 的气体。

(1) 若用来测量空气,则流量计显示 4 m³/h 时的实际空气流量是多少?

(2) 若用来测量氢气,则流量计显示 4 m³/h 时的实际空气流量是多少?

解 依题意有:

在标定状态下,$p_0 = 101\ 325$ Pa,$T_0 = 293$ K。

在工作状态下,$p_0 = 350\ 000$ Pa,$T = 300$ K。

查气体性质表可得,空气和氢气在标定状态下的密度分别为 1.205 kg/m³ 和 0.084 kg/m³,则根据式(9.46)可得:

(1) 用转子流量计测量不同状态下的空气质量,刻度换算为

$$q_V = q_{V0} \sqrt{\frac{p_0 T}{p T_0}} = 4 \sqrt{\frac{101\ 325 \times 300}{350\ 000 \times 293}}\ \text{m}^3/\text{h} = 2.18\ \text{m}^3/\text{h}$$

(2) 用转子流量计测量不同状态下的空气质量,刻度换算为

$$q_V = q_{V0} \sqrt{\frac{p_0 T \rho_0}{p T_0 \rho_0'}} = 4 \sqrt{\frac{101\ 325 \times 300 \times 1.205}{350\ 000 \times 293 \times 0.084}}\ \text{m}^3/\text{h} = 8.25\ \text{m}^3/\text{h}$$

由例题可知,通过转子流量计的实际流量值与流量计未经修正的读数有很大差别,因此必须根据被测流体的密度等参数进行修正。

9.4.2 容积式流量计

容积式流量计也称为(正)排量流量计,是一种具有悠久历史的流量仪表。其广泛应用于测量石油类流体(如原油、汽油、柴油、液化石油气等)、饮料类流体(如酒类、食用油等)、气体(如空气、低压天然气及煤气等)以及水的流量。容积式流量计在流量计中是准确度最高的一类仪表之一。

1. 基本原理

容积式流量计的结构形式多种多样,但就其测量原理而言,都是通过机械测量元件把被测流体连续不断地分割成具有固定已知体积的单元流体,然后根据测量元件的动作次数给出流体的总量,即采取所谓容积分界法测量出流体的流量。

把流体分割成单元流体的固定体积空间,称为计量室。它是由流量计壳体的内壁和测量元件的活动壁组成的。当被测流体进入流量计并充满计量室后,在流体压力的作用下推动测量元件运动,将一份一份的流体排送到流量计的出口。同时,测量元件还把它的动作次数通过齿轮等机构传递到流量计的显示部分,指出流量值。如果已知计量室的体积和测量元件的动作次数,便可以由计数装置给出流量。常用来计算累积流量,又称总量。从容积式流量计的工作原理可知,流过流量计的累积流量 q_V 可由下式计算:

$$q_V = KnV_0 \tag{9.40}$$

式中，n 为测量元件的转速（r/s）；K 为测量元件旋转一周所排出单元体积流体的个数；V_0 为计量室容积（单元体积）（m^3）。

2. 分类

容积式流量计的结构形式很多，本节主要介绍椭圆齿轮流量计、腰轮流量计、齿轮流量计和刮板流量计。

（1）椭圆齿轮流量计

椭圆齿轮流量计又称奥巴尔流量计，其测量部分是由壳体和两个相互啮合的椭圆形齿轮组成的，计量室是指在齿轮与壳体之间所形成的半月形空间。流体流过仪表时，因克服阻力而在仪表的入口、出口之间形成压差，在此压差的作用下推动椭圆齿轮旋转，不断地将充满半月形计量室中的流体排出，由齿轮的转数即可表示流体的体积总量，计算公式为

$$q_V = 4nV_0 \tag{9.41}$$

式中，q_V 为液体的体积流量（m^3/h）；n 为转轮转速（r/s）；V_0 为计量室标定体积（半月形容积）（m^3）。

椭圆齿轮流量计适用于石油、各种燃料油和气体的流量测量。因为测量元件工作时有齿轮的啮合转动，所以被测介质必须清洁。椭圆齿轮流量计的测量准确度较高，一般为 0.2～1.0 级。

（2）腰轮流量计

腰轮流量计又称罗茨流量计，其测量原理、工作过程与椭圆齿轮流量计基本相同，两者只是运动部件的形状不同，两个腰轮表面无齿，不是靠相互啮合滚动进行接触旋转，而是靠套在伸出壳体的两轴上的齿轮啮合的。

腰轮流量计可用于各种清洁液体的流量测量，也可测量气体，由于腰轮上没有齿，对流体中的杂质没有椭圆齿轮流量计敏感。其优点是计量准确度高，可达 0.2 级，主要缺点是体积大、笨重，进行周期检定比较困难，压损较大，运行中有振动等。

（3）齿轮流量计

齿轮流量计是一种较新的容积式流量计，也称其为福达流量计。

齿轮流量计的优点很突出，体积小，重量轻，运行时振动噪声小，可测量黏度高达 10 000 Pa·s 的流体，测量的量程比宽，最高可达 1 000∶1，且测量精度高，一般可达 ±5%，加非线性补偿后精度可高达 ±0.05%。

（4）刮板流量计

刮板流量计由于结构特点，能适用于不同黏度和带有细小颗粒杂质的液体的流量测量。其优点是性能稳定，准确度较高，一般可达 0.2 级；运行时振动和噪声

小;压力损失小于椭圆齿轮和腰轮流量计,适合于中、大流量的测量。但刮板流量计结构复杂,制造技术要求高,价格较高。

思考题与习题

(1) 流量测量分为几种方式?

(2) 节流式差压流量计中节流元件的工作原理是什么?

(3) 标准节流装置的结构有哪几种? 各自的特点是什么?

(4) 标准节流装置的取压方式有哪些? 各自的优缺点是什么?

(5) 节流装置前后为什么要有一定长度的直管段?

(6) 涡轮流量计的工作原理是什么? 为什么很小的流量测量不出来?

(7) 影响涡轮流量测量精度的因素有哪些?

(8) 涡街流量计的核心部件是什么? 哪种测量精度高? 哪种使流体产生的能量损失小?

(9) 涡街流量计的安装有什么要求?

第10章 液位测量

为了测知物料的存贮量,便于对物料进行监控,在工业生产中对物位进行的检测和控制是监控的重要环节。液位、界位和料位统称物位。物位测量的目的在于测知容器中物料的容量。在大部分工业生产过程中,除常压、常温等一般情况外,还有可能遇到高温、高压、易燃易爆、强腐蚀性等特殊情况,那么对于物位的自动检测和控制要求就更高了。

液位是指液体介质在容器中的液面高度,液位计是测量液位的仪表。在工业生产中,液位是一个很重要的参数,液位测量在工业生产中具有重要地位,有的甚至直接影响到生产的安全。在实际的操作过程中,对液位测量的要求越来越多,应根据不同方面的要求来选用不同种类的液位计。根据工作原理,液位计可分为直读式、浮力式、电容式、静压式、声学式、射线式、光纤式和核辐射式。本章主要介绍工业上广泛应用的浮力式、电容式和静压式三种液位计。

10.1 浮力式液位计

浮力式液位计是根据液体产生的浮力来测量液位的。它是根据液位变化时,漂浮在液体表面的浮子随之同步移动的原理工作的,可分为恒浮力式和变浮力式两种。

10.1.1 恒浮力式液位计

浮子式液位计是恒浮力式液位计中的一种。它是利用能够漂浮在液面上的浮子进行测量的。当浮子漂浮在液面上达到稳定时,根据力学原理,其本身的重量和所受的浮力相平衡。当液面发生变化时,浮子的位置也相应地发生变化,它就是根据这一原理来测量液位的。

浮子式液位计的示意图如图10.1所示,浮子通过两个滑轮和绳带与平衡重锤连接,绳带的拉力与浮子的重量及浮力平衡,这样就保证了浮子可以漂浮在液面上。设浮子浸入液体的高度为 h,液体密度为 ρ,圆柱形浮子的外直径为 D,密度为 ρ_1,则浮子的受力情况如下:

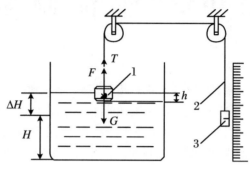

图 10.1　浮子式液位计的示意图

1. 浮子;　2. 滑轮;　3. 平衡锤

浮力

$$F = \frac{\pi}{4}D^2 h\rho g \tag{10.1}$$

自重

$$G = \frac{\pi}{4}D^2 a\rho_1 g \tag{10.2}$$

作用在浮子上的还有绳子的拉力 T,当浮子达到平衡时,有

$$T + F = G \tag{10.3}$$

当液位上升 ΔH 时,浮子浸在液体中的部分增大,浮力增加 ΔF,即

$$\Delta F = \frac{\pi}{4}D^2 \Delta H\rho g \tag{10.4}$$

由于拉力 T 和自重 G 都不变,此时 $T+(F+\Delta F)>G$。

因此,为了重新使受力达到平衡状态,浮子将上浮。当达到新的平衡状态时,由于平衡锤的拉力 T 和自重 G 都为固定值,所以此时的浮子所受浮力不变,即浮子浸入液体的高度仍为 h,所以浮子上升的高度和液位上升的高度相同,都是 ΔH。由图 10.1 的结构可知,液位和浮子上升的高度和平衡锤下降的高度是相同的,通过平衡锤旁边的标尺可以读出其下降的高度,也就是浮子上升的高度。反之,液位下降,浮子下降,平衡锤上升。利用这个装置,我们可以通过标尺的读数来反映液位的变化,然后通过放大系统显示出液面高度。

由上面的分析可知,只有浮力变化量达到一定量 ΔH,足以克服了摩擦力后,浮子才会开始动作,这就是产生这种液位计不灵敏区的原因。通常把浮子液位计的灵敏度 K 定义为

$$K = \frac{\Delta F}{\Delta H} = \frac{\pi D^2}{4}\rho g \tag{10.5}$$

可以看出浮子的直径越大,灵敏度越大。所以可以采取适当增加浮子的直径的方法,提高液位计的灵敏度和测量精度。比如,将浮子制成扁平空心圆盘或圆柱形,这样可以使液位计的不灵敏区变小。在使用恒浮力液位计测量液位时,应使浮子浸入液体中的深度不变化才能准确测量。但在实际操作中,液位计测量误差主要与仪器的灵敏度高低、被测介质的性质和周围环境等因素有关。

对于恒浮力式液位计的测量误差,主要由以下几个因素引起:

(1) 仪器的灵敏度高低。

(2) 当工作介质具有腐蚀性或黏度较大时,浮子被侵蚀而造成质量减轻或因黏上一些液体而使质量增加。

(3) 被测液体的密度变化。

(4) 绳索的长度变化。

10.1.2　变浮力式液位计

变浮力式液位计是通过先把液位的变化转化为力的变化,再把力的变化转化为物体的位移,位移产生电信号来进行测量的。浮筒式液位计是一种典型的变浮力式液位计,其工作原理如图 10.2 所示。将一截面面积为 A,重量为 G 的圆筒形空心金属浮筒悬挂在弹簧上,此时弹簧力与重力平衡,当浮筒有一部分浸入液体时,浮筒因受到浮力而使弹簧上移,此时有

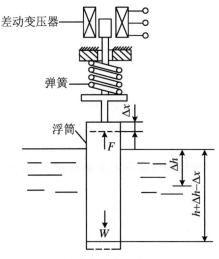

图 10.2　浮筒式液位计的工作原理图

$$Kx = G - Ah\rho g \tag{10.6}$$

式中，K 为弹簧刚度（N/m）；h 为浮筒浸入液体的高度（m）；x 为弹簧的压缩量（m）；ρ 为液体密度（kg/m³）。若液面升高 Δh，浮力增加，浮筒向上移动，浮筒上下移动的距离即弹簧的位移改变量为 Δx。重新平衡时，浮筒浸没在液体中的长度为 $h + \Delta h - \Delta x$，因此重新达到的平衡关系为

$$K(x - \Delta x) = G - A(h + \Delta h - \Delta x)\rho g \tag{10.7}$$

将式(10.6)减去式(10.7)，可得

$$K\Delta x = A\rho g(\Delta h - \Delta x) \tag{10.8}$$

即

$$\Delta h = \left(1 + \frac{K}{A\rho g}\right)\Delta x \tag{10.9}$$

式中，K，A，ρ 均为常数，所以当液位发生变化时，浮筒浸入液体中的体积不同，因而浮力变化，合力的作用使得浮筒产生位移。浮筒产生的位移改变量（即弹簧变形程度）与液位高度变化量成正比。变浮力液位检测就是把液位变化转换为元件浮筒的位移变化。

检测弹簧变形有很多种转换方法，常用的有差动变压器式、扭力矩力平衡式等。若在浮筒的连杆装上指针，就可直接读出液位。也可在浮筒的连杆上安装一铁芯，通过差动变压器输出电压，便可测出液位。也可将浮筒所受到的浮力通过扭力管达到力矩平衡，把浮筒的位移量变成扭力矩的角位移，进一步用其他转换元件转换为电信号，构成一个完整的液位计。改变浮筒的尺寸，可以改变量程。

10.2　电容式液位计

电容式液位计是根据电容的变化来测量液位高度的液位仪表，它主要是由电容液位传感器和检测电容的电路组成的。它的传感部件结构简单，动态响应快，能够连续及时地反映液位的变化。电容式液位计的形式很多，有平级板式、同心圆柱式等，应用比较广泛。它对被测介质本身性质的要求不是很严格，既能测量导电介质和非导电介质，也可以测量倾斜晃动及高速运动的容器的液位，因此它在液位测量中的地位比较重要。

10.2.1　检测原理

在液位的测量中，通常采用同心圆柱式电容器，如图 10.3 所示。同心圆柱式

电容器的电容量为

$$C_0 = \frac{2\pi\varepsilon L}{\ln \dfrac{D}{d}} \qquad (10.10)$$

式中，D，d 分别为外电极内径和内电极外径（m）；ε 为极板间介质的介电常数（F/m）；L 为极板相互重叠的长度（m）。

由式（10.10）可知，改变 D，d，ε，L 中任意一个参数时，电容量 C_0 都会发生变化。但在实际液位测量中，D 和 d 通常是不变的，电容量与电极长度和介电常数的乘积成正比。由液位变化引起的等效介电常数变化使电容量发生变化，再根据电容量变化来计算液位高度，这就是电容式液位计的测量原理。

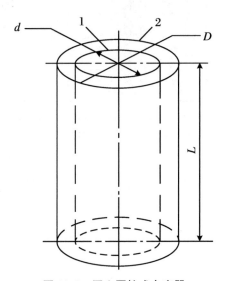

图 10.3　同心圆柱式电容器

10.2.2　导电液体的液位测量

因为圆筒形电极会被导电液体短路，所以对于导电液体的液位测量，一般用绝缘物覆盖作为中间电极。内电极材质一般为紫铜或不锈钢，外套绝缘层材质为聚四氟乙烯塑料管或涂搪瓷，电容器的外电极由导电液体和容器壁构成，结构如图 10.4 所示。

当容器内没有液体时，液位 $H = 0$，内电极和容器壁组成电容器，绝缘层和空气为介电层，此时电容量为

$$C_0 = \frac{2\pi\varepsilon_1 L}{\ln\dfrac{D_0}{d}} \tag{10.11}$$

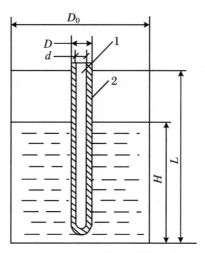

图 10.4 导电液体液位测量示意图

1. 内电极； 2. 绝缘套

当液面的高度为 H 时，有液体部分由内电极和导电液体构成电容器，绝缘套为介电层，此时整个电容相当于有液体部分和无液体部分并联的两个电容，因此电容量为

$$C = \frac{2\pi\varepsilon_1(L-H)}{\ln\dfrac{D_0}{d}} + \frac{2\pi\varepsilon_2 H}{\ln\dfrac{D}{d}} \tag{10.12}$$

式中，ε_1，ε_2 分别为气体介质和绝缘套组成的介电层的介电常数和绝缘套的介电常数（F/m）；L 为电极和容器的覆盖长度（m）；d，D 和 D_0 分别为内电极、绝缘套的外径和容器的内径（m）。将式（10.12）减去式（10.11），可得液面高度为 H 时的电容变化量，即

$$\Delta C = C - C_0 = \frac{2\pi\varepsilon_1(L-H)}{\ln\dfrac{D_0}{d}} + \frac{2\pi\varepsilon_2 H}{\ln\dfrac{D}{d}} - \frac{2\pi\varepsilon_1 L}{\ln\dfrac{D_0}{d}} = \left(\frac{2\pi\varepsilon_2}{\ln\dfrac{D}{d}} - \frac{2\pi\varepsilon_1}{\ln\dfrac{D_0}{d}}\right)H \tag{10.13}$$

若 $D_0 \gg D$，且 $E \gg E'$，上式可简化为

$$\Delta C = \frac{2\pi\varepsilon_2}{\ln\dfrac{D}{d}}H \tag{10.14}$$

由上式可以看出,电容变化量与液位高度成正比,如果测得电容变化量,就可以知道液位 H 的值,因此准确地检测出电容的变化量是测量的关键。

对于黏度比较大的液体介质,当液位变化时,液体会附着在内电极绝缘套管表面,较易形成虚假液位,因此应尽量使内电极表面光滑,以免造成测量误差。

10.2.3 非导电液体的液位测量

非导电液体电容式液位计与导电液体电容式液位计不同的是前者有专门的外电极。非导电液体电容式液位计有内、外两个圆筒电极,并且用绝缘材料绝缘固定两电极,外电极上均匀开设有许多孔或槽,以便被测液体流动自如,使电极内、外液位相同,其结构如图 10.5 所示。

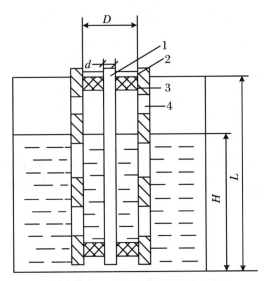

图 10.5 非导电液体液位测量示意图

1. 内电极; 2. 外电极; 3. 绝缘材料; 4. 流通

当被测液体的液位为 0 时,电容器的电容量为

$$C_0 = \frac{2\pi\varepsilon_0 L}{\ln \dfrac{D}{d}} \tag{10.15}$$

当被测液体的液位变为 H 时,电容器的电容量为

$$C = \frac{2\pi\varepsilon_0(L - H)}{\ln \dfrac{D}{d}} + \frac{2\pi\varepsilon H}{\ln \dfrac{D}{d}} \tag{10.16}$$

上两式中,ε,ε_0 分别为被测液体和气体的介电常数(F/m)。

将式(10.16)减去式(10.15),可得

$$\Delta C = \frac{2\pi(\varepsilon - \varepsilon_0)}{\ln \dfrac{D}{d}} H \tag{10.17}$$

由式(10.17)可以看出,非导电液体电容式液位计与导电液体电容式液位计的测量原理相同。$\varepsilon - \varepsilon_0$ 越大,D 和 d 比值越接近,灵敏度越高。

10.3 静压式液位计

由物理学可知,当液体在容器内有一定高度时,就会对容器产生压力。静压式液位计就是这一原理的应用,它是通过测量某点的压力或与另一点的压差来测量液位的。如图 10.6 所示,A 点处于实际液面,B 点处于零液位,H 为液面的高度,ρ 为液体的密度。根据流体静力学的原理,A 和 B 两点的静压力的差为

$$\Delta p = p_B - p_A = \rho g H \tag{10.18}$$

即

$$H = \frac{\Delta p}{\rho g} \tag{10.19}$$

式(10.18)中,p_A,p_B 分别为 A,B 两点的静压力(Pa)。由式(10.19)可知,若被测液体的密度不变,则液面的高度 H 与压差 Δp 成正比,如果测得实际液位与零液位点之间的压差 Δp,就可以得到当前的液位值。

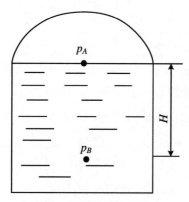

图 10.6 静压式液位计原理图

10.3.1　压力式液位计

压力式液位计是利用测压仪表来得到液位的仪器,只用来测量敞口容器中的液位,所以式(10.18)中的 p_A 为大气压力。常用的压力式液位计有压力表式液位计、法兰式液位变送器和吹气式液位计。三种压力式液位计的结构如图 10.7 所示。

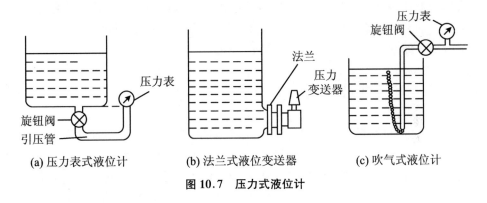

(a) 压力表式液位计　　　(b) 法兰式液位变送器　　　(c) 吹气式液位计

图 10.7　压力式液位计

1. 压力表式液位计

压力表式液位计是通过引压管与容器底部相连,利用引压管将压力变化值送入压力表中进行测量的,如图 10.7(a)所示。只有当压力表与容器底部等高时,此时压力表中的读数才可以直接反映出液位的高度。如果压力表与容器底部不等高,当容器中的液位为零时,表中读数不为零,即存在容器底部与压力表之间的液体的压力差值,该差值就是所谓的零点迁移,在实际的测量中,计算时应减去此差值。考虑到引压管必须畅通,为了不阻塞引压管,被测液体的黏度不能过高。

2. 法兰式液位变送器

压力表式液位计对易结晶、黏度大、易凝固或腐蚀性较大的被测介质进行液位测量时,通常会造成引压管的堵塞,此时一般采用法兰式液位变送器测量液位。如图 10.7(b)所示,压力表通过法兰安装在容器底部,作为敏感元件的金属膜盒通过引压管与变送器的测量室相连,把硅油封入引压管内,隔离被测介质与测量仪表,防止管路阻塞。变送器可以把液位转换为电信号或气动信号,便于液位的测控与调节。

3. 吹气式液位计

吹气式液位计一般用于测量有腐蚀性、高黏度、密度不均或含有悬浮颗粒液体的液位。如图 10.7(c)所示,将一根吹气管插入至被测容器底部(零液位),向吹气管通入一定量的气体,通过减压阀和节流元件,最后从气管末端开口处即容器底部逸出。因为有节流元件的稳压作用,供气量几乎不变,管内压变同步。吹气管中的压力与容器底部的液柱静压力相等。通过压力计测量吹气管上端压力,可测出容器底部的液柱静压力,利用静压式液位计的测量原理就可以测出液位。由于吹气式液位计的测压装置可以移至顶部,对于实际测量和维修都很方便,所以特别适合于测量地下储罐、深井等深度较大的场合。

10.3.2　差压式液位计

差压式液位计常用于密闭容器中的液位测量,它的优点是测量过程中可以消除液面上部气压及气压波动对测量的影响。若忽略液面上部气压及气压波动对测量的影响,可使用压力式液位计进行测量。图 10.8 示意出差压式液位计的测量原理。差压式液位计采用差压式变送器,变送器的正压室与容器底部(零液位)相连,变送器的负压室与容器上部的气体相连。可以根据液体性质选择引压方式。在实际应用中,为了防止由于内外温差使气压引压管中的气体凝结成液体和防止容器内液体与气体进入变送器的取压室造成管路堵塞或腐蚀,一般在低压管中充满隔离液体。设隔离液体的密度为 ρ_1,被测液体的密度为 ρ_2,一般有 $\rho_1 > \rho_2$,则正、负压室的压力为

$$p_1 = \rho_1 g(H + h_1) + p$$
$$p_2 = \rho_2 g h_2 + p$$

(10.20)

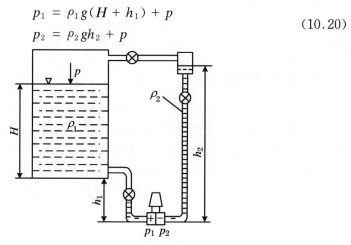

图 10.8　差压式液位计测量原理示意图

压力平衡公式为

$$\Delta p = p_1 - p_2 = \rho_1 g(H + h_1) - \rho_2 g h_2$$
$$= \rho_1 g H + \rho_1 g h_1 - \rho_2 g h_2 \qquad (10.21)$$

式中，p_1，p_2 分别为引入变送器正、负压室的压力(Pa)；H 为液面高度(m)；h_1，h_2 分别为容器底面和工作液面距变送器的高度(m)。

 思考题与习题

(1) 利用液体的静压力测量液位的方法有哪些？

(2) 简要叙述差压式液位计的工作原理和常用的测量方法。

(3) 简要叙述电容式液位计的工作原理与测量电容的方法。

第11章 热量测量

11.1 概 述

热传递现象（通称"传热"）是一种普遍的自然现象，它广泛地发生在各种生产和生活的热力过程中。从建筑物、锅炉、工业炉窑、冷库、热力管道和设备到运输车辆、船舶和航天飞机，从冶金、电力、石油、化工、机械到农业工程和生物医学工程等各个领域中，凡是有温度差异存在的地方，就有热传递现象发生，热量总是由高温物体通过热传递转移到低温物体。

由于温度差异是普遍存在的，因此热量的传递也是普遍存在的。在某些情况下，为了阻止或限制热量传递就需要采取各种绝热措施，而在另外一些情况下，则往往要增强传热。所以若要了解热量传递的过程，并在需要的场合对其进行控制，热量的测量就是非常必要的。例如，为了提高热能的利用效率，要求掌握多种热能设备（如锅炉、工业炉窑、冷库等）与热工过程热量平衡的情况，这时需要对其热流量进行测量；再如，对某些设备的更新或改造，要求有较高的能量效率，这样也需要获得热流量的定量数据。因此，热流量的测量在生产过程中有着广泛的应用。

热流密度 q 是指在单位时间、单位面积内，温度较高的物体向温度较低的物体所传输的热量，用如下公式表示：

$$q = \frac{Q}{A} \tag{11.1}$$

式中，Q 为单位时间内通过给定换热面积的热量（W）；A 为换热面积（m^2）。

热流密度和垂直传热截面方向的温度变化率成正比，热流密度是矢量，其方向指向温度降低的方向，因而和温度梯度的方向相反。

热流量测量的方法有很多种，目前常用的仪表是热流计，热流计测量热流量利用的是一种既比较实用又很方便的测试方法。热流计是一种能直接测定热流量的装置，它能直接指示热流量的大小，并起到反映热量交换状态的作用。例如，可以用来测定建筑物或各种保温材料的传热量。与热电偶（或热电阻）温度相配合，还可以用来测定现场使用中的各种建筑材料和保温材料的热物性参数,如导热系数、导温系数等。通过对热流量的测定,可以控制工业过程中传热设备的正常运行。可以根据换热面积和热流密度值计算散热和吸热损失的程度,从而采取相应的技术措施。可以进行工程设备热能利用与热平衡的研究等。

传热现象是非常复杂的,它包括热传导、对流和热辐射三种方式,因此热流也有三种基本方式,即导热热流、对流热流和热辐射热流。由于传热有三种不同的方式,热流的测量方式也有三种:第一类采用接触式测量热流大小的方法用于导热传递热量,第二类对流换热测量热流的方式多采用对进口、出口温度和热流测试来计算,第三类对辐射换热测量热流的方法采用辐射热流计来进行。由于影响对流热流的因素比较复杂,直接用热流计测量对流热量是比较困难的,而测量热传导热流和热辐射热流相对来说就比较简单。目前已研制成各种热传导热流计和辐射热流计以及测量流体输送热量的输送式蒸汽或热水热流计,又称热量计。热流计按照结构不同可分为五种:金属片型、薄板型、热电堆型、热量型及潜热型,其工作原理、使用范围、测量精度、应用方法等都各有不同。

11.2　热流密度的测量

热阻式热流计或称温度梯度型热流测头是应用最普通的一类热流计,是测量固体传导热流或表面热量损失的仪表,它还可以与热电偶或热电阻温度计配合使用,测量各种材料或保温材料的热物性参数,有着非常广泛的应用。

热阻式热流计由热阻式热流传感器和热流显示仪两部分组成,热阻式热流传感器将热流信号变换为电势信号输出,供指示仪表显示测量数值。其工作原理如下:当热流通过平板(或平壁)时,由于平板具有热阻,在其厚度方向上的温度梯度为下降过程,因此平板的两侧面具有一定的温差,利用温差与热流量之间的对应关系进行热流量的测定,这就是热流计的基本工作原理。

如果需要测定平壁的热流量 q,则可以在该平壁表面装上一个平板状的热流传感器,也就是相当于在被测壁面上增添一个局部的辅助层,如图11.1所示。

根据传热学傅里叶定律,当未装热流计时,在稳态下,通过被测壁面的热流密度为

$$q'_r = \frac{\Delta T'}{\frac{\delta_1}{\lambda_1}} = \frac{\lambda_1}{\delta_1}\Delta T' \tag{11.2}$$

式中,q'_r 为热流密度(kW/m^2);$\Delta T'$ 为未装热流传感器时被测平面两侧的温度差

(℃);δ_1 为被测壁面的厚度(m);λ_1 为被测壁材料的导热系数[W/(m·℃)]。

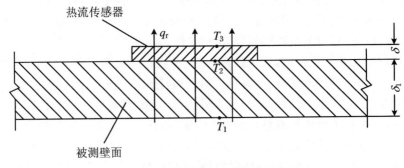

图 11.1　热流传感器工作原理示意图

在加装热流计之后,由于增加了辅助层,通过被测壁的热流量有了变化,其热流密度变为

$$q_{\mathrm{r}}'' = \frac{T_1 - T_3}{\dfrac{\delta_1}{\lambda_1} + \dfrac{\delta}{\lambda}} = \frac{\Delta T''}{\dfrac{\delta_1}{\lambda_1} + \dfrac{\delta}{\lambda}} \tag{11.3}$$

式中,$\Delta T''$ 为被测壁加装热流计后其多层壁两面的温度差(℃),即 $\Delta T'' = T_1 - T_3$;δ 为热流计的厚度(m);λ 为热流计的导热系数[W/(m·℃)]。

从上述公式可知,当热流传感器辅助层的热阻 δ/λ 与被测壁厚的热阻 δ_1/λ_1 相比很小时,δ/λ 可忽略不计,此时 $\Delta T'' \approx \Delta T'$,因此热流 $q_{\mathrm{r}}' \approx q_{\mathrm{r}}''$。由此可见,当热流计满足上述条件时,可以认为被测壁面在贴上热流传感器后传热工况不受影响,这时通过热流传感器的热流量也为通过被测壁的热流量。则在稳定状态下,通过热流传感器的热流量为

$$q_{\mathrm{r}} = \frac{T_2 - T_3}{\dfrac{\delta}{\lambda}} = \frac{\lambda}{\delta} \Delta T \tag{11.4}$$

式中,ΔT 为被测壁加装热流计后热流传感器两面的温度差(℃),即 $\Delta T = T_2 - T_3$。

如果用热电偶测量上述温度差 ΔT,并且所用热电偶在被测温度变化范围内其热电势与温度呈线性关系,则认为输出热电势与温度成正比,即 $E = C'\Delta T$,故有

$$\Delta T = \frac{E}{C'} \tag{11.5}$$

式中,E 为热电偶的热电势(mV);C' 为热电偶系数。

将式(11.5)代入式(11.4),得到热流密度为

$$q_{\mathrm{r}} = \frac{\lambda E}{\delta C'} = CE \tag{11.6}$$

式中，$C = \lambda/(\delta C')$ 为热流计系数 $[W/(m^2 \cdot mV)]$，其物理意义为：当热流计有单位热电势输出时，通过它的热流量为 C。

当导热系数 λ 和热电偶系数 C' 的值不受温度影响且为定值时，热流传感器系数 C 为常数。当温度变化幅度较大，导热系数 λ 和热电偶系数 C' 的值不是定值时，热流计系数 C 不为常数，而是温度值的函数。

从式(11.6)可知，通过传感器的热流量与它所输出的电势成正比，因此测得热电势的大小就可知热流量的值，这就是热阻式热流传感器的工作原理。

从 $C = \lambda/(\delta C')$ 还可以看出，当导热系数 λ 和热电偶系数 C' 的值为定值时，热流计的厚度 δ 越大，热流计系数 C 值越小，则越易于反映出小热流值。因此，根据 δ/λ 的大小，热流计可分为高热阻型和低热阻型两种。δ/λ 值大的为高热阻型，δ/λ 值小的为低热阻型。对于某一个固定的热电偶系数 C' 值（某一类型的热电偶），高热阻型的热流计系数 C 值小于低热阻型的 C 值。因此，在传热工况非常稳定的情况下，高热阻型的热流计易于提高测量精度及用于小热流量的测定。但由于高热阻型的热流计比低热阻型的热流计热惰性大，这使得热流计的响应时间也增加。如果在传热工况波动较大的场合测定热流量，就会造成较大的测量误差。

热流计的响应时间可以近似用 $1.5\delta^2/a$ 计算，其中 a 为热扩散率。显然，当 a 的值恒定时（同一种材料），由于高热阻型热流计的壁厚 δ 大，其响应时间通常呈平方的关系增加。而由式(11.6)可得，要想提高灵敏度，必须尽量减小热流计系数 C 值。而当导热系数 λ 为定值时，减小 C 值进而提高热流计的灵敏度和测量精度，而又能尽量缩短响应时间，则只能尽量增大热电偶系数 C'，同时适当减小热流计厚度 δ 值。增大热电偶系数 C' 值是通过增加串联热电偶的数量达到的，热电堆型的热流计就是利用这个原理制成的。此外，制作热流计的材料的导热系数 λ 也应尽可能的小。

严格意义上说，热流计系数 C 对于给定的热流计不是常数，而是工作温度的函数，但对于在常温范围内工作的热流计，标定的 C 值实际上可视为仪器常数，对测量不会造成很大的误差。但是，如果用于测量冷库壁面的热流时，要注意工作温度已经远离标定状态时的常温，实际的 C 值会低于原标定值，而且工作条件也会发生变化，将出现节露等复杂情况，如果不重新标定，就会造成较大的测量误差。另外，如果测量出两被测壁面的温度 T_1 和 T_2，还可测得被测壁的导热系数 $\lambda = q_r\delta/(T_1 - T_2)$。

常用的各种热流计介绍如下。

1. 金属片型热流计

这种热流计是用具有一定厚度 δ 以及具有较稳定导热系数 λ 的金属片制成

的。在安装时,用螺栓固定在热源的待测壁上,其安装图和线路图如图 11.2 所示。图中用两个反向串联的热电偶测出两点的温度差 ΔT,代入式(11.4)中即可得出热流密度的大小。如果同时测得辐射热流,则称为全热流计。这种热流计结构简单,使用起来非常方便,在一般没有特殊要求的情况下经常使用。

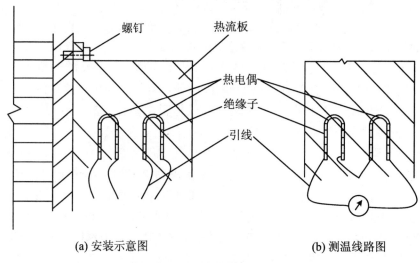

(a) 安装示意图　　　　　　　　　(b) 测温线路图

图 11.2　金属片型热流计示意图

2. 薄板型热流计

图 11.3 所示为薄板型热流计示意图。薄板型热流计与金属片型热流计的工作过程相同,它也是利用热电偶测量被测物两点的温度或电势,从而确定热流的大小。这种热电偶是利用自然方法构成的,一般是在铜或康铜板的表面镀上康铜或铜就构成了薄板型热流计,然后将这种薄板型热流计安装在待测物的表面,由于热流通过薄板型热电偶两面将产生温度差,而温度差又将产生热电势,因此通过测出热电势的大小即可确定出热流密度的大小,即

$$q = \frac{\delta}{\lambda}(T_1 - T_2) = KE \tag{11.7}$$

式中,E 为热电偶温度差产生的热电势(mV),在热电偶的热电势小于 10 mV 时,热电偶的特性可以近似看成是线性关系;K 为已知薄板型热电偶本身的常数,它与材料的导热系数 λ 以及薄板的厚度 δ 和热电偶的热电特性都有关系。

3. 热电堆型热流计

热电堆型热流计是目前应用最广泛且最为简便的热流计,它是由数量很多的热电偶串联在一起而构成的,总的热电势很强,因此很容易反映热流密度的大小。

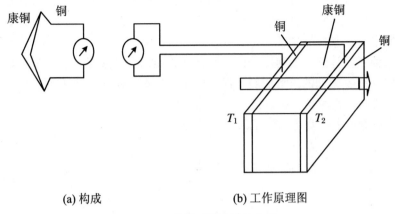

(a) 构成   (b) 工作原理图

图 11.3　薄板型热流计示意图

　　热电堆型热流计的种类很多,有平板形的还有圆弧形的,但工作原理却都是相同的,下面以平板形为例简单介绍它们的构造。平板形热流计是由若干个热电堆片镶嵌于一块边框中制成的,如图 11.4 所示。边框尺寸一般约为 130 mm × 130 mm,材料是厚 1 mm 左右的环氧树脂玻璃纤维板,中间挖空。将挖下的材料剪成小条,尺寸约为 10 mm×10 mm,作为制作热电偶的基片。再在基片上绕制热电堆后,用环氧树脂封于边框中,然后将热电堆的引出线相互串联,两个端头焊在接线片上,最后在表面贴上涤纶薄膜作为保护层。此时,一个完整的热电堆型热流计就制作完成了。

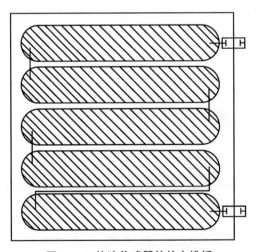

图 11.4　热流传感器的热电堆板

由于热电堆是由数量很多的热电偶串联而成的,从热电偶原理可知,总热电势等于各分热电势的叠加,因此当有微小热流通过热电堆片时,虽然基片两面的温差很小,但也会产生足够大的热电势,从而有利于显示出热流量的数值,并达到一定的精度要求。

热电堆热流计的测量精度是由传感器在检定时的传热条件和在实际测量时的传热条件的差异支配的。形成测量误差的主要原因有以下几个方面:

(1) 被测量表面与传感器接触状态的差异。

(2) 被测量表面与传感器发射率的差异。

(3) 对流换热的差异。

(4) 传感器埋设处的导热系数的差异。

11.3　热量的测量

几乎在所有的工矿企业和交通部门以及大型公共建筑(包括集中住宅区),甚至现代化的农业工程中,都备有蒸汽锅炉和热水锅炉。它们通过产生过热蒸汽、饱和蒸汽和高温热水来推动机器运转、发电或采暖供热。因此,由输送蒸汽和热水的管道所组成的热网系统不仅非常必要,而且一定要有严格的科学管理。此外,还有钢铁、石油、化工等大型联合企业利用余热所产生的蒸汽和热水以及地热水、太阳能热水等也越来越受到国民经济各部门的重视,无论是蒸汽还是热水,作为载热介质,热能都是通过它们传输给各类用户的。那么,怎样科学地计量各类热源所产生的热量并经过管道将热介质输送到用户?用户又怎么知道自己消耗了多少热量和消耗的热量是否合理?这就需要用到诸如热水热流计和蒸汽流量计这一类的热量计量仪表。热量型热量计是利用测量流过受热面积的冷却水所吸收的热量或流过受热面积的热水所释放的热量得到热流密度,从而来检测热水输送热量的仪表。

当利用流过受热面积的冷却水所吸收的热量求热流密度 q 时,采用的计算式为

$$q = cm(T_1 - T_2) \tag{11.8}$$

式中,m 为流过受热面积的冷却水量(kg),在测量时可保持定值;T_1,T_2 分别为进、出口水温度(℃),一般用热电偶温度计进行测量;c 为水的比热容 [J/(kg·℃)]。

由于热流变化时,水温 T_1 和 T_2 反应较慢,故受热面的热流密度只能测出热流的平均值,而不能测出其瞬时值。

11.3.1　热水热量计的测量原理

热水热量的测量在工程中是经常遇到的,热水热量计常用于载热介质——水通过锅炉或热网的某个热力点(热交换站)所输送的热能数量,或者是热用户所消耗的热能数量的测量。所谓热水热量的测量,确切地说,就是测量载热介质——水通过热水锅炉或热网的某个热力点(热交换站)时所得到的热能数量。

根据热力学第一定律,对一个稳定的流体流动微元过程有

$$\mathrm{d}q_r = m_s\mathrm{d}I \tag{11.9}$$

式中,m_s 为稳定的微元过程中热水的质量流量;$\mathrm{d}I$ 为稳定的微元过程中热水进、出微元时焓值的增量;q_r 为稳定的微元过程中热水进、出微元时单位时间内输送的热能的数量。

对一个有限过程,热水吸收的热量可表示为

$$\int\mathrm{d}q_r = \int m_s\mathrm{d}I \tag{11.10}$$

如果热水通过锅炉或热力站的进、出口时的质量相等,则有

$$Q_r = \int_{t_1}^{t_2} m_s(H_1 - H_2)\mathrm{d}t \tag{11.11}$$

式中,H_1 和 H_2 分别为热水通过锅炉或热网热力点进、出口时的焓值;Q_r 为在一段时间内热水的累计热量;t_1 和 t_2 分别为某一段时间的开始和终止时刻。

从以上公式的推导过程可以看出,要测量出 q_r 就必须检测热水的质量流量 m_s 和热水在热交换前后的焓值变化 $H_1 - H_2$,所以式(11.11)是热流运算的基本公式。

热水的质量流量可以利用流量计测得容积流量,用温度计测得供水温度,并按该温度的热水密度对流量值进行修正计算求得。

水的热焓值是无法直接用测量方法获得的,而且热水的焓值在不同温度下是不同的,为了求得 $H_1 - H_2$,就要分别求出进水热焓 H_1 和出水热焓 H_2。在锅炉或换热器的进水和出水两个不同的温度范围内,热水焓值和温度之间的关系式为 $H = f(T)$,所以可通过测量热水的温度,进而转换成热水的焓值。

由此可见,在热水锅炉或热力点输送热水的管道上安装流量计和温度计,分别测量热水流量和进、出口时的热水温度,经过计算得到热水的质量流量及焓值,就可得到热水的热量了。

11.3.2　饱和蒸汽热量计的测量原理

蒸汽分为过热蒸汽与饱和蒸汽两种,因此蒸汽流量计也相应地分为过热蒸汽

热量计和饱和蒸汽热量计两种。由于饱和蒸汽热量计使用的场合较多,下面简单介绍饱和蒸汽热量计的测量原理。饱和蒸汽热量计显示的数值是瞬时热量和计算热量。

与热水热流计一样,根据热力学第一定律可知热量的计算公式为

$$q_r = m_q(H_q - H_s) \tag{11.12}$$

式中,q_r 为检测饱和蒸汽的热流值;m_q 为饱和蒸汽的质量流量;H_q 和 H_s 分别为进口换热器的饱和蒸汽及出口热水的焓值。

当使用孔板流量计时,瞬时热量为

$$q_r = \alpha \sqrt{\Delta p \rho_q}(H_q - H_s) \tag{11.13}$$

式中,α 为孔板流量计计算公式中的系数;Δp 为压差值(MPa);ρ_q 为实际状态下的饱和水蒸气的密度(kg/m³)。

由于载热介质水蒸气的焓值较大,而热水的焓值较小,两者差别很大,故可忽略水的焓值,则此时热量的计算公式可近似地写成

$$q_r = \alpha \sqrt{\Delta p \rho_q} H_q \tag{11.14}$$

通常饱和蒸汽汽水分离的效果不好,往往带有水分,即为湿饱和蒸汽。湿饱和蒸汽所带水分的多少,用干度 x 来表示。x 的大小直接关系到流量和热焓值的大小。由于湿饱和蒸汽是一种汽水混合的两相流体,或者饱和蒸汽经过节流元件时压力变低,有可能发生相变,所以使用标准孔板测其流量会带来测量误差。因此在实际使用中,应在流量公式中加一修正环节。整个修正环节主要由干度 x 决定,这样热量 q_r 的运算关系为

$$q_r = (1.56 - 0.56x)\alpha \sqrt{\Delta p \rho_q} H_q \tag{11.15}$$

11.4　热量测量仪表的应用

11.4.1　热阻式热流计的应用

利用热阻式热流计可以方便地测量现场平壁、管道、换热设备和燃烧器具的热损失及保温材料的导热系数等。

如图 11.5 所示,现场测量热流时,将热流传感器贴于被测物的表面,或埋入物体的内部,使传感器与被测物有良好的热接触,然后用热流显示仪表读出热流的大小。

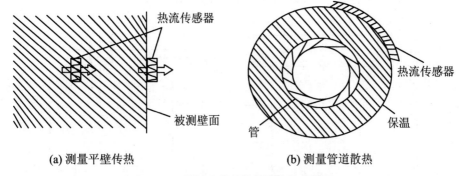

(a) 测量平壁传热　　　　　　　　(b) 测量管道散热

图 11.5　热阻式热流传感器安装示意图

用热流计测量热流是一种局部的测量方法，因此在测量管道或设备某一截面或平面的热损失时，应同时测量表面上的若干数值点，以求得热流平均值。在测量整个管道的总热损失时，应根据管道的自然走向，科学地确定适当数量和截面，然后取各截面的统计平均值。考虑到管线上保温材料本身性能的不均匀性和不同材料保温结构上的差异，测量截面必须取得足够多，以消除这些因素对总平均热流的影响。

11.4.2　热水热量计和饱和蒸汽热量计的应用

热水热量计的自动检测系统如图 11.6 所示，由流量检测、温度检测及热量指示计算仪等三部分组成。

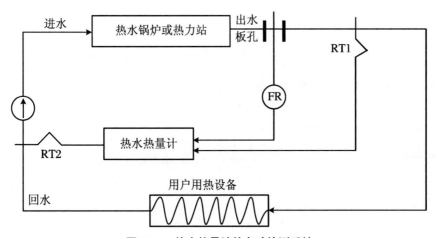

图 11.6　热水热量计的自动检测系统

饱和蒸汽热量计在蒸汽锅炉上的应用如图 11.7 所示。

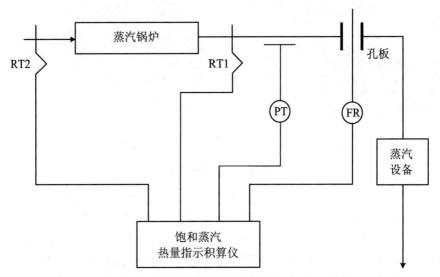

图 11.7　饱和蒸汽热量计在蒸汽锅炉上的应用

一般当锅炉运行正常时,在汽水分离设备较好的情况下,饱和蒸汽的干度在 0.95~1.00 之间。由于锅炉在线测量干度的仪表还没有产品,所以饱和蒸汽热量计的干度只能靠手动设定,即用户必须事先测量出饱和蒸汽的干度,然后将干度分档旋钮放在某一位置即可,这样,饱和蒸汽热量计所指示的瞬时热量和累计热量就是经过干度修正后的测量值。

 思考题与习题

(1) 常用的热流计有哪些种?

(2) 简述热阻式热流传感器的工作原理。

(3) 引起热电堆热流计测量误差的原因有哪些?

(4) 简述热水热量计的工作原理。

(5) 简述饱和蒸汽热量计测量的工作原理。

第3篇

热工基础实验

实验 1　气体定压比热容测定实验

【实验目的】

(1) 了解气体比热容测定装置的基本原理和构思。
(2) 熟悉本实验中测温、测压、测热、测流量的方法。
(3) 掌握由基本数据计算出比热容值和求得比热容公式的方法。
(4) 分析本实验产生误差的原因及减小误差的可能途径。

【实验原理】

由热力学第一定律解析式可知,对可逆过程有

$$\delta q = \mathrm{d}u + p\mathrm{d}v, \quad \delta q = \mathrm{d}h - v\mathrm{d}p$$

定压时($\mathrm{d}p = 0$)

$$c_p = \left(\frac{\delta q}{\mathrm{d}T}\right)_p = \left(\frac{\mathrm{d}h - v\mathrm{d}p}{\mathrm{d}T}\right)_p = \left(\frac{\partial h}{\partial T}\right)_p \qquad ①$$

式中,h 为气体的比焓(J/kg);T 为气体的热力学温度(K)。式①直接由 c_p 的定义导出,故适用于一切工质。

在气体等压流动中,如果气体不对外做功,且势能和动能的变化可以忽略不计,那么气体焓值的变化就等于它从外界吸收的热量,即

$$\mathrm{d}h = \frac{1}{m}\delta Q_p \qquad ②$$

式中,m 为气体的质量流量(kg/s);Q_p 为气体等压流动过程中的吸热量(kJ/s)。于是,气体的定压比热容可表示为

$$c_p = \left(\frac{\partial h}{\partial T}\right)_p = \frac{1}{m}\left(\frac{\partial Q}{\partial T}\right)_p \qquad ③$$

将式③两边积分得

$$mc_{pm}(T_2 - T_1) = Q_p \qquad ④$$

式中,c_{pm} 为 T_1 与 T_2 之间的平均定压比热容,即

$$c_{pm}\Big|_{T_1}^{T_2} = \frac{Q_p}{m(T_2 - T_1)} \qquad \text{⑤}$$

由于气体的实际定压比热容随温度的升高而增大,它是温度的复杂函数,实验表明,理想气体的比热容与温度之间的函数关系复杂,通常可表达为

$$c_p = c_0 + c_1\theta + c_2\theta^2 + c_3\theta^3 \qquad \text{⑥}$$

式中,θ 为 $T/1\,000$;c_0, c_1, c_2, c_3 是根据一定温度范围内的实验值拟合得出的。低压气体的比热容通常用温度的多项式表示,例如空气比热容的实验关系式为

$$c_p = 1.023\,19 - 1.760\,19 \times 10^{-4}\,T + 4.024\,02 \times 10^{-7}\,T^2 - 4.872\,68 \times 10^{-16}\,T^3$$

式中,T 为热力学温度,单位为 K。该式可用于 $250 \sim 600$ K 范围内的空气,平均偏差为 0.03%,最大偏差为 0.28%。

在离室温不是很远的温度范围内,空气的定压比热容与温度的关系可近似认为是线性的,假定在 $0 \sim 300\,^{\circ}\text{C}$ 之间,空气真实的定压比热容与温度之间近似地有如下线性关系:

$$c_p = c_0 + c_1\theta \qquad \text{⑦}$$

则温度由 T_1 至 T_2 的过程中所需要的热量可表示为

$$q = \int_{T_1}^{T_2} c_p\,\mathrm{d}T \qquad \text{⑧}$$

由 T_1 到 T_2 的平均定压比热容可表示为

$$c_{pm}\Big|_{T_1}^{T_2} = \frac{\int_{T_1}^{T_2}(c_0 + c_1\theta)\mathrm{d}T}{T_2 - T_1} = c_0 + c_1\frac{T_1 + T_2}{2} \qquad \text{⑨}$$

这说明,此时气体的平均比热容等于平均温度为 $T_m = (T_1 + T_2)/2$ 时的定压比热容。因此,可以对某一气体在 n 个不同的平均温度 T_{mi}($i = 1, 2, \cdots, n$)下测出其定压比热容 c_{pmi},然后根据最小二乘法原理确定 c_0 和 c_1,从而便可得到比热容的实验关系式。

但是大气是含有水蒸气的湿空气。当湿空气由温度 T_1 被加热至 T_2 时,其中的水蒸气也要吸收热量,这部分热量要根据湿空气的相对湿度来确定,可按下式计算:

$$Q_w = m_w\int_{T_1}^{T_2}(1.844 + 0.000\,117\,2T)\mathrm{d}T \qquad \text{⑩}$$

式中,m_w 为气流中水蒸气的质量流量(kg/s);Q_w 为湿空气中水蒸气气流的吸热量(kJ/s)。

如果计算干空气的比热容,则必须从加热给湿空气的热量中扣除这部分热量,剩余的才是干空气的吸热量。所以,十空气的定压比热容是

$$c_{pm}\Big|_{T_1}^{T_2} = \frac{Q_g}{(m - m_w)(T_2 - T_1)} = \frac{Q_p - Q_w}{(m - m_w)(T_2 - T_1)} \qquad \text{⑪}$$

式中，Q_g 为干空气的气流吸热量(kJ/s)。

【实验设备】

实验装置由风机、流量计、比热容仪主体、电功率调节及测量系统等四部分组成，如实验图 1.1 所示。

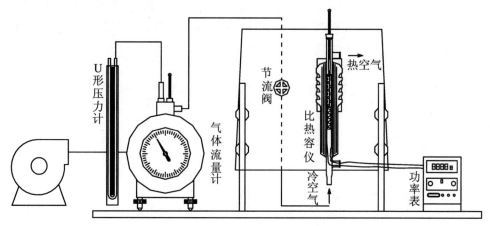

实验图 1.1 实验装置示意图

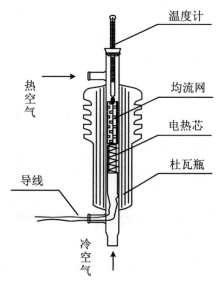

实验图 1.2 比热容仪主体示意图

比热容仪主体如实验图 1.2 所示，它由内壁镀银的多层杜瓦瓶、进出口温度计

（铂电阻温度计）、电加热器、均流网、绝缘垫、旋流片和混流网组成。气体自进口管进入，进口温度计测量其初始温度，离开电加热器的气体经均流网均流均温，出口温度计测量加热终了的温度，最后气体由出口流出。该比热容仪可测 300 ℃ 以下气体的定压比热容。

实验时，被测空气由风机经湿式流量计送入比热容仪主体，经加热、均流、旋流、混流后流出。在此过程中，分别测定：空气在流量计出口处的干球、湿球温度（t_0, t_w），气体经比热容仪主体的进出口温度（t_1, t_2），气体的体积流量（v），电热器的输入功率（W），以及实验时相应的大气压（B）和流量计出口处的表压（Δh）。有了这些数据，并查用相应的物性参数，即可计算出被测气体的平均定压比热容（c_{pm}）。

气体的流量由节流阀控制，气体出口温度由输入电热器的功率来调节。

【实验步骤】

实验中需要计算干空气的质量流量、水蒸气的质量流量，测量电加热器的加热量（气体吸热量）和气体温度。具体步骤如下：

(1) 将湿式气体流量计调水平。

(2) 接通电源及测量仪表，摘下流量计上的温度计，开动风机，调节节流阀，使流量保持在额定值附近。测出湿式气体流量计出口空气的干球温度（t_0）和湿球温度（t_w）。

(3) 将温度计插回流量计，调节流量，使它保持在额定值附近。逐渐提高电热器功率，使出口温度升高至预计温度。

可以根据下式预先估计所需电功率：

$$N \approx 12 \frac{\Delta t}{\tau}$$

式中，N 为电热器输入功率（W）；Δt 为进出口温度差（℃）；τ 为每流过 10 升空气所需的时间（s）。

(4) 待出口温度稳定后（出口温度在 10 min 之内无变化或有微小起伏，即可视为稳定），读出下列数据，并将实验数据记录至实验表 1.1 中：

① 每 10 升空气通过流量计所需时间（τ, s）。

② 比热容仪进出口温度即流量计的进口温度（t_1, ℃）和出口温度（t_2, ℃）。

③ 当时相应的大气压力（B, mmHg 或 kPa）和流量计出口处的表压（Δh, mmH$_2$O）。

④ 电热器的输出功率（N, W）。

实验表 1.1　实验数据记录表

大气压力 $B =$

测量值 组号	干球温度 $t_0(℃)$	湿球温度 $t_w(℃)$	比热容仪出口 温度 $t_2(℃)$	输出功率 $N(W)$	流量计出口处表压 $\Delta h(mmH_2O)$
1					
2					
3					
4					
5					

　　(5) 完成上述步骤后,改变加热器功率,重复步骤(1)～(4),测得不同出口温度 t_2 下的实验数据(至少 4 组以上)。t_2 可分别设定为 40 ℃,60 ℃,80 ℃,100 ℃ 或 100 ℃,120 ℃,140 ℃,160 ℃ 等。然后先后切断加热器及风机电源,使仪器冷却。

【数据处理】

　　对于上述实验结果,相应的数据处理方法如下:

　　(1) 根据流量计出口空气的干球温度和湿球温度,在干湿球温度计上读出空气的相对湿度 φ,再从湿空气的焓湿图中查出含湿量(d,g/kg 干空气),并根据下式计算出水蒸气的容积成分(参见《工程热力学》(第三版),曾丹苓,第 184 页):

$$r_w = \frac{d/622}{1 + d/622}　(\%)$$

　　(2) 根据电热器消耗的电功率即为电热器单位时间放出的热量,可得

$$Q = 10^{-3}N　(kJ/s)$$

　　(3) 干空气流量(质量流量)为

$$\dot{m}_g = \frac{P_g \dot{V}}{R_g T_0} = \frac{(1 - r_w)(B + \Delta h) \times 0.01/\tau}{287(t_0 + 273.15)}$$

$$= \frac{4.645 \times 10^{-3}(1 - r_w)(B + \Delta h)}{\tau(t_0 + 273.15)}　(kg/s)$$

注意压力单位、能量单位之间的换算关系,具体见实验表 1.2 和实验表 1.3。通用气体常数 $R_m = 8\,314.3\ J/(kmol \cdot K)$,重力加速度 $g = 9.806\,65\ m/s^2$,干空气分子量 $u_g = 28.97\ kg/kmol$,水蒸气分子量 $u_w = 18\ kg/kmol$。那么 1 kg 干空气气体常数为

实验表 1.2　压力单位换算表

转换	1 Pa	1 bar	1 atm	1 at(kgf/cm^2)	1 mmHg	1 mmH$_2$O	1 bf/in^2
Pa(帕)	1	1×10^5	$1.101\,325 \times 10^5$	$9.806\,65 \times 10^4$	133.322	9.806 65	$6.894\,76 \times 10^2$

实验表 1.3　能量单位换算表

转换	1 J	1 kgf·m	1 ft·bt	1 kW·h	1 hp·h	1 kcal	1 Btu	1 cal
J(焦耳)	1	9.80	1.356	3.6×10^6	2.68×10^6	$4.186\,8 \times 10^3$	1.06×10^3	4.186 8

$$R_g = \frac{R_m}{u_g}\,\mathrm{J/(kg \cdot K)} = \frac{8\,314.3}{28.97}\,\mathrm{J/(kg \cdot K)} = 287.05\,\mathrm{J/(kg \cdot K)}$$

$$= \frac{287.05}{9.806}\,\mathrm{kgf \cdot m/(kg \cdot K)} = 29.27\,\mathrm{kgf \cdot m/(kg \cdot K)}$$

1 kg 水蒸气气体常数为

$$R_w = \frac{R_m}{u_w} = \frac{8\,314.3}{18}\,\mathrm{J/(kg \cdot K)} = 461.5\,\mathrm{J/(kg \cdot K)}$$

$$= \frac{461.5}{9.806}\,\mathrm{kgf \cdot m/(kg \cdot K)} = 47.062\,\mathrm{kgf \cdot m/(kg \cdot K)}$$

(4) 水蒸气流量为

$$\dot{m}_w = \frac{P_w \dot{V}}{R_w T_0} = \frac{r_w(B + \Delta h/13.6) \times 133.32 \times 0.01/\tau}{461.5(t_0 + 273.15)}$$

$$= \frac{2.889 \times 10^{-3} r_w(B + \Delta h/13.6)}{\tau(t_0 + 273.15)}\quad (\mathrm{kg/s})$$

(5) 水蒸气吸收的热量为

$$Q_w = \dot{m}_w \int_{t_1}^{t_2}(1.844 + 0.000\,488\,6t)\mathrm{d}t$$

$$= \dot{m}_w[1.844(t_2 - t_1) + 0.000\,244\,3(t_2^2 - t_1^2)]\quad (\mathrm{kJ/s})$$

$$= \dot{m}_w[0.440\,4(t_2 - t_1) + 0.000\,058\,35(t_2^2 - t_1^2)]\quad (\mathrm{kcal/s})$$

(6) 干空气的定压比热容为

$$c_{pm}\Big|_{t_1}^{t_2} = \int_{t_1}^{t_2}(1.844 + 0.000\,488\,6t)\mathrm{d}t = \frac{Q_p - Q_w}{\dot{m}_g(t_2 - t_1)}\quad [\mathrm{kJ/(kg \cdot {}^\circ C)}]$$

(7) 将上述实验的计算结果记录在实验表 1.4 中。

(8) 比热容随温度的变化关系：

假定在 0～300 ℃ 之间,空气的真实定压比热容与温度之间近似地有线性关系,则 t_1 到 t_2 的平均比热容为

$$c_{pm}\Big|_{T_1}^{T_2} = \frac{\int_{t_1}^{t_2}(a+bt)\mathrm{d}t}{t_2 - t_1} = a + b\frac{t_2 + t_1}{2}$$

因此,若以 $\dfrac{t_2+t_1}{2}$ 为横坐标、$c_{pm}\Big|_{T_1}^{T_2}$ 为纵坐标,如实验图 1.3 所示,则可根据不同的温度范围内的平均比热容确定截距 a 和斜率 b,从而得出比热容随温度变化的计算式。

实验表 1.4 实验结果计算表

组号 \ 计算值	$d(\mathrm{g/kg})$	r_w	$Q(\mathrm{kJ/s})$	$\dot{m}_w(\mathrm{kg/s})$	$\dot{m}_g(\mathrm{kg/s})$	$Q_w(\mathrm{kJ/s})$	$(t_2-t_1)(℃)$	$c_{pm}\Big|_{t_1}^{t_2}$
1								
2								
3								
4								

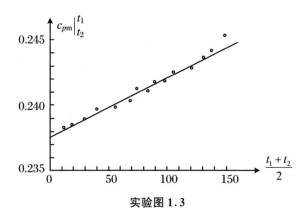

实验图 1.3

【注意事项】

(1) 切勿在无气流通过的情况下使电热器投入工作,以免引起局部过热而损坏比热容仪主体。

(2) 输入电热器的电压不得超过 220 V。气体出口最高温度不得超过 300 ℃。加热功率不要过大,以防止烧坏加热器。

(3) 加热和冷却要缓慢进行,防止温度计和比热容仪主体因温度骤增骤降而破裂。

（4）停止实验时，应切断电热器，让风机继续运行 15 min 左右（温度较低时可适当缩短）。

（5）实验测定时，必须确保气流和测定仪的温度状况稳定后才能读数。

（6）注意观察湿式气体流量计的量程范围，确定实验过程中流量不超过量程；测试前，确保 U 形管压力计内的液面在零点位置处，体会 U 形管压力计的工作原理和使用方法，减小测量误差。

【思考题】

（1）用你的实验结果说明加热器的热损失对实验结果的影响是怎样的？

（2）与下述经验方程比较：

$$c_{pm}\Big|_{T_1}^{T_2} = 1.023\,19 - 1.760\,19 \times 10^{-4}\,T + 4.024\,02 \times 10^{-3}\left(\frac{T}{100}\right)^2$$

$$- 4.872\,68 \times 10^{-4}\left(\frac{T}{100}\right)^3 \quad [\mathrm{kJ/(kg \cdot K)}]$$

分析造成实验误差的各种原因。

实验 2 可视性饱和蒸汽压力和温度关系实验

【实验目的】

(1) 通过观察饱和蒸汽压力和温度变化的关系,加深对饱和状态的理解,从而树立液体温度达到对应于液面压力的饱和温度时,沸腾便会发生的基本概念。

(2) 通过对实验数据的整理,掌握饱和蒸汽 $P\text{-}T$ 关系图表的编制方法。

(3) 学会温度计、压力表、调压器和大气压力计等仪表的使用方法。

(4) 在测试中,能观察到水在小容积容器金属表面(汽化核心很小)的泡态沸腾现象。

【实验原理】

本实验装置利用电加热器给密闭容器中的蒸馏水加热,使密闭容器水面以上空间产生具有一定压力的饱和蒸汽。利用调压器改变电加热的电流,使其加热量发生变化,从而产生不同压力下的饱和蒸汽。

【实验设备】

可视性饱和蒸汽仪,具体如实验图 2.1 所示。

【实验方法和步骤】

(1) 熟悉实验装置及使用仪表的工作原理和性能。

(2) 将电功率调节器指针至电流表零位,然后接通电源。

(3) 将调压器电流调至 1 A,待水蒸气的温度上升至 100 ℃,且工况稳定后迅

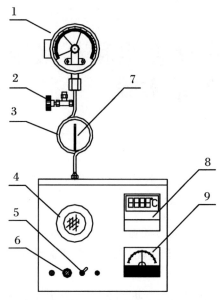

实验图2.1　可视性饱和蒸汽仪

1. 压力表(−0.1~0~1.5 MPa)；　2. 排气阀；　3. 缓冲器；
4. 可视玻璃及蒸汽发生器；　5. 电源开关；　6. 电功率调节；
7. 温度计(0~300 ℃)；　8. 可控数显温度仪；　9. 电流表

速记录下水蒸气的压力和温度。重复上述实验,温度每增加5 ℃,测一组温度数据,在0~0.6 MPa(表压)范围内实验不少于10次,且实验点应尽量分布均匀,并将实验结果记录到实验表2.1中。

　　(4) 实验完毕后,将调压指针旋回零位,并断开电源。

　　(5) 记录室温和大气压力。

【数据处理】

1. 记录和计算

　　(1) 实验装置接通后一定要注意安全,实验中切记不要随意触碰电源、排气阀和真空压力表。

　　(2) 实验装置最大工作压力为8 atm。

实验表 2.1 可视性饱和蒸汽 *P-T* 关系测量记录表

室温 *t* =　　　　　　　　　　大气压力 *B* =

实验次数	饱和压力(MPa)		饱和温度(℃)		误差		备注
	压力表读数 P'	绝对压力 $P = P' + B$	温度计读数 t'	理论值 t	$\Delta t = t - t'(℃)$	$\dfrac{\Delta t}{t} \times 100\%(\%)$	
1							
2							
3							
4							
5							
6							
7							
8							
9							
10							

注:以上温度理论值可根据曾丹苓等的《工程热力学》(第三版)中的附表9并运用线性插值而得到,或根据葛新石、叶宏译的《传热与传质基本原理》(第六版)中的附表 A.6 运用线性插值而得到。

2. 绘制 *P-T* 关系曲线

将实验结果绘在坐标纸上,清除偏离点,绘制曲线,如实验图 2.2 所示。若将实验数据绘制在对数坐标纸上,则基本呈一直线,如实验图 2.3 所示。

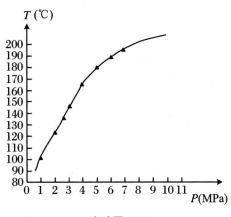

实验图 2.2

3. 总结经验公式

将实验曲线绘制在对数坐标纸上,则基本呈一直线,故饱和水蒸气压力和温度的关系可近似整理成下列经验公式:$t = 100\sqrt[4]{P}$,或线性拟合为 $Y = A + BX$ 并求出相关系数。

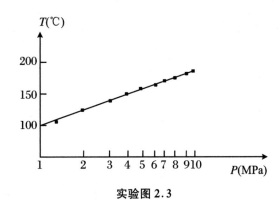

实验图 2.3

4. 误差分析

通过比较发现测量值比标准值低 1% 左右,引起误差的原因可能有以下几个方面:

(1) 读数误差。

(2) 测量仪表精度引起的误差。

(3) 利用测量管测温所引起的误差。

【注意事项】

(1) 实验装置通电后必须有专人看管。

(2) 实验装置不可超压操作。

实验3　液体导热系数测定实验

【实验目的】

(1) 用稳态法测量液体的导热系数。

(2) 了解实验设备的结构和原理,掌握液体导热系数的测试方法。

【实验原理】

导热原理图如实验图 3.1 所示。

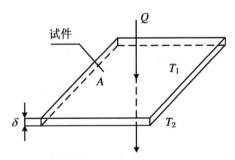

实验图 3.1　导热原理图

平板试件(这里是液体层)的上表面受一个恒定的热流强度 q 均匀加热:

$$q = Q/A \quad (\mathrm{W/m^2}) \qquad ①$$

根据傅里叶单向导热过程的基本原理,单位时间通过平板试件面积 A 的热流量 Q 为

$$Q = \lambda \left(\frac{T_1 - T_2}{\delta} \right) A \quad (\mathrm{W}) \qquad ②$$

从而,试件的导热系数为

$$\lambda = \frac{Q\delta}{A(T_1 - T_2)} \quad [\mathrm{W/(m \cdot K)}] \qquad ③$$

式中,A 为试件垂直于导热方向的截面积($\mathrm{m^2}$);T_1 为被测试件的热面温度(℃);

T_2为被测试件的冷面温度($℃$);δ为被测试件导热方向的厚度(m)。

【实验设备】

本装置主要由循环冷却水槽、上下均热板、测温热电偶及其温度显示部分、液槽等组成。

为了尽量减少热损失,提高测试精度,本装置采取以下措施:

(1) 设隔热层,使绝大部分热量只向下部传导。

(2) 为了减小由于热量向周围扩散所引起的误差,取电加热器中心部分(直径 $D = 0.15\ m$)作为热量的测量和计算部分。

(3) 在加热器底部设均热板,以使被测液体的热面温度(T_1)更趋均匀。

(4) 设循环冷却水槽,以使被测液体的冷面温度(T_2)恒定(与水温接近)。

(5) 被测液体的厚度 δ 是通过放在液槽中的垫片来确定的,为防止液体内部对流传热的发生,一般取垫片厚度 $\delta \leqslant 5\ mm$ 为宜。

【实验方法和步骤】

(1) 用游标卡尺对垫片的厚度进行测量(mm)并取平均值,将选好的三块垫片按等腰三角形均匀地摆放在液槽内(约为均热板接近边缘处)。

(2) 将被测液体缓慢地注入液槽中,直至淹没垫片约 5 mm 为止,然后旋转装置底部的调整螺丝,并观察被测液体液面,应使被测液体液面均匀淹没三片垫片。

(3) 将上热面加热器轻轻放在垫片上。

(4) 接通循环冷却水槽上的进出水管,并调节水量。

(5) 接通电源,调整输入电压(V_1)达到其预定值(注意:热面温度不得高于被测液体的燃点温度)。

(6) 按下电流转换开关,并记录测量部位电压 V_2 及通过的电流 I。

(7) 待温度稳定后开始测量,每隔 5 min 从温度读数显示器记下被测液体冷面、热面的温度值($℃$)。建议将它们记入实验表 3.1 中,并标出各次的温差 $\Delta T = T_1 - T_2$。当连续四次温差值的波动均小于或等于 1 $℃$ 时,实验即可结束。

实验表 3.1　温度 T_1, T_2 读数记录表

液体层厚度：　　　　　　　　　　　电加热器输入电压：
有效导热面积加热电压：　　　　　　加热工作电流：

测次	1	2	3	4	5	…	备注
t(min)	0	5	10	15	20	…	
T_1(℃)							
T_2(℃)							
ΔT(℃)							

（8）实验完毕后切断电源、水源。

注意：若发现 T_1 一直在升高（降低），可降低（提高）输入电压或增加（减少）循环冷却水槽的水流速度。

【数据处理】

1. 计算公式

（1）有效导热面积

$$A = \frac{\pi D^2}{4} \quad (\text{m}^2)$$

（2）平均传热温差

$$\overline{\Delta T} = \frac{\sum_1^4 (T_1 - T_2)}{4} \quad (\text{℃})$$

（3）单位时间通过面积 A 的热流量

$$Q = V_2 \cdot I \quad (\text{W})$$

（4）液体的导热系数

$$\lambda = \frac{Q \cdot \delta}{A \cdot \overline{\Delta T}} \quad [\text{W}/(\text{m} \cdot \text{K})]$$

式中，T_1 为被测液体的热面温度（K）；T_2 为被测液体的冷面温度（K）；V_2 为热量测量部位的电位差（V）；I 为通过电加热器的电流（A）；δ 为被测液体的厚度（m）。

2. 计算举例

（1）测试记录：

被测液体：润滑油。

液体厚度:$\delta = 0.003$ m。

有效导热面积:0.15×0.15 m^2。

电加热器的输入电压:$V_1 = 100$ V。

相应有效导热面积的加热器电位差:$V_2 = 40$ V。

加热器工作电流:$I = 2.5$ A。

热面、冷面温度读数如实验表 3.2 所示。

实验表 3.2   热面、冷面温度 T_1, T_2 读数记录表

测次	1	2	3	4	5	备注
时间(时:分)	10:10	10:20	10:30	10:40	10:50	
T_1(℃)	71	67	65	65	64	
T_2(℃)	29	29	29	30	29	
ΔT(℃)	42	38	36	35	35	

(2) 数据计算:

$$\overline{\Delta T} = \frac{\sum_1^4 (T_1 - T_2)}{4} = 36\ ℃$$

$$\lambda = \frac{40 \times 2.5 \times 0.003}{0.15 \times 0.15 \times 36}\ \text{W/(m} \cdot ℃) = 0.37\ \text{W/(m} \cdot ℃)$$

实验 4　球体法测粒状材料导热系数实验

【实验目的】

(1) 掌握在稳态条件下,用球体法测定粒状材料导热系数的基本原理和方法以及实验装置的结构。

(2) 加深对傅里叶定律的理解,巩固所学的热传导理论。

(3) 了解温度测量过程及温度传感元件。

【实验原理】

物体各部分之间不发生相对位移时,依靠分子、原子及自由电子等微观粒子的热运动而产生的热能传递称为热传导(heat conduction),简称导热。例如,固体内部热量从温度较高的部分传递到温度较低的部分,以及温度较高的固体把热量传递给与之接触的温度较低的另一固体都是导热现象。大量实践经验证明,单位时间内通过单位截面积所传导的热量,正比于垂直于截面方向上的温度变化率,即

$$\frac{\varphi}{A} \sim \frac{\mathrm{d}t}{\mathrm{d}x}$$

此处, x 是垂直于面积 A 的坐标轴。引入比例常数,可得

$$\varphi = -\lambda A \frac{\mathrm{d}t}{\mathrm{d}x} \qquad ①$$

这就是导热基本定律,即傅里叶导热定律(Fourier's law of heat conduction)的数学表达式。用文字可表述为:在导热过程中,单位时间内通过给定截面的导热量,正比于垂直于该截面方向上的温度变化率和截面面积,而热量传递的方向则与温度升高的方向相反。傅里叶导热定律的一般形式的数学表达式是对热流密度矢量写出的,其形式为

$$q = -\lambda \operatorname{grad} t = -\lambda \frac{\mathrm{d}t}{\mathrm{d}x} n \qquad ②$$

式中,grad t 是空间某点的温度梯度(temperature gradient),如实验图 4.1 所示;

n 是通过该点的等温线上的法向单位矢量,指向温度升高的方向。导热系数的定义式由傅里叶定律的数学表达式给出,是表征材料导热能力的物理量,单位为 W/(m·K)。

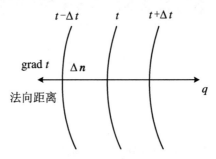

实验图 4.1　温度梯度图

由式②得

$$\lambda = \frac{|q|}{\left|\dfrac{\mathrm{d}t}{\mathrm{d}x}n\right|}$$ ③

在数值上,λ 等于在单位温度梯度作用下物体内热流密度矢量的模。对于不同的材料,导热系数是不同的;对于同一种材料,导热系数还取决于它的化学纯度、物理状态(温度、压力、成分、容积、重量和吸湿性等)和结构情况。对多数工程材料而言,温度的影响最大。一般可认为其与温度呈线性关系,即

$$\lambda_{\mathrm{m}} = \lambda_0(1 + bt)$$ ④

式中,λ_0 是 0 ℃时的导热系数,b 是常数,二者均由实验确定。

球体法测材料的导热系数是基于等厚度球状壁的一维稳态导热过程,它特别适用于粒状松散材料导热系数的测定。球体导热仪的构造依球体冷却的不同,可分为空气自由流动冷却和恒温液体强制冷却两种。本实验属后一种恒温水冷却液套球体方式。

实验图 4.2 所示球壁的内径直径分别为 d_1 和 d_2(半径分别为 r_1 和 r_2)。设球壁的内、外表面温度分别维持在 t_1 和 t_2,并稳定不变。将傅里叶导热定律应用于此球壁的导热过程,可得

$$\varphi = -\lambda A \frac{\mathrm{d}t}{\mathrm{d}r} = -4\pi r^2 \lambda \frac{\mathrm{d}t}{\mathrm{d}r}$$ ⑤

边界条件为

$$r = r_1, \quad t = t_1$$
$$r = r_2, \quad t = t_2$$ ⑥

(1) 若 λ = 常数,则由式⑤和式⑥求得

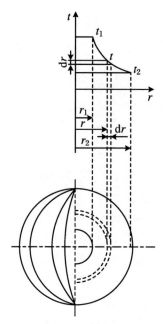

实验图 4.2　球壳导热过程

$$\varphi = \frac{4\pi\lambda r_1 r_2 (t_1 - t_2)}{r_2 - r_1} = \frac{2\pi\lambda d_1 d_2 (t_1 - t_2)}{d_2 - d_1}$$

$$\lambda = \frac{\varphi(d_2 - d_1)}{2\pi d_1 d_2 (t_1 - t_2)} \tag{⑦}$$

（2）若 $\lambda \neq$ 常数，式⑤变为

$$\varphi = -4\pi r^2 \lambda(t) \frac{\mathrm{d}t}{\mathrm{d}r} \tag{⑧}$$

由式⑧得

$$\varphi \int_{r_1}^{r_2} \frac{\mathrm{d}r}{4\pi r^2} = -\int_{t_1}^{t_2} \lambda(t)\mathrm{d}t \tag{⑨}$$

将上式右侧分子、分母同乘以 $(t_2 - t_1)$，得

$$\varphi \int_{r_1}^{r_2} \frac{\mathrm{d}r}{4\pi r^2} = -\frac{\int_{t_1}^{t_2} \lambda(t)\mathrm{d}t}{t_2 - t_1}(t_2 - t_1) \tag{⑩}$$

式中，$\dfrac{\int_{t_1}^{t_2} \lambda(t)\mathrm{d}t}{t_2 - t_1}$ 项显然就是 λ 在 t_1 到 t_2 范围内的积分平均值，用 λ_m 表示，即 $\lambda_m = \dfrac{\int_{t_1}^{t_2} \lambda(t)\mathrm{d}t}{t_2 - t_1}$。在工程计算中，材料的热导率对温度的依变关系一般按线性关系处理，

即 $\lambda = \lambda_0(1 + bt)$。因此

$$\lambda_m = \frac{\int_{t_1}^{t_2} \lambda(1 + bt)\mathrm{d}t}{t_2 - t_1} = \lambda_0\Big[1 + \frac{b}{2}(t_1 + t_2)\Big]$$

这时,式⑩变为

$$\lambda_m = \frac{\varphi}{t_1 - t_2}\int_{r_1}^{r_2}\frac{\mathrm{d}r}{4\pi r^2} = \frac{\varphi(d_2 - d_1)}{2\pi d_1 d_2(t_1 - t_2)} \qquad ⑪$$

式中,λ_m 为实验材料在平均温度 $t_m = \dfrac{1}{2}(t_1 + t_2)$ 下的热导率[W/(m·k)];φ 为稳态时球体壁面的导热量(W);t_1,t_2 分别为内、外球壁的温度(K);d_1,d_2 分别为球壁的内、外直径(m)。

实验时,应测出 t_1,t_2 和 φ,并测出 d_1,d_2,然后由式⑪得出 λ_m。

如果需要求得 λ 和 t 之间的变化关系,则必须测定不同 t_m 下的 λ_m 值,由

$$\begin{cases} \lambda_{m1} = \lambda_0(1 + bt_{m1}) \\ \lambda_{m2} = \lambda_0(1 + bt_{m2}) \end{cases} \qquad ⑫$$

可求得 λ_0,b 值,从而得出 λ 和 t 之间的关系式

$$\lambda = \lambda_0(1 + bt)$$

【实验设备】

球体导热仪本体结构及测量系统示意图如实验图 4.3 所示。

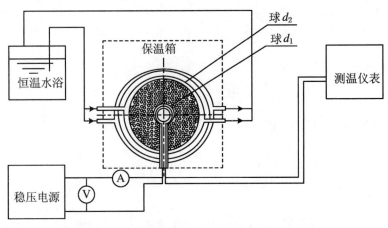

实验图 4.3　球体导热仪本体结构及测量系统示意图

球体导热仪本体由两个厚 1~2 mm 的紫铜球壳 1 和 2 组成,内球壳外径为 d_1,外球壳内径为 d_2,在两球壳之间均匀充填粒状散料。一般 d_2 为 160~220 mm,d_1 为

30～60 mm，故充填材料厚为 50 mm 左右，内壳中装有电加热器，它产生的热量将通过球壁充填材料导至外球壳。为使内外球壳同心，两球壳之间有支承杆。

外球壳的散热方式一般有两种：一种是以空气自由流动方式（同时有辐射）将热量从外壳带走；另一种是外壳加装冷却液套球，套球中通以恒温水或其他低温液体作为冷却介质。本实验为双水套球结构。为使恒温液套球的恒温效果不受外界环境温度的影响，在恒温液套球之外再加装一个保温液套球。保温液套球与稳态平板法一样，利用球体导热仪的设备亦可测量材料的导温系数。

【实验方法和数据处理】

（1）球壁腔内的实验材料应均匀地充满整个空腔。装填材料还应避免碰断内球壳的热电偶及电源线，并特别注意保持内、外球壳同心。

（2）改变电加热器的电压，即改变导热量，t_m 将随之发生变化，从而可获得不同 t_m 下的导热系数。对于有恒温液套冷却的导热仪，还可通过改变恒温液温度来改变实验工况。实验应在充分热稳定的条件下记录各项数据。

（3）由式⑪计算导热系数。将测量结果标绘在以 λ 为纵坐标、t 为横坐标的坐标纸上。按 $\lambda = \lambda_0(1 + bt)$ 整理，确定 λ_0 及 b 的值。

【数据记录】

将实验数据记录于实验表 4.1 中。

实验表 4.1　实验数据记录表

材料		内球壳外径(mm)		60	外球壳内径(mm)		160
测量	内球壳表面温度(℃)	外球壳表面温度(℃)			电加热器		
次数	1	1	2	平均	电流(A)	电压(V)	
1							
2							
3							

【思考题】

（1）试分析材料充填不均匀所产生的影响。

（2）试分析内、外球壳不同心所产生的影响。

（3）球体导热仪从加热开始，到热稳定状态所需时间取决于哪些因素？

实验 5　非稳态(准稳态)法测材料的导热性能实验

【实验目的】

(1) 快速测量绝热材料(不良导体)的导热系数和比热容,掌握其测试原理和方法。

(2) 掌握使用热电偶测量温差的方法。

【实验原理】

本实验是根据第二类边界条件,利用无限大平板的导热问题来设计的。设平板厚度为 2δ,初始温度为 t_0,平板两面受恒定的热流密度 q_c 均匀加热,实验模型如实验图 5.1 所示。

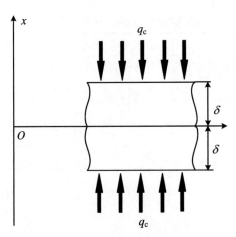

实验图 5.1　无限大平板导热的物理模型

根据导热微分方程式、初始条件和第二类边界条件,对于任一瞬间沿平板厚度方向的温度分布 $t(x,\tau)$ 可由下面方程组解得:

$$
\begin{cases}
\dfrac{\partial t(x,\tau)}{\partial \tau} = a\,\dfrac{\partial^2 t(x,\tau)}{\partial x^2} \\[2mm]
t(x,0) = t_0 \\[2mm]
\dfrac{\partial t(\delta,\tau)}{\partial x} + \dfrac{q_c}{\lambda} = 0 \\[2mm]
\dfrac{\partial t(0,\tau)}{\partial x} = 0
\end{cases}
$$

方程组的解为

$$
t(x,\tau) - t_0 = \frac{q_c}{\lambda}\left[\frac{\alpha\tau}{\delta} - \frac{\delta^2 - 3x^2}{6\delta} + \delta\sum_{n=1}^{\infty}(-1)^{n+1}\frac{2}{\mu_n^2}\cos\left(\mu_n\frac{x}{\delta}\right)\exp(-\mu_n^2 F_0)\right]
$$
①

式中,τ 为时间;λ 为平板的导热系数;α 为平板的导温系数;t_0 为初始温度;F_0 为傅里叶准则;$\mu_n = \beta_n\delta\,(n=1,2,3,\cdots)$;$q_c$ 为沿 x 方向从端面向平板加热的恒定热流密度。

随着时间 τ 的延长,F_0 变大,式①中级数和项变小。当 $F_0 > 0.5$ 时,级数和项变得很小,可以忽略,式①变成

$$
t(x,\tau) - t_0 = \frac{q_c\delta}{\lambda}\left(\frac{\alpha\tau}{\delta^2} + \frac{x^2}{2\delta^2} - \frac{1}{6}\right)
$$
②

由此可见,当 $F_0 > 0.5$ 后,平板各处温度和时间呈线性关系,温度随时间变化的速率是常数,并且到处相同。这种状态即为准稳态。

在准稳态时,平板中心面 $x = 0$ 处的温度为

$$
t(0,\tau) - t_0 = \frac{q_c\delta}{\lambda}\left(\frac{\alpha\tau}{\delta^2} - \frac{1}{6}\right)
$$

平板加热面 $x = \delta$ 处的温度为

$$
t(\delta,\tau) - t_0 = \frac{q_c\delta}{\lambda}\left(\frac{\alpha\tau}{\delta^2} + \frac{1}{3}\right)
$$
③

此两面的温差为

$$
\Delta t = t(\delta,\tau) - t(0,\tau) = \frac{1}{2}\cdot\frac{q_c\delta}{\lambda}
$$

已知 q_c 和 δ,再测出 Δt,就可以由式③求出导热系数

$$
\lambda = \frac{q_c\delta}{2\Delta t}
$$
④

实际上,无限大平板是无法实现的,实验总是使用有限尺寸的试件,一般可认为,试件的横向尺寸为厚度的 6 倍以上时,两侧散热对试件中心的温度影响可以忽略不计。试件两端面中心处的温差就等于无限大平板两端的正温差。

根据热平衡原理,在准稳态时,有

$$q_c F = c \cdot \rho \cdot \delta \cdot F \times \frac{\mathrm{d}t}{\mathrm{d}\tau}$$

式中,F 为试件的横截面积;c 为试件的比热容;ρ 为试件密度;$\frac{\mathrm{d}t}{\mathrm{d}\tau}$ 为准稳态时的温升速率。

因此,比热容为

$$c = \frac{q_c}{\rho \cdot \delta \cdot (\mathrm{d}t/\mathrm{d}\tau)} \qquad ⑤$$

实验时,$\mathrm{d}t/\mathrm{d}\tau$ 以试件中心处为准。按定义,材料的导温系数可表示为

$$\alpha = \frac{\lambda}{\rho c} = \frac{\delta \lambda}{q_c}\left(\frac{\delta t}{\Delta t}\right)_c = \frac{\delta^2}{2\Delta t}\left(\frac{\delta t}{\Delta \tau}\right)_c \quad (\mathrm{m}^2/\mathrm{s})$$

综上所述,应用恒热流准稳态平板法测试材料热物性时,在一个实验上可同时测出材料的三个重要热物性——导热系数、比热容和导温系数。

【实验设备】

准稳态法热物性测定仪如实验图 5.2 所示。

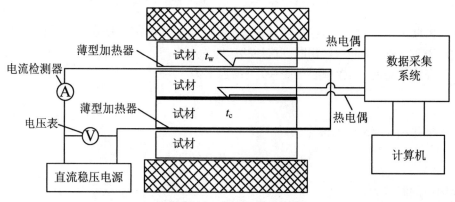

实验图 5.2　实验设备系统图

准稳态法热物性测定仪内实验本体由四块厚度均为 δ、面积均为 F 的被测试材重叠在一起组成。在第一块与第二块试材之间夹着一个薄型的片状电加热器;在第三块和第四块试材之间也夹着一个相同的电加热器;在第二块与第三块试材交界面中心和一个电加热器中心各安置一对热电偶。这四块重叠在一起的试材顶面和底面各加上一块具有良好保温特性的绝热层,然后用机械的方法把它们均匀地压紧。电加热器由直流稳压电源供电,加热功率由计算机检测。两对热电偶所测量到的温度由计算机进行采集处理,并绘出试材中心面和加热面的温度变化曲线。

【实验步骤】

(1) 用游标卡尺对试材的厚度进行测量(mm)。

(2) 将试材按实验要求装入准稳态法热物性测定仪的实验本体内。(注意:用手拿取试材时一定要拿试材的边缘,不要用手接触试材的加热面,以免破坏试材的初始温度场。)

(3) 接通电源。

(4) 点击"开始"按钮。记录仪每隔 30 s 会发出"滴"的提示音,此时记录一次数据,当两表面的温差不变,即温差曲线走平时,表明不稳态导热达到准稳态时的温度场的特征,可点击"结束"按钮,并关闭测定仪的加热开关。

(5) 读出实验数据,并记录在实验数据表中。

【试材热流密度q_c的计算】

这里我们虽然用薄片状电加热器加热,但它毕竟有一定的热容量,在加热过程中,加热器本身要吸收热量,且先于试材。因此,试材实际所吸收的热量必须从电功率中扣除电加热器吸收的热量。

根据实验原理,我们仅研究电加热器对中间两块试材加热时的温度变化,但为了避免因电加热器向外难以估计的散热给q_c的计算带来困难,所以在两加热器外侧各补上一块相同厚度的试材并加以保温,这样,电加热器将同等地加热其两侧的每块试材,每块试材内的温度场对于电加热器是对称的。

基于以上分析,试材表面实验所吸收的热量应为

$$q_c = \frac{U \cdot I}{4F} - \frac{C_h}{2}\left(\frac{\delta t}{\Delta \tau}\right)_h \quad (\text{W/m}^2)$$

式中,U 为加热器的电压(V);I 为加热器的电流(A);F 为加热器(即试材)面积(m^2);$C_h = 0.079$ J/(m^2 · ℃)为加热器单位面积的比热容;$\left(\dfrac{\delta t}{\Delta \tau}\right)_h = \left(\dfrac{\delta t}{\Delta \tau}\right)_w = \left(\dfrac{\delta t}{\Delta \tau}\right)_c$为加热器也是试材加热面的温度变化率。

【实验要求】

(1) 预习实验指导书,弄懂实验原理和实验方法。

(2) 细心装配试材、电加热器和热电偶,避免损坏。

（3）根据实验数据,绘出温度变化曲线,计算出试材的导热系数和导温系数。

【数据记录】

试材厚度_____mm;加热电流_____A;加热电压_____V;试材面积 $\underline{100 \times 100}$ mm²。

将实验数据记录于实验表 5.1 中。

实验表 5.1　实验数据记录表

时间	热面温度	冷面温度	时间	热面温度	冷面温度	时间	热面温度	冷面温度
0			5′30″			11′		
30″			6′			11′30″		
1′			6′30″			12′		
1′30″			7′			12′30″		
2′			7′30″			13′		
2′30″			8′			13′30″		
3′			8′30″			14′		
3′30″			9′			14′30″		
4′			9′30″			15′		
4′30″			10′			15′30″		
5′			10′30″			16′		

实验 6　可视性热管验证

【实验目的】

(1) 了解换热器中热管的结构及工作原理。
(2) 学习玻璃热管换热器实验台的使用方法。

【实验原理】

热管是一种新型、高效的传热元件。在管壳内壁不放置毛细吸液芯,依靠重力回流凝结液的热管称为重力热管(或两相热虹吸管)。重力热管的工作介质积蓄在热管的底部,蒸发段处于热管的下半部,凝结段处于热管的上半部,绝热段在中间,当热源向蒸发段(又称吸热段)供热时,工质液体自热源吸热汽化,蒸汽在压差的作用下高速流向凝结段(又称放热段),在凝结段向冷源放出汽化潜热而凝结成液体,凝结液体从凝结段返回蒸发段,完成一个循环。如此循环不停,热源的热量 Q 就不断地由热管的一端传至另一端,放给冷源。当热管正常工作时,其内部进行着工质液体的蒸发、蒸汽的流动、蒸汽的凝结和凝结液的回流等四个工作过程,这四个过程构成了热管工作的闭合循环。

在热管的工作循环中,包含两个相变过程:工作液体的蒸发和蒸汽的凝结。这两个过程分别在蒸发段与凝结段进行,若忽略蒸汽流动所需的微小压差,则热管内部应处于一个相平衡状态,而工质的相变过程具有极严格的饱和压力与饱和温度间的依变关系,所以理论上热管两端的温度是相等的。但由于蒸汽的流动必须有压力差的推动,故尽管是微小的压差也将推动蒸汽由蒸发段向凝结段流动,从而不可避免地使蒸发段与凝结段间存在一定的温差。在大多数热管中,这个与工作介质循环有关的温差和其他传热方式相应的温差相比是很小的,即它能在低温差下传递热量。

由上述可知,热管是借助于工质的相变过程,通过工质携带相变潜热来传递热量的。与通过物质显热的增减来传热相比,热管的传热能力非常大,如 1 kg 水在常压下的汽化潜热量为 2 257.1 kJ/kg,几乎相当于 5.4 kg 水从 0 ℃加热到 100 ℃所需的总热量。所以说,热管能在小温差下具有很大的传热能力。

在蒸发段热管从热源吸取热量,在这一区段中工质由于吸热而蒸发,所以从热管内部工作过程来分析为蒸发段;从与外界热交换情况来分析为加热段;在绝热段工质蒸汽携带汽化潜热流过这一段,从内部工作过程来分析也叫作传输段;在凝结段热管向冷源放出热量,在这一区段中工质蒸汽向冷源放出相变潜热而凝结成为液体,所以从热管内部工作过程来分析为凝结段,也称冷凝段;从与外界热交换情况来分析又称为放热段。在这三个工作段中,蒸发段与凝结段是必不可少的,而绝热段视设计需要可有可无,在实际应用的热管结构中,没有绝热段的情况经常会遇到。

与具有毛细吸液芯的标准热管相比较,重力热管不是靠毛细吸液芯而是靠重力回流凝结液,这就决定了重力热管的工作条件必须使凝结段高于蒸发段,其可以垂直放置,也可以与水平成一倾角放置,与多孔物质的毛细抽吸力相比,用重力回流凝结液工作更加可靠。

常见的重力热管有开式重力热管,这种热管外壳不封闭,与外界相通。这种热管由于工质蒸发后向上流动可以把管内的不凝性气体排出热管,其凝结过程不受不凝性气体的影响,所以制造中管壳不需要特殊处理,从而降低了热管的制造成本。但是由于部分蒸汽从开口处逸出,改变了换热方式,所以其换热能力会略小于同样条件下的闭式重力热管。本实验装置就是模拟温度在 100 ℃、工质为水的开式重力式中的温热管。由于水是最理想的工质,它性能优良、价格便宜、易于得到,所以这种热管大部分用于工业余热的回收。

【实验台结构】

玻璃热管换热器实验台由玻璃热管换热器、电加热器、电控箱、流动的冷水换热外套、循环水泵、水箱、加热段、冷凝段、冷凝进出口温度测温热电偶及调温装置等组成;由于玻璃容器所具有的透明性,能观察到热水沸腾和冷水的流动,可使学生充分了解热管换热的原理。

工作时由电加热器加热蒸发段中的工质使之沸腾,产生的蒸汽上升至冷凝段由流动的冷水吸热后冷凝,成为液体工质返回到蒸发段。通过对冷水进出口温度值及蒸发段蒸汽温度值的测读,可以观察热管换热器的换热量。

【实验步骤】

（1）将热电偶、电加热器、水泵与电控箱连接。

（2）启动水泵,使循环水通过流量计(流量控制在 6 L/h 左右)进入热管冷凝段水套。

（3）接通电热开关,并通过调温旋钮调整加热电压为 75 V,加热电流为 0.98 A 左右。

（4）加热至蒸发段沸腾,待工况基本稳定后,切换测温点,测读冷凝段冷凝介质进出口温度、加热电压和加热电流,将数据填入实验表 6.1 中。

（5）实验中可改变冷却水进出口流量与加热电压,以改变工况进行测试。

（6）实验结束后,旋转调温旋钮至电压为零,使水泵继续运转 5 分钟,再切断电源。

实验表 6.1　实验数据记录表

工况	冷凝段进口温度 t_1(℃)	冷凝段出口温度 t_2(℃)	冷水流量(L/h)	加热电压(V)	加热电流(A)
1					
2					
3					
4					

【数据处理】

计算换热量及热平衡误差:

冷凝段换热量:

$$Q_L = mC(t_2 - t_1) \quad (\text{W})$$

蒸发段加热量:

$$Q_R = UI \quad (\text{W})$$

热平衡误差:

$$\delta = \frac{Q_R - Q_L}{Q_R} \times 100\%$$

式中,m 为冷流体的体积流量(m^3/s);C 为冷流体的比热容[J/(kg·℃)];t_1,t_2 分别为冷流体的进口、出口温度(℃)。

【注意事项】

（1）不可在蒸发段缺水的情况下加热。

（2）加热前应先启动水泵使冷水循环。

（3）加热时应逐步缓慢加热，使加热量与冷凝水所吸收的热量基本平衡，这样在蒸发段就不会产生过多的蒸汽，因此蒸发段上部的胶塞不得按压过紧，以免因加热量太大影响蒸汽的外逸，以致损坏试件。

实验 7　自由对流横管管外放热系数测试实验

【实验目的】

（1）了解空气沿管表面自由运动放热的实验方法，巩固课堂上学过的知识。

（2）测定单管的自由运动放热系数 α。

（3）根据对自由运动放热的相似分析，整理出准则方程式。

【实验原理】

对铜管进行电加热，热量应是以对流和辐射两种方式来散发的，所以对流换热量为总热量与辐射换热量之差，即

$$Q = Q_r + Q_c, \quad Q_c = \alpha F(t_w - t_f)$$

$$\alpha = \frac{IV}{F(t_w - t_f)} - \frac{C_0 \varepsilon}{t_w - t_f}\left[\left(\frac{t_w}{100}\right)^4 - \left(\frac{t_f}{100}\right)^4\right]$$

式中，Q 为总换热量（W）；Q_r 为辐射换热量（W）；Q_c 为对流换热量（W）；I 为加热电流（A）；V 为加热电压（V）；α 为自然对流放热系数 $[\text{W}/(\text{m}^2 \cdot \text{℃})]$；$F$ 为圆管表面积（m^2），$F = \pi d L$，d 与 L 分别为圆管的外径和长度（m）；t_w 为圆管表面平均温度（℃）；t_f 为室内空气温度（℃）；ε 为试管表面黑度；C_0 为黑体的辐射系数。

影响自然对流放热系数 α 的五大因素有：

（1）由流体冷、热各部分的密度差产生的浮升力。

（2）流体流动的状态。

（3）流体的热物性。

（4）换热壁面的热状态。

（5）换热壁面的几何因素。

依据相似理论，它们之间的关系包含在准则方程

$$Nu_f = f\left[Gr_f, Pr_f, \left(\frac{Pr_f}{Pr_w}\right)\right]$$

中,由于本实验中的介质为空气,其物性随温度的变化较小,空气的 Pr 值随温度的变化不大,可设 $Pr \approx 0.72$,故相应的准则方程可简化为

$$Nu_f = f(Gr_f)$$

对于对流换热问题的准则函数形式,通常采取指数函数的形式表示:

$$Nu_f = C Gr_f^n$$

以上式中,Nu_f 为努塞尔数,$Nu_f = \dfrac{\alpha D}{\lambda}$;$Gr_f$ 为格拉斯霍夫数,$Gr_f = \dfrac{\beta \cdot g \cdot \Delta t \cdot D^3}{v^2}$;$Pr$ 为普朗特数;系数 C 及上标 n 为均需通过实验来确定的常数。

上述各准则中,有关的物理量及其单位分别为:

α——对流换热系数,$W/(m^2 \cdot K)$。

D——实验单管外径,m。

λ——空气的导热系数,$W/(m \cdot K)$。

β——介质的体膨胀系数,K^{-1}。

g——重力加速度,m/s^2。

Δt——介质和管壁表面之间的温差,K。

v——运动黏性系数,m^2/s。

各特征数下标"f"表示"流体介质在物体边界层以外",t_f 为定性温度。

要通过实验确定空气横向掠过单管时 Nu_f 与 Gr_f 的关系,就要求格拉斯霍夫数 Gr_f 有较大范围的变动,这样才能保证求得的准则方程的准确性。改变格拉斯霍夫数 Gr_f 可以通过改变温度(Δt)及管子直径(D)来达到。

测量的基本量为空气温度 t_f、管子表面温度 t_w 及管子表面散出的热量 Q。

改变工况(加热量)后,可求得一组特征数,把几组数据标在双对数坐标纸上得到以 $\lg Nu$ 为纵坐标、$\lg Gr$ 为横坐标的一系列点,画一条直线,使大多数点落在这条直线上或其周围(对于有大量实验点的关联式的整理,采用最小二乘法确定关联式中各常数值是可靠的方法),根据 $\lg Nu = \lg C + n\lg(Gr \times Pr)$,即 $Y = A + nX$,其中 n 的数值是双对数图上直线的斜率,也是直线与横坐标之间夹角 φ 的正切,如实验图 7.1 所示。

$\lg C$ 则是当 $\lg Gr = 0$ 时直线在纵坐标轴上的截距,C 值还可以通过曲线上任一点的 Nu 和 $Gr \times Pr$ 的数值计算出来,即

$$C = \frac{Nu}{(Gr \times Pr)^n}$$

【实验设备】

实验装置由实验管(四种类型)、支架、测量仪表电控箱等组成,如实验图 7.2、

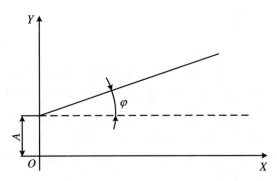

实验图 7.1 确定参数之间指数关系图

实验图7.3所示。实验管上有热电偶嵌入管壁,可反映出管壁的温度,由安装在电控箱上的测温数显表通过转换开关读取温度值。电加热功率则可用数显电压表、电流表测定读取并加以计算得出。

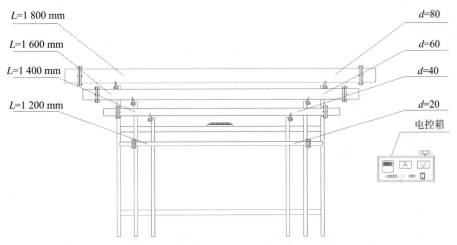

实验图 7.2 实验装置

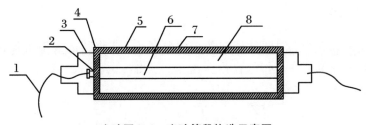

实验图 7.3 实验管段构造示意图

1.加热导线; 2.接线柱; 3.绝热盖; 4.绝缘法兰;
5.实验管; 6.加热管; 7.温度传感器; 8.管腔

【实验方法和步骤】

(1) 熟悉实验装置,连接电源线路和测量仪表线路,经指导教师检查确认无误后选择实验圆管,打开加热开关,调整调压旋钮开始加热,并保持电压不变。

(2) 当圆管各测温点温度在 10～15 分钟不变时,认为管壁温度已稳定,间隔半小时再记一次,直到两组数据接近为止,取两组接近的数据求平均值,作为计算数据,此时为第一个稳定工况,可记录各测点温度,并同时记录电流 I 和电压 U 的数值以及实验管外的室温 t_f。

(3) 调整调压旋钮,将电压调高至某一数值后保持不变,待各个测点温度稳定后,记录第二个稳定工况的上述各实验数据。

(4) 完成 4 个工况后,一组实验完成。

(5) 选择其他管径圆管,重复上述过程,四组实验完成后,实验结束。

【数据处理】

1. 已知数据

(1) 管径:$d_1 = 20$ mm,$d_2 = 40$ mm,$d_3 = 60$ mm,$d_4 = 80$ mm。

(2) 管长:实验时必须实际测量!

(3) $C_0 = 5.669$ W/(m^2 · k^4)。

(4) 黑度:$\varepsilon_1 = 0.11$,$\varepsilon_2 = \varepsilon_3 = \varepsilon_4 = 0.15$。

2. 测试数据

测试数据包括管壁温度 t_{w1},t_{w2},t_{w3},…,室内空气温度 t_f 以及功率,并将相应数据记录于实验表 7.1 中。

3. 整理数据

根据所测圆管各点温度计算圆管平均温度 t_m,并将其记录于实验表 7.2 中,计算加热器的热量 $Q = I \cdot U$。

(1) 求对流放热系数。

$$\alpha = \frac{IV}{F(t_w - t_f)} - \frac{C \cdot \varepsilon}{t_w - t_f}\left[\left(\frac{t_w}{100}\right)^4 - \left(\frac{t_f}{100}\right)^4\right]$$

(2) 查出物性参数。定性温度取空气边界层平均温度 $t_m = \frac{1}{2}(t_f + t_w)$,在书的附录中查得空气的导热系数 λ、热膨胀系数 β、运动黏度 ν、导温系数 a 和普朗特数 Pr，并相应记录于实验表7.3中。

（3）以组为单位整理准则方程。把求得的有关数据代入准则中可得准则公式，把对应的数据标在对数坐标上，几组数据可标得一条直线，求出 $Nu = C(Gr \times Pr)^n$。

实验表7.1 实验原始数据记录

待测或已知物理量		单位	第一组				第二组				第三组				第四组			
试管尺寸	外径 D	m																
	有效长度 L	m																
散热面积 $F = \pi DL$		m^2																
允许最大功率		W	200				300				400				500			
绝对黑体辐射系数 C_0		W/$(m^2 \cdot K^4)$	5.669				5.669				5.669				5.669			
参数	公式及符号	工况 / 单位	1	2	3	4	1	2	3	4	1	2	3	4	1	2	3	4
大气温度	t_f	℃																
管壁温度	t_w	℃																
功率	P	W																

实验表7.2 实验管壁温度记录

实验工况	实验管壁温度（℃）									管径 D
	1	2	3	4	5	6	7	8	平均（t_m）	
1										
2										
3										
4										

实验表 7.3　各工况数据处理

组列			第一组				第二组				第三组				第四组			
参数	计算式	工况／单位	1	2	3	4	1	2	3	4	1	2	3	4	1	2	3	4
定性温度	t_m																	
导热系数 λ	根据 t_m 查	W/(m·K)																	
热膨胀系数 β	$\beta = \dfrac{1}{273.15 + t_f}$	K^{-1}																	
运动黏度 ν	根据 t_m 查	m^2/s																	
加热量 Q	$Q = IU$	W																	
辐射换热热流量	$Q_r = \varepsilon \cdot C_0 F$ $\left[\left(\dfrac{t_w}{100}\right)^4 - \left(\dfrac{t_f}{100}\right)^4\right]$	W																	
对流换热热流量	$Q_c = Q - Q_r$	W																	
放热系数 α	$\alpha = \dfrac{Q_c}{F(t_w - t_f)}$	W/(m²·K)																	
努塞尔数 Nu	$Nu = \dfrac{\alpha D}{\lambda_f}$	—																	
格拉斯霍夫数 Gr	$Gr = \dfrac{\beta \cdot g \cdot \Delta t \cdot D^3}{\nu^2}$	—																	

实验 8　顺逆流传热性能实验

【实验目的】

本实验主要对应用较广的间壁式换热器的套管式换热器进行性能测试,以及对顺流、逆流两种流动方式进行性能测试。

(1) 熟悉换热器性能的测试方法。

(2) 了解套管式换热器的结构特点及其性能的差别。

(3) 加深对顺流和逆流两种方式换热器能力差别的认识。

【实验原理】

本实验装置的换热形式为热水—冷水换热式,热水加热采用电加热式(可调节加热功率),冷水为循环用水,可用阀门换向进行顺逆流实验。冷流体、热流体的进出水温用数显温度巡检仪自动测量。工作原理如实验图 8.1 所示。

下面考察一个简单而具有典型意义的套管式换热器的工作特点。热流体沿程放出热量而使温度不断下降,冷流体沿程吸收热量而使温度不断上升,且冷、热流体间的温差沿程是不断变化的。因此,当利用传热方程式来计算整个传热面上的热流量时,必须使用整个传热面积上的平均温差,记为 Δt_m。据此,传热方程式的一般形式为

$$Q = kA\Delta t_m$$

式中,Q 为平均换热量(W);k 为传热系数[W/(m² · ℃)];A 为传热面积(m²)。

可通过实验测试计算出相关参数:

热水侧放热量:

$$Q_h = C_{ph}\,\dot{m}_h(T_1 - T_2) \quad (\text{W})$$

冷水侧放热量:

$$Q_c = C_{pc}\,\dot{m}_c(t_2 - t_1) \quad (\text{W})$$

平均换热量:

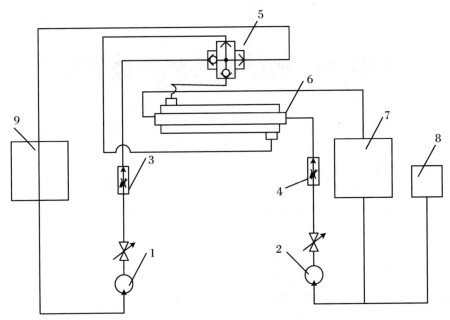

实验图 8.1　实验系统原理图

1. 冷水泵；2. 热水泵；3. 冷水流量计；4. 热水流量计；5. 顺逆流换向装置；

6. 套管换热器；7. 热水加热器；8. 热膨胀水箱；9. 冷水箱

$$Q = \frac{Q_h + Q_c}{2} \quad (\text{W})$$

热平均误差：

$$\Delta Q = \frac{Q_h - Q_c}{Q} \times 100\%$$

传热系数：

$$k = \frac{Q}{A \cdot \Delta t_m} \quad [\text{W}/(\text{m}^2 \cdot ℃)]$$

以上式中，C_{ph}，C_{pc} 分别为热水、冷水的定压比热容[J/(kg·℃)]；$\dot{m}_h$，$\dot{m}_c$ 分别为热水、冷水的质量流量（kg/s）；T_1，T_2 分别为热水的进水、出水温度（℃）；t_1，t_2 分别为冷水的进水、出水温度（℃）。而其中传热平均温差 Δt_m 则根据顺流、逆流不同，有不同的表达式：

$$\Delta t_{顺流} = \frac{(T_1 - t_1) - (T_2 - t_2)}{\ln \dfrac{T_1 - t_1}{T_2 - t_2}} \quad (℃)$$

$$\Delta t_{逆流} = \frac{(T_1 - t_2) - (T_2 - t_1)}{\ln \dfrac{T_1 - t_2}{T_2 - t_1}} \quad (℃)$$

【实验设备】

实验装置由控制器、换热器、流量计及数显温度计等组成。

实验装置参数：

(1) 换热器换热面积：0.040 82 m²。

(2) 电加热器总功率：3 kW。

(3) 冷水泵功率：120 W。

(4) 热水泵功率：120 W；允许工作温度≤80 ℃。

(5) 实验设备使用电源：220 V。

(6) 转子流量计流量范围：16～120 L/h；允许温度范围：0～120 ℃。

【实验步骤】

(1) 熟悉实验装置及使用仪表的工作原理和性能。

(2) 给水箱加水，在设备后侧用水管加水至溢流管有水溢出即可（加水时应检查放水阀是否关闭）。

(3) 接通电源，合上漏电保护器（控制面板中）。

(4) 开启流量计调节阀。

(5) 选择实验换热器冷水流动方向（顺流或逆流）。

(6) 启动热水泵，调节加热器（为了提高热水温升速度，可暂时不启动热水泵，等候十分钟预热实验水温为 65 ℃ 以下，最高温度 70 ℃ 出厂时已设定）。

(7) 启动冷水泵，并调节好合适的流量。

(8) 利用数显温度巡检仪观测和检查换热器冷、热流体的进出口温度。待冷、热流体的温度基本稳定后，即可测读出相应测温点的温度差，同时测读转子流量计的冷、热流体的流量读数。

(9) 如需改变流动方向（顺流/逆流），或需要绘制换热器传热性能曲线而要求改变工况（冷水/热水流量）进行实验时，都要重复上述实验步骤，并把这些测试结果记录在实验数据记录表中。

(10) 实验结束时，首先关闭加热器电源，5 分钟后再关闭其他电源。

【数据处理】

将上述实验数据记录于实验表 8.1 中。

（1）以传热系数为纵坐标、冷水/热水流速或流量为横坐标绘制传热性能曲线。

（2）对顺流/逆流的传热性能进行比较。

实验表 8.1　实验数据记录表

读数 顺逆流	热流体			冷流体		
	进口温度 T_1(℃)	出口温度 T_2(℃)	流量 (L/h)	进口温度 t_1(℃)	出口温度 t_2(℃)	流量 (L/h)
顺流						
逆流						

实验9　中温固体表面法向发射率测量

【实验目的】

用比较法定性地测量中温辐射时的物体黑度 ε。

【实验原理】

在由 n 个物体组成的辐射换热系统中,利用净辐射法,可以求物体 I 的净换热量为

$$Q_{\mathrm{net},i} = Q_{\mathrm{abs},i} - Q_{\mathrm{e},i} = \alpha_i \sum_{k=1}^{n} \int_{F_k} E_{\mathrm{eff},k} \Psi_i(\mathrm{d}k) \mathrm{d}F_k - \varepsilon_i E_{\mathrm{b},i} F_i \qquad ①$$

式中,$Q_{\mathrm{net},i}$ 为 i 面的净辐射换热量(W);$Q_{\mathrm{abs},i}$ 为 i 面从其他表面的吸热量(W);$Q_{\mathrm{e},i}$ 为 i 面本身的辐射热量(W);ε_i 为 i 面的黑度;$\Psi_i(\mathrm{d}k)$ 为 k 面对 i 面的角系数;$E_{\mathrm{eff},k}$ 为 k 面有效的辐射力(W/m²);$E_{\mathrm{b},i}$ 为 i 面的辐射力(W/m²);α_i 为 i 面的吸收率;F_i 为 i 面的面积(m²)。

根据本实验的设备情况,可以认为:

(1) 传导圆筒 2 为黑体。

(2) 热源 1、传导圆筒 2 及待测物体(受体)3 表面上的温度均匀(实验图 9.1)。

因此,公式①可写成

$$Q_{\mathrm{net},3} = \alpha_3 (E_{\mathrm{b},1} F_1 \Psi_{1,3} + E_{\mathrm{b},2} F_2 \Psi_{2,3} + \varepsilon_3 E_{\mathrm{b},3} F_3)$$

因为 $F_1 = F_3$,$\alpha_3 = \varepsilon_3$,$\Psi_{3,2} = \Psi_{1,2}$,且根据角系数的互换性有 $F_2 \Psi_{2,3} = F_3 \Psi_{3,2}$,则

$$q_3 = Q_{\mathrm{net},3}/F_3 = \varepsilon_3 (E_{\mathrm{b},1} \Psi_{1,3} + E_{\mathrm{b},2} \Psi_{1,2}) - \varepsilon_3 E_{\mathrm{b},3}$$
$$= \varepsilon_3 (E_{\mathrm{b},1} \Psi_{1,3} + E_{\mathrm{b},2} \Psi_{1,2} - E_{\mathrm{b},3}) \qquad ②$$

由于受体 3 与环境主要以自然对流方程换热,因此

$$q_3 = \alpha_{\mathrm{d}} (t_3 - t_{\mathrm{f}}) \qquad ③$$

式中,α_{d} 为换热系数[W/(m²·k)];t_3 为待测物体(受体)温度(K);t_{f} 为环境温度(K)。

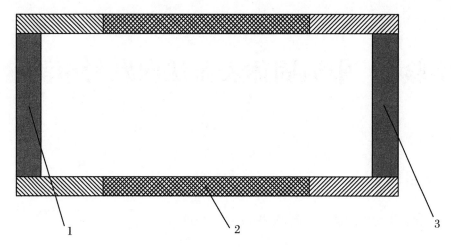

实验图 9.1 辐射换热简图

1. 热源； 2. 传导圆筒； 3. 待测物体

由式②和式③可得

$$\varepsilon_3 = \frac{\alpha_d(t_3 - t_f)}{E_{b,1}\Psi_{1,3} + E_{b,2}\Psi_{1,2} - E_{b,3}} \qquad ④$$

当热源 1 和黑体圆筒 2 的表面温度一致时，$E_{b,1} = E_{b,2}$，并考虑到体系 1，2 和 3 为封闭系统，则

$$\Psi_{1,3} + \Psi_{1,2} = 1$$

因此，式④可写成

$$\varepsilon_3 = \frac{\alpha_d(t_3 - t_f)}{E_{b,1}E_{b,3}} = \frac{\alpha_d(t_3 - t_f)}{\sigma(T_1^4 - T_3^4)} \qquad ⑤$$

式中，σ 为斯蒂芬-玻尔兹曼常数，其值为 5.7×10^{-8} W/(m² · k⁴)。

对不同待测物体（受体）a，b 的黑度 ε 分别为

$$\varepsilon_a = \frac{\alpha_a(T_{3a} - T_f)}{\sigma(T_{1a}^4 - T_{3a}^4)}$$

$$\varepsilon_b = \frac{\alpha_b(T_{3b} - T_f)}{\sigma(T_{1b}^4 - T_{3b}^4)}$$

设 $\alpha_a = \alpha_b$，则

$$\frac{\varepsilon_a}{\varepsilon_b} = \frac{T_{3a} - T_f}{T_{3b} - T_f} \cdot \frac{T_{1b}^4 - T_{3b}^4}{T_{1a}^4 - T_{3a}^4} \qquad ⑥$$

当 b 为黑体时，$\varepsilon_b \approx 1$，式⑥可写成

$$\varepsilon_b = \frac{T_{3a} - T_f}{T_{3b} - T_f} \cdot \frac{T_{1b}^4 - T_{3b}^4}{T_{1a}^4 - T_{3a}^4} \qquad ⑦$$

【实验方法和步骤】

本实验仪器用比较法定性地测定物体的黑度,具体方法是通过对三组加热器电压的调整(热源一组、传导体两组),使热源和传导体的测量点恒定在同一温度上,然后分别将"待测"(受体为待测物体,具有原来的表面状态)和"黑体"(受体仍为待测物体,但表面熏黑)两种状态的受体在恒温条件下测出受到辐射后的温度,就可按公式计算出待测物体的黑度。

具体步骤如下:

(1) 热源腔体和受体腔体(使用具有原来表面状态的物体作为受体)靠紧传导体。

(2) 接通电源,打开电源开关,在触摸屏上设定温度后,按"启动"键。

(3) 系统进入恒温后(各测温点基本接近,且在 5 分钟内各点温度波动小于 3 ℃),开始测试受体温度,当受体温度 5 分钟内的变化小于 3 ℃时,计下一组数据。"待测"受体实验结束。

(4) 取下受体,将受体冷却后,用松脂(带有松脂的松木)或蜡烛将受体熏黑,然后重复以上实验,测得第二组数据。

将两组数据代入公式即可得出代测物体的黑度 $\varepsilon_{受}$。

【注意事项】

(1) 热源及传导的温度不宜超过 90 ℃。

(2) 每次做原始状态实验时,建议用汽油或酒精将待测物体表面擦净,否则实验结果将有较大出入。

【数据处理】

1. 计算公式

根据式⑥,本实验所用计算公式为

$$\frac{\varepsilon_{受}}{\varepsilon_0} = \frac{\Delta T_{受}(T_{源}^4 - T_0^4)}{\Delta T_0(T_{源}'^4 - T_{受}^4)} \qquad \text{⑧}$$

式中,ε_0 为相对黑体的黑度,该值可假设为 1;$\varepsilon_{受}$ 为代测物体(受体)的黑度;$\Delta T_{受}$ 为受体与环境的温差(K);ΔT_0 为黑体与环境的温差(K);$T_{源}$ 为受体为相对黑体时的热源热力学温度(K);$T_{源}'$ 为受体为被测物体时的热源热力学温度(K);T_0 为相对黑体的热力学温度;$T_{受}$为待测物体(受体)的热力学温度(K)。

2. 数据记录

将上述实验数据记录于实验表9.1中。

实验表9.1　实验数据记录表

序号	热源（℃）	传导(℃)		受体(紫铜光面)（℃）	备注
		1	2		
1					
2					
3					
平均(℃)					

序号	热源（℃）	传导(℃)		受体(紫铜熏黑)（℃）
		1	2	
1				
2				
3				
平均(℃)				

3. 计算举例

$\Delta T_{受} = 74 \text{ K}$　　　　　　　$T_0 = (135 + 273) \text{ K}$

$\Delta T_0 = 110 \text{ K}$　　　　　　　$T'_{源} = (259 + 273) \text{ K}$

$T_{源} = (261 + 273) \text{ K}$　　　　$T_{受} = (99 + 273) \text{ K}$

将以上数据代入式⑧,可得

$$\varepsilon_{受} = \varepsilon_0 \times \frac{74}{110} \times \frac{(261 + 273)^4 - (135 + 273)^4}{(259 + 273)^4 - (99 + 273)^4} = 0.79\varepsilon_0$$

在假设 $\varepsilon_0 = 1$ 时,受体紫铜(原来表面状态)的黑度 $\varepsilon_{受}$ 即为0.79。

实验 10　综合实验设计

【导言】

　　设计性实验是一种介于基础教学实验和实际科学实验之间的,具有对科学实验全过程进行初步训练特点的较高层次的教学实验。要求学生设计实验方案,选择实验器材,安排实验步骤,进行数据处理及分析实验现象。学生通过自己查找和阅读各种参考材料,在此基础上,根据一定的实验要求,自己设计实验方案,自行选择实验仪器,独立地进行操作和测量,观察和记录实验现象和数据,研究实验过程中发现的种种问题,最后完成实验,写出比较完整的实验报告。设计性实验,主要考查学生是否理解实验原理,是否具有灵活运用实验知识的能力,是否具有在不同情境下迁移知识的能力。学生通过完成设计性实验,可以了解科学研究的思路、方法和步骤,使之具有严肃的科学态度、严密的科学思想和严谨的工作作风,培养学生的创新意识和创新精神,提高学生分析问题和解决问题的能力,提高学生综合素质,有效地推动学生科研立项活动的开展,为将来从事科学研究打下良好的基础。在进行设计性实验时,主要是完成实验任务,同时应考虑各种误差出现的可能性,分析其产生的原因,以及从大量的测量数据中发现和检验系统误差的存在,估计其大小,并消除或减小系统误差的影响。设计性实验的核心是设计、选择实验方案,并在实验中检验方案的正确性与合理性。

　　设计性实验的内容一般包括:根据研究要求、实验精度和现有主要仪器,以及将采用的实验方法与测量方法,选择合适的测量条件与配套仪器,并对测量数据进行合理整理与分析等。

【实验方案、测量方法、测量仪器和测量条件的选择】

1. 实验方案的选择

根据课题所要研究的内容,设计各种可能的实验方法,即根据一定的热工原理,确定研究量与可测量之间的各种可能关系和测试方法。然后比较各种方法能达到的实验准确度、适用条件及实施的可能性,以确定最佳实验方案。

2. 测量方法的选择

实验方案确定后,为使各被测量的测量误差最小,需要进行误差来源及误差传递的分析,并结合可能选择的仪器,确定合适的具体测量方法。对同一被测物理量来说,往往有多种测量方法可供选择。

例如在温度的测量实验中,可以选用红外辐射计非接触测温法、热电偶或热电阻直接接触测温法等多种具体方法。在仪器已确定的情况下,对某一量的测量,若有几种测量方法可供选择,则应先选择测量结果误差最小的那一种。

3. 测量仪器的选择

选择测量仪器时,一般需要考虑以下五个因素:分辨率、精确度、量程、有效(实用)性及价格。

选取测量仪器既要经济又要保证测量精度,过分看重仪器的价格,而使测量达不到精度要求的做法是不可取的。反之,不顾仪器成本,过分强调测量精度,也是错误的。通常一个间接测量量的误差大小是由几个直接测量量的误差传递的,若只强调其中某一测量量的准确度而忽视其他的直接测量量,这实际上是一种浪费。同时,仪器精度越高,对仪器操作和环境条件等的要求也越高,如使用不当,也达不到预期结果。因此,实验工作者常采用"误差等分配原则"来合理选择测量仪器,即让各直接测量量所对应的误差尽可能相等或接近,而各项误差的传递误差要满足规定的误差限度。

4. 测量条件的选择

确定测量的最有利条件,也就是确定在什么条件下进行测量引起的误差最小。例如对单管对流换热测量时,尽量在室内无风的地方完成,且尽量减少人员走动。

【实验设计思路和设计方法】

1. 了解题目要求

选题首先要明确题意,这样才能明确方向,少走弯路。看清题意是要求设计实验方案、步骤还是分析实验结果。

2. 明确实验目的、原理

明确实验解决的科学问题和要用到的基本理论知识。

3. 确定实验思路

根据原理对实验做出假设,对可能产生的现象做出预期估计,并充分利用实验材料设计实验思路。

4. 设计实验步骤

根据上述实验目的、原理和思路,设计出合理的实验操作步骤。要思考所给出的实验材料或试剂分别起什么作用? 怎样运用? 由于实验设计是一种开放性的层面,可能存在多种实验步骤,但一般应遵循以下几个要求:简便性、可行性、安全性和精确性。

5. 记录实验现象和数据

在实验中将观察到的现象如实、准确地记录下来。除了用文字进行记录外,还可以用数据、符号或影像进行记录。

6. 分析得出结论

根据实验观察的现象和记录的数据,通过分析、计算、图表、推理等处理方式,归纳出一般概括性判断,并用文字、图表、绘图等方法做一个简明的总结。

综上所述,设计性实验的一般步骤如实验图 10.1 所示。但是,由于实验内容千变万化,因此还要针对具体情况做出调整,灵活运用。

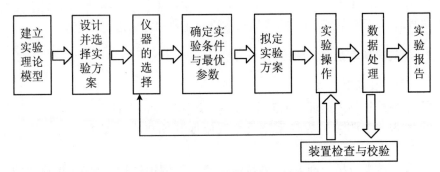

实验图 10.1　设计性实验的一般步骤

【实验设计内容】

1. 家用太阳能热水系统热性能测试的综合实验设计

（1）实验目的与要求

① 了解并熟练掌握太阳能热利用的相关理论知识。

② 掌握太阳能热利用中热工测量的相关知识及测量方法。

③ 掌握数据分析处理方法。

（2）实验设计参考文献

GB/T 19141—2011《家用太阳能热水系统技术条件》。

GB/T 18708—2002《家用太阳能热水系统热性能实验方法》。

GB 26969—2011《家用太阳能热水系统能效限定值》。

（3）实验题材

现有真空管式太阳能热水器一批，利用所学的太阳能热利用理论知识及热工测量中的温度与流量的测量技术与方法，设计家用太阳能热水系统热性能的测试实验。

（4）实验目标

① 根据 GB/T 19141—2011 的要求选择测量精度与准确的符合要求的测量设备和仪器，并对热电偶或铂电阻温度传感器的测量准确度进行检验，对测量太阳辐照度的总辐射表的测量准确度进行确认。

② 设计的实验方案简单可行，能准确测量并记录热水器水箱内部的温度变化与太阳能辐照度变化情况。

③ 参考 GB/T 18708—2002，准确计算出家用太阳能热水系统的日有用得热量与热损，对所测试的家用太阳能热水系统的能效限定值进行判定。

2. 建筑热环境综合实验设计

（1）实验目的与要求

① 掌握建筑物内热环境的温度、风速及热流密度的测试方法。

② 掌握热工测量中导热系数及空气温度和比热容测量方法及测量技术的应用。

③ 掌握数据分析处理方法，熟练掌握建筑物围护结构的热阻、集热墙的日平均热效率及太阳能保证率的计算。

（2）实验设计参考文献

GB/T 15405—2006《被动式太阳房热工技术条件和测试方法》。

（3）实验题材

给定一个朝阳的房间,利用所掌握的建筑热环境理论知识及热工测量技术,设计一个实验方案来测量并计算房间围护结构的热阻、集热墙的日平均热效率及房间供暖过程中的太阳能保证率。

（4）实验目标

① 根据参考文献 GB/T 15405 的要求选择测量精度与准确的符合要求的测量设备和仪器,并对测温传感器的测量准确度进行校准,对测量太阳辐照度的总辐射表的测量准确度进行确认,并能正确操作仪器和设备。

② 设计的实验方案切实可行,能准确测量并记录太阳辐照度及房间内的温度变化情况。

③ 实验结果正确、可靠,能准确计算出房间的围护结构的热阻及集热墙的日平均热效率,并给出采暖季节的太阳能保证率。

参 考 文 献

［1］ 万金庆.热工测量［M］.北京:机械工业出版社,2013.
［2］ 朱小良,方可人.热工测量及仪表［M］.北京:中国电力出版社,2012.
［3］ 张东风.热工测量及仪表［M］.3 版.北京:中国电力出版社,2015.
［4］ 张华,赵文柱.热工测量仪表［M］.2 版.北京:冶金工业出版社,2013.
［5］ 潘汪杰,文群英.热工测量及仪表［M］.3 版.北京:中国电力出版社,2015.
［6］ 吕崇德.热工参数测量与处理［M］.2 版.北京:清华大学出版社,2009.
［7］ 臧建彬.热工基础实验［M］.上海:同济大学出版社,2017.
［8］ 姜昌伟,傅俊萍.热工理论基础实验［M］.北京:中国电力出版社,2016.
［9］ 刘晓华,刘宏升,刘红.热工基础实验教程［M］.大连:大连理工大学出版社,2012.
［10］ 邢桂菊,黄素逸.热工实验原理和技术［M］.北京:冶金工业出版社,2007.
［11］ 杨世铭,陶文铨.传热学［M］.4 版.北京:高等教育出版社,2006.